"十三五"国家重点出版物出版规划项目
现代机械工程系列精品教材
普通高等教育机电类系列教材

单片机原理及应用

第3版

主　编　徐泳龙
副主编　倪骁骅　丁　坤
参　编　闫　华　熊建桥　李永建　李向国
主　审　盛党红

机械工业出版社

本书深入浅出、循序渐进、全面系统地从计算机基础知识开始，介绍了MCS-51系列中52子系列单片机的硬件结构、指令系统、汇编语言程序设计、中断系统、定时器/计数器、串行接口、存储器的扩展、并行I/O接口的扩展、输入/输出设备及接口技术等基本原理及应用实例。全书注重理论联系实际，特别注重应用实例的典型性。大部分章后附有思考题与习题。

本书基于二十大报告中关于"深入实施科教兴国战略、人才强国战略、创新驱动发展战略"的要求，在详细讲授基础理论知识的同时融入探索性实践内容，以增强学生的自信心和创造力，即用学科理论知识促进学生活跃思维、敢于创新，尽可能地将新思路在实践中进行创造性的转化，推动科学技术实现创新性发展。

本书为二维码新形态教材，读者可以使用手机微信扫码免费观看相关视频。

本书可供机械、电气、电子、计算机、自动化等工科专业大学本科生使用，也可作为高等专科学校、高等职业技术学院及成人教育的相关专业的教材和从事动态测试、控制和智能仪器仪表等工作的科技人员的参考用书。

图书在版编目（CIP）数据

单片机原理及应用/徐泳龙主编. —3版. —北京：机械工业出版社，2019.12（2025.7重印）

"十三五"国家重点出版物出版规划项目　现代机械工程系列精品教材

普通高等教育机电类系列教材

ISBN 978-7-111-63953-4

Ⅰ. ①单… Ⅱ. ①徐… Ⅲ. ①单片微型计算机—高等学校—教材 Ⅳ. ①TP368.1

中国版本图书馆CIP数据核字（2019）第230278号

机械工业出版社（北京市百万庄大街22号　邮政编码100037）

策划编辑：余　皞　责任编辑：余　皞　韩　静　王小东

责任校对：李　杉　封面设计：张　静

责任印制：任维东

河北宝昌佳彩印刷有限公司印刷

2025年7月第3版第10次印刷

184mm×260mm·16.25印张·399千字

标准书号：ISBN 978-7-111-63953-4

定价：49.80元

电话服务　　　　　　　　　网络服务

客服电话：010-88361066　　机　工　官　网：www.cmpbook.com

　　　　　010-88379833　　机　工　官　博：weibo.com/cmp1952

　　　　　010-68326294　　金　书　网：www.golden-book.com

封底无防伪标均为盗版　机工教育服务网：www.cmpedu.com

普通高等教育机电类系列教材编审委员会

主 任 委 员：邱坤荣
副主任委员：左健民　周骥平
　　　　　　　林　松　戴国洪
　　　　　　　王晓天　丁　坤
秘 书 长：秦永法
委　　　员：（排名不分先后）
　　　　　　　朱龙英　余　皞
　　　　　　　叶鸿蔚　李纪明
　　　　　　　左晓明　郭兰中
　　　　　　　乔　斌　刘春节
　　　　　　　王　辉　高成冲
　　　　　　　侯志伟　杨龙兴
　　　　　　　张　杰　舒　恬
　　　　　　　赵占西　黄明宇

序

进入21世纪以来，在社会主义经济建设、社会进步和科技飞速发展的推动下，在经济全球化、科技创新国际化、人才争夺白炽化的挑战下，我国高等教育迅猛发展，胜利跨入了高等教育大众化阶段，使高等教育的理念、定位、目标和思路等发生了革命性变化，逐步形成了以科学发展观和终身教育思想为指导的新的高等教育体系和人才培养工作体系。本书第1版就是在大批应用型本科院校和高等职业技术院校异军突起、超常发展之际，组织扬州大学、南京工程学院、河海大学、淮海工学院、南通大学、盐城工学院、淮阴工学院、常州工学院、江南大学等12所高校规划出版的。据调查，读者反映教材基本上体现了我在序言中提出的四个特点，符合地方应用型本科院校的教学实际，较好地满足了一般应用型本科院校的教学需要。读者的评价使我们很高兴，但更是对我们的鞭策和鼓励。我们应当为过去取得的进步和成绩感到高兴。同样，我们更应为今后的进一步发展而正视自己。我们并不需要刻意忧患，但现实中确实存在值得忧患的地方，如果不加以正视，就很难有更美好的明天。因此，我们在总结前一阶段经验教训的新起点上，坚持以国家新时期教育方针和科学发展观为指导，坚持"质量第一、多样发展、打造精品、服务教学"的方针，坚持高标准、严要求，把下一轮机电类教材的修订、编写、出版工作做大、做优、做精、做强，为建设有中国特色的高水平的地方工科应用型本科院校做出新的更大贡献。

一、坚持用科学发展观指导教材修订、编写和出版工作

应用型本科院校是我国高等教育在推进大众化过程中崛起的一类重要的办学类型，它除应恪守大学教育的一般办学基准外，还应有自己的个性和特色，这就是要在培养具有创新精神、创业意识和创造能力的工程、生产、管理、服务一线需要的高级技术应用型人才方面办出自己的特色和水平。应用型本科院校人才的培养既不能简单"克隆"现有的本科院校，也不能是原有专科培养体系的相似放大。应用型人才的培养，重点仍要思考如何与社会需求对接。既要从学生的角度考虑，以人为本，以素质教育的思想贯穿教育教学的每一个环节，实现人的全面发展，又要从经济建设的实际需求考虑，多类型、多样化地培养人才，但最根本的还是坚持面向工程实际，面向岗位实务，按照"本科学历+岗位技术"的双重标准，有针对性地进行人才培养。根据这样的要求，"强化理论基础，提升实践能力，突出创新精神，优化综合素质"应当是工作在一线的本科应用型人才的基本特征，也是对本科应用型人才的总体质量要求。

培养应用型人才的关键在于建立应用型人才的培养模式。而培养模式的核心是课程体系与教学内容。应用型人才培养必须依靠应用型的课程和内容，用学科型的教材则难以保证培养目标的实现。课程体系与教学内容要与应用型人才的知识、能力、素质结构相适应。在知识结构上，科学文化基础知识、专业基础知识、专业知识、相关学科知识等四类知识在纵向上应向应用前沿拓展，在横向上应注重知识的交叉、联系和衔接；在能力结构上，要强化学生运用专业理论解决实际问题的实践能力、组织管理能力和社会活动能力，要注重思维能力和创造能力的培养，使学生思路清晰、条理分明、有条不紊地处理头绪纷繁的各项工作，创造性地工作。能力培养要贯彻到教学的整个过程之中。如何引导学生去发现问题、分析问题和解决问题，应成为应用型本科教学的根本。

探讨课程体系、教学内容和培养方法，还必须服从和服务于大学生全面素质的培养。要通过形成新的知识体系和能力延伸，来促进学生思想道德素质、文化素质、专业素质和身体心理素质的全面提高。因此，要在素质教育的思想指导下，对原有的教学计划和课程设置进行新的调整和组合，使学生能够适应社会主义现代化建设的需要。我们强调培养"三创"人才，就应当用"三创教育"、人文教育与科学教育的融合等适应时代的教育理念，选择一些新的课程内容和新的教学形式来实现。

研究课程体系，必须看到经济全球化与高等教育的国际化对人才培养的影响。如果我们的课程内容缺乏国际性，那么我们所培养的人才就不可能具备参与国际事务、国际交流和国际竞争的能力。应当研究课程的国际性问题，增设具有国际意义的课程，加快与国外同类院校的课程接轨。要努力借鉴国外同类应用型本科院校的办学理念、培养模式和做法来优化我们的教学。

在教材编、修、审全过程中，必须始终坚持以人的全面发展为本，紧紧围绕培养目标和基本规格进行活生生的"人"的教育。一所大学使得师生获得自由的范围和程度，往往是这所大学成功和水平的标志。同样，我们修订和编写教材，提供教学用书，最终是为了把知识转化为能力和智慧，使学生获得谋生的手段和发展的能力。因此，在教材修订、编写过程中，必须始终把师生的需要和追求放在首位，努力提供好教、好学的教材，努力为教师和学生留下充分展示自己教和学的风格与特色的空间，使他们游刃有余，得心应手，还能激发他们的科学精神和创造热情，为教和学的持续发展服务。教师是课堂教学的组织者、合作者、引导者、参与者，而不应是教学的权威。教学过程是教师引导学生，和学生共同学习、共同发展的双向互促过程。因此，修订、编写教材对于主编和参加编写的教师来说，也是一个重新学习和思想水平、学术水平不断提高的过程，决不能丢失自我，决不能将"枷锁"移嫁别人，这里"关键在自己战胜自己"，关键在自己的理念、学识、经验和水平。

二、坚持质量第一，努力打造精品教材

教材是教学之本。大学教材不同于学术专著，它既是学术著作，又是教学经验之理性总结，必须经得起实践和时间的考验。学术专著的错误充其量只会贻笑大方，而教材之错误则会贻害一代青年学子。有人说："时间是真理之母。"时间是我们所编写教材的最严厉的考官。教材的再次修订，我们仍要坚持高标准、严要求，用航天人员"一丝不苟""一秒不差"的精神严格要求自己，以确保教材的质量和特色。为此，必须采取以下措施：第一，高等教育的核心资源是一支优秀的教师队伍，必须重新明确主编和参加编写教师的标准和要求，实行主编负责制，把好质量第一关；第二，教材要从一般工科本科应用型院校的实际出发，强调实际、实用、实践，加强技能培养，突出工程实践，内容适度简练，跟踪科技前沿，合理反映时代要求，这就要求我们必须严格把好教材修

订计划的评审关，择优而用；第三，加强教材修订的规范管理，确保参编、主编、主审以及将书稿交付出版社等各个环节的质量和要求，实行环节负责制和责任追究制；第四，确保出版质量；第五，建立教材评价制度，奖优罚劣。对经过实践使用，读者反映好的教材要进行不断修订再版，切实培育一批名师编写的精品教材。出版的精品教材必须配有多媒体课件，并逐步建立在线学习网站。

三、坚持"立足江苏、面向全国、服务教学"的原则，努力扩大教材使用范围，不断提高社会效益

下一轮教材修订工作，必须加快吸收有条件、有积极性的外省市同类院校、民办本科院校、独立学院和有关企业参加，以集中更多的力量，建设好应用型本科教材。同时，要相应调整编审委员会的人员组成，特别要注意充实省内外的优秀的"双师型"教师和有关企业专家。

四、建立健全读者评价制度

要在使用这套教材的省市有关高校进行教材使用质量跟踪调查，并建立网站，以便快速、便捷、实时地听取各方面的意见，不断修改、充实和完善教材编写和出版工作，实实在在地为培养高质量的应用型本科人才服务，同时也要努力为造就一批工科应用型本科院校高素质、高水平的教师提供优良服务。

本套教材的编审和出版一直得到机械工业出版社、江苏省教育厅和各位主编、主审及参加编写人员所在高校的大力支持和配合，在此，一并表示衷心感谢。今后，我们应一如既往地更加紧密地合作，共同为工科应用型本科院校教材建设做出新的贡献，为培养高质量的应用型本科人才做出新的贡献，为建设有中国特色社会主义的应用型本科教育做出新的努力。

普通高等教育机电类系列教材编审委员会

主任委员　教授　邱坤荣

前　言

随着计算机技术的飞速发展和普及，单片机以其体积小、应用灵活、可靠性和性价比高等优点，在工业控制、智能仪器仪表、数据采集系统和家用电器等诸多领域得到了极为广泛的应用。

美国 Intel 公司的 MCS-51 单片机曾是 8 位单片机中的主流机型，在国内外占有很大的市场份额，应用面非常广。目前，全国大多数高校工科类专业开设的单片机方面的课程虽然普遍是以 MCS-51 单片机为主的，但不足之处是介绍的内容只是其中的 51 子系列，缺少 52 子系列的内容。根据普通高等教育机电类规划教材编审委员会的统一要求，结合目前市场上 52 子系列芯片被普遍采用的实际情况，为了满足教学的实际需要，本书以 MCS-51 单片机中的 52 子系列为主，较详尽地介绍了单片机的工作原理、指令系统、编程方法和接口技术，并提供了大量实用程序和应用实例。这是本书的第一个特色。

本书第 3 版在注重完整性和系统性的前提下，坚持少而精的原则，对部分章节做了删减和补充，对部分例题和习题进行了优化和调整，力求做到深入浅出、通俗易懂。其中增加了第十一章 "MCS-51 单片机基于 Proteus 的仿真"，利用 Proteus 软件进行单片机系统的虚拟仿真，为单片机课程实践性教学环节提供了一个接近完全真实运行的实验环境，为学生利用个人计算机在 Proteus 这个平台进行单片机的实验仿真提供了极大便利，为提高学生的动手能力和创新能力提供了强力保障。这是本书的第二个特色。

本书十分注重理论联系实际，融合了编者多年的教学和科研经验，力求其具有实用性，让学生能从应用的角度出发，在理论与实践的结合上充分了解单片机的工作原理，建立和掌握单片机系统的整体概念和接口技术，掌握单片机系统设计和开发方面的知识。

本书共分十一章，第一章介绍了计算机基础知识，第二、三章分别介绍了 MCS-51 单片机的硬件结构、原理及指令系统，第四章介绍了汇编语言程序设计方法，第五、六、七章介绍了中断系统、定时器/计数器和串行接口，第八、九章分别介绍了存储器和并行 I/O 接口的扩展，第十章介绍了输入/输出设备及接口技术，第十一章介绍了 MCS-51 单片机基于 Proteus 的仿真。

本书由南京工程学院徐泳龙任主编，盐城工学院倪骁骅、河海大学丁坤任副主编。其中第一、三、四、十章由徐泳龙编写，第五、六、七章由倪骁骅编写，第八、九章由河海大学丁坤、李向国编写，第二章由南京工程学院闫华编写，第十一章由南京工程学院熊建桥编写，附录由盐城工学院李永建编写。全书由徐泳龙负责统稿和定稿。

本书由南京工程学院盛党红主审，她提出了许多宝贵的意见和建议，在此表示衷心感谢！

由于时间仓促，并限于编者的水平和经验，书中疏漏及错误之处在所难免，恳请广大读者批评指正。

编　者

目 录

序
前 言

第一章　计算机基础知识 …………………… 1
第一节　概述 ……………………………… 1
第二节　微处理器 ………………………… 3
第三节　存储器 …………………………… 6
第四节　计算机中的数和编码 …………… 8
第五节　单片机的发展及应用 …………… 13
思考题与习题 ……………………………… 19

第二章　MCS-51 单片机的硬件结构 ……… 21
第一节　MCS-51 单片机的结构和引脚 …… 21
第二节　中央处理单元（CPU）…………… 24
第三节　MCS-51 单片机存储器结构 ……… 26
第四节　MCS-51 并行 I/O 端口 …………… 33
第五节　时钟和 CPU 时序 ………………… 37
第六节　复位与节电工作方式 …………… 39
思考题与习题 ……………………………… 42

第三章　MCS-51 单片机的指令系统 ……… 44
第一节　指令系统概述 …………………… 44
第二节　寻址方式 ………………………… 46
第三节　MCS-51 单片机指令系统 ………… 50
思考题与习题 ……………………………… 75

第四章　汇编语言程序设计 ………………… 78
第一节　汇编语言源程序的格式和伪指令 … 78
第二节　汇编语言源程序汇编 …………… 81
第三节　汇编语言程序设计举例 ………… 82
思考题与习题 ……………………………… 97

第五章　MCS-51 单片机中断系统 ………… 99
第一节　中断系统的结构 ………………… 100
第二节　中断的响应 ……………………… 104
思考题与习题 ……………………………… 109

第六章　MCS-51 单片机定时器/计数器 …… 111
第一节　定时器/计数器的结构和工作方式 … 111
第二节　定时器/计数器的编程应用举例 … 118
思考题与习题 ……………………………… 124

第七章　MCS-51 单片机串行接口 ………… 125
第一节　串行通信的基本概念 …………… 125
第二节　MCS-51 串行接口的组成 ………… 127
第三节　串行接口的工作方式 …………… 129
第四节　多机通信原理 …………………… 134
第五节　串行接口应用程序举例 ………… 136
思考题与习题 ……………………………… 145

第八章　MCS-51 单片机存储器的扩展 …… 146
第一节　MCS-51 单片机存储器扩展的概述 … 146
第二节　程序存储器的扩展 ……………… 150
第三节　数据存储器的扩展 ……………… 153
第四节　扩展外部存储器的综合设计举例 … 155
思考题与习题 ……………………………… 155

第九章　MCS-51 单片机并行 I/O 接口的扩展 …… 156
第一节　I/O 接口的扩展 …………………… 156
第二节　8255A 可编程 I/O 接口设计及扩展技术 …… 158
第三节　8155 可编程接口及扩展技术 …… 164
思考题与习题 ……………………………… 169

第十章　输入/输出设备及接口技术 …… 170
　第一节　七段 LED 显示器接口技术 ………… 170
　第二节　键盘接口技术 ………………………… 174
　第三节　打印机接口技术 ……………………… 180
　第四节　数-模（D-A）与模-数（A-D）
　　　　　转换电路接口技术 …………………… 192
　第五节　串行通信接口技术 …………………… 211
　思考题与习题 …………………………………… 218
第十一章　MCS-51 单片机基于 Proteus 的仿真 …………………………………… 220
　第一节　软件简介 ……………………………… 220
　第二节　软件的安装 …………………………… 222
　第三节　运行与调试 …………………………… 226
附录 ………………………………………………… 239
　附录 A　ASCII（美国标准信息交换码）表 … 239
　附录 B　MCS-51 单片机指令系统表 ………… 240
　附录 C　MCS-51 单片机学习及开发指南 …… 242
参考文献 …………………………………………… 248

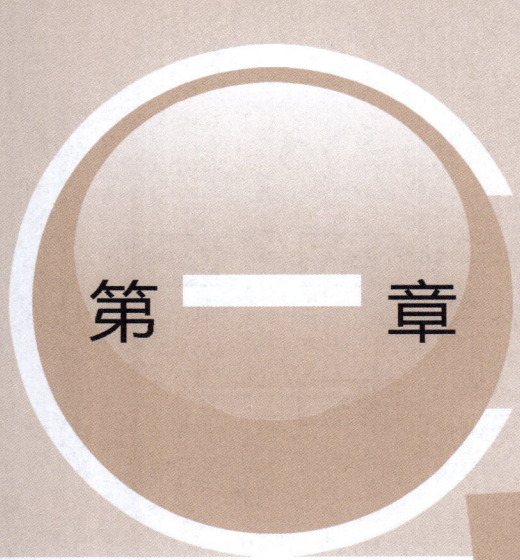

第一章 计算机基础知识

第一节 概述

计算机的发明是 20 世纪最重大的科学技术成就之一，它使人类文明进入了一个崭新的时代，它的应用已渗透到了社会生活的各个领域，有力地推动了社会的发展。

计算机能在现代社会各个领域中起着极其重要的作用，主要是由它的卓越特性决定的：

（1）高速度　计算机被广泛应用的最重要原因是它能以人所无法比拟的高速度进行信息处理。计算机的运算速度大于每秒几十万次，有些巨型机已达每秒几十亿次。

（2）高度自动化　计算机能在程序的控制下，无需人的介入，自动地处理信息。

（3）具有记忆能力　计算机能保存大量的信息，一般计算机能在机内存储几万、几十万、几百万甚至几千万字符的信息。

（4）具有逻辑判断能力　计算机可进行各种逻辑判断，并根据判断的结果自动决定下一步的工作。

（5）高精度和高可靠性　用计算机处理得到的结果，数据的有效位数可达十几位，甚至上百位。计算机的可靠性高，可无故障地连续运行数万小时。

自 1946 年出现了世界上第一台计算机以来，电子计算机经历了电子管、晶体管、集成电路、大规模集成电路四代。20 世纪 70 年代出现的由大规模集成电路组成的微型电子计算机，不但保持了计算机的特点，而且体积小、价格低、不需要严格的环境条件，从而开拓了计算机普及的新时代。近年来逐步普及的单片微型计算机，已实现在一片芯片上集成一台微型计算机，更加充分地发挥了微型计算机的特点。

一、微型计算机的组成

1. 计算机的基本结构

通常计算机的结构框图如图 1-1 所示。它由运算器、控制器、存储器、输入设备及输出设备五大部分组成。

运算器是计算机处理信息的主要部件。控制器产生一系列控制命令，控制计算机各部件自动地、协调一致地工作。存储器是存放数据与程序的部件。输入设备用来输入数据与程序，常用的输入设备有键盘、光电输入机等。输出设备将计算机的处理结果用数字、图形等形式表示出来，常用的输出设备有显示终端、数码管、打印机、绘图仪等。

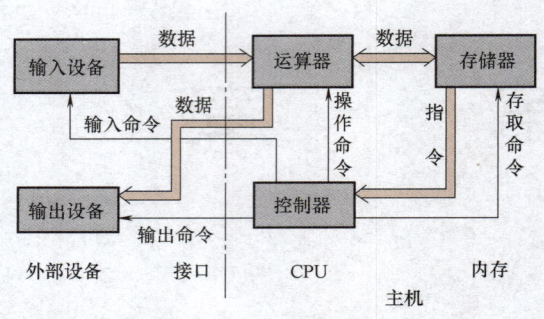

图 1-1 计算机的结构框图

通常把运算器、控制器、存储器这三部分称为计算机主机，而输入、输出设备则称为计算机的外部设备（简称"外设"）。由于运算器、控制器是计算机处理信息的关键部件，所以常将它们合称为中央处理单元 CPU（Central Processing Unit）。

2. 微型计算机的结构

随着大规模集成电路技术的发展，已经把运算器、控制器集成在一块硅片上，成为独立的器件。该芯片称为微处理器（Microprocessor），也称 CPU。存储器（Memory）也已经集成为一块块独立的芯片。

微处理器芯片、存储器芯片与输入/输出接口电路芯片（简称 I/O 接口）构成了微型计算机（Micro-Computer），芯片之间用总线（Bus）连接，如图 1-2 所示。

（1）微处理器　微处理器是微型计算机的核心，它通常包括三个基本部分：

1）算术逻辑单元。算术逻辑单元 ALU（Arithmetic Logic Unit），是对传送到微处理器的数据进行算术运算或逻辑运算的电路，如执行加法、减法运算，逻辑与、逻辑或运算等。

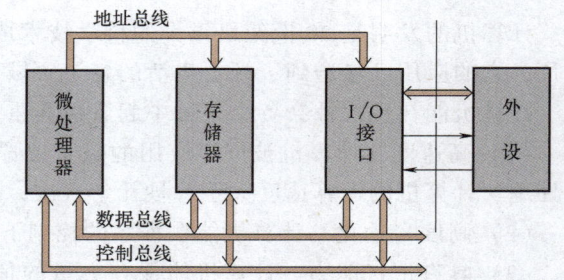

图 1-2 微型计算机的结构框图

2）工作寄存器组。CPU 中有多个工作寄存器，用来存放操作数及运算的中间结果等。

3）控制部件。控制部件包括时钟电路和控制电路。时钟电路产生时钟脉冲，用于计算机各部分电路的同步定时。控制电路产生完成各种操作所需的控制信号。

（2）存储器　存储器是微型计算机的一个重要组成部分，其功能是存放程序及数据，有了它计算机才具备记忆功能。

（3）I/O 接口　I/O 接口是沟通 CPU 与外部设备的不可缺少的重要部件。外部设备种类繁多，其运行速度、数据形式、电平等各不相同，常常与 CPU 不一致，所以要用 I/O 接口作桥梁，起到信息转换与协调的作用。例如打印机打印一行字符约需 1s，而计算机输出一行字符仅需 1ms 左右，要使打印机与计算机同步工作，必须采用相应的接口电路芯片来协调和衔接。

（4）总线　所谓总线，就是在微型计算机各芯片之间或芯片内部各部件之间传输信息的一组公共通信线。图 1-3 表示各芯片之间的一组 8 位数据总线，该数据总线由 8 根传输导

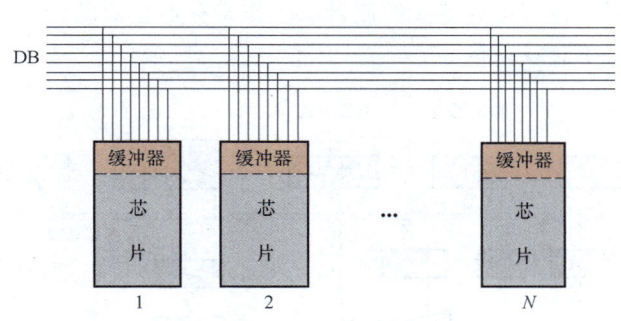

图 1-3 8 位总线

线组成，可以在芯片 1，2，…，N 之间并行传送 8 位二进制数构成的信息。

微型计算机采用总线结构后，还可以提高计算机扩展存储器芯片及 I/O 芯片的灵活性。因为挂在总线上的芯片数量原则上是没有限制的，需要增加芯片时，只需通过缓冲器挂到总线上就行了。但是，总线一次只能传送一个数据，使计算机的工作速度受到了影响。

很多计算机采用三总线结构：数据总线 DB（Data Bus）在芯片之间传送数据信息；地址总线 AB（Address Bus）传送地址信息；控制总线 CB（Control Bus）传送控制命令。有的计算机用一组总线分时传送地址和数据信息，称为地址/数据分时复用总线。在微处理器内部往往只使用一组总线，称为单总线结构。

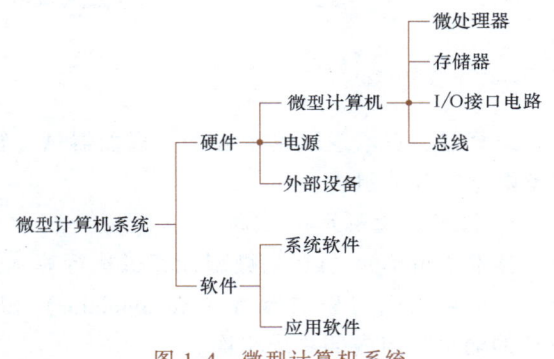

图 1-4 微型计算机系统

微型计算机与外部设备、电源、系统软件一起构成应用系统，称为微型计算机系统。图 1-4 概括了微处理器、微型计算机、微型计算机系统三者的关系。

二、单片微型计算机

如果将微处理器、存储器、I/O 接口电路以及简单的输入、输出设备组装在一块印制电路板上，则称为单板微型计算机，简称单板机。所以，从结构上看，单板机是在一块印制电路板上装配多个集成电路芯片的微型计算机小系统，如 TP801、TP805 等。虽然单板机有诸多不足，如体积大、不灵活、不便安装等缺点，但是，在当时条件下，它对我国推广普及计算机起到过重要作用，它的推广应用有力地推动了我国的技术改造和技术进步。同时，也为后来单片机的广泛应用奠定了基础。

如果将微处理器、存储器和 I/O 接口电路集成在一块芯片上，就称为单片微型计算机，简称单片机。单片机与普通的单板机从工作原理上来说没有本质的区别，两者的不同仅在于物理器件发生了变化。也就是说，单片机是集成在一块集成电路芯片上的计算机。

第二节 微 处 理 器

微处理器是微型计算机的核心。不同型号微处理器的结构有所不同。图 1-5 是典型的 8

位微处理器的结构框图,包括运算器、控制器、工作寄存器组三部分。该微处理器的外部采用三总线结构,内部是单总线结构。

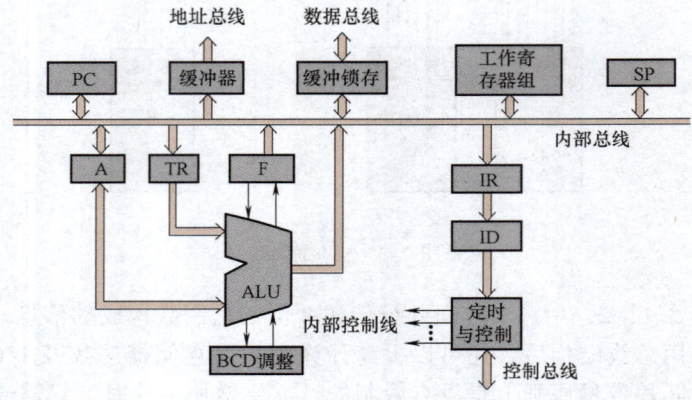

图 1-5 典型 8 位微处理器的结构框图

一、运算器

运算器由算术逻辑单元 ALU、累加器 A、暂存寄存器 TR、标志寄存器 F、二—十进制调整电路等部分组成。

1. 算术逻辑单元和累加器

算术逻辑单元 ALU 是微型计算机执行算术运算和逻辑运算的主要部件。它有两个输入端:一个输入端与累加器 A(Accumulator)相连,另一个输入端与暂存寄存器 TR 相连。ALU 的输出端与内部总线相连。

累加器 A 是一个 8 位寄存器。很多 8 位双操作数运算中常用到 A,如执行下列指令时:

```
ADD  A,#24H  ;A←(A)+24H
ADD  A,R0    ;A←(A)+(R0)
ANL  A,R1    ;A←(A)∧(R1)
```

一个操作数来自 A,运算结果又送回 A,所以累加器 A 是一个使用十分频繁的特殊功能寄存器。另一个操作数可来自 CPU 内部的工作寄存器,也可来自存储器或接口电路。无论是哪一种情况,它总是通过内部总线送来的。由于总线只能分时传送数据,因此采用暂存器在内部总线与 ALU 之间起缓冲作用。在执行上面的指令时,内部总线先传送一个操作数至 TR,然后由控制器控制 ALU 对 A 和 TR 中的内容进行运算,运算结果再通过内部总线传送到累加器 A。

微型计算机的运算器可执行加法、减法等算术运算,有些还可执行乘法和除法操作。运算器执行的逻辑运算有与、或、求反、异或、清零、移位等。

2. 标志寄存器

标志寄存器 F(Flag)又称状态寄存器,用来存放 ALU 运算结果的一些特征,如溢出(OV)、进位(C)、辅助进位(AC)、奇偶(P)等。

3. 二—十进制调整电路

计算机在进行二—十进制数运算时,要对运算结果进行调整,这由二—十进制调整电路

（BCD 调整电路）实现。

二、控制器

控制器由指令寄存器 IR、指令译码器 ID 及定时与控制电路三部分组成。

计算机工作时，由定时与控制电路按照一定的时间顺序发出一系列控制信号，使计算机各部件能按一定的时间节拍协调一致地工作，从而使指令得以执行。

一个指令的执行分成取指令和执行指令两个阶段。具体步骤如下：

1）从存储器中取回该指令的机器码，送指令寄存器寄存，直至该指令执行完毕。

2）由指令译码器译码，以识别该指令需要实施何种操作。

3）由定时与控制电路产生一系列控制信号，送到计算机各部件以执行这一指令。

定时与控制电路除了接收译码器送来的信号外，还接收 CPU 外部送来的信号，如中断请求信号、复位信号等，这些信号由控制总线送入。定时与控制电路产生的控制信号一部分用于 CPU 内部，控制 CPU 各部件的工作；另一部分通过控制总线输出，用于控制存储器和 I/O 接口电路的工作。

三、工作寄存器组

微型计算机的 CPU 内部通常设置工作寄存器组。设置工作寄存器组后，参加运算的操作数及运算的中间结果可以存放在寄存器中，而不必每次都送入存储器存放。这样可提高计算机的工作速度，还能简化指令的机器代码。工作寄存器组还可以寄存片内外数据存储器低 8 位地址。

四、程序计数器

程序计数器 PC（Program Counter）是管理程序执行次序的特殊功能寄存器。它没有物理地址，主要用来存放即将执行的指令地址。它是一个 16 位寄存器，可用来对 64KB 程序存储器直接寻址。程序的执行有两种情况——按照顺序执行和跳转。为此，程序计数器具有下述三种功能。

1. 复位功能

计算机通电时有上电复位，运行时有操作复位（按钮复位）。复位时计算机进入初始状态，PC 的内容将自动清零。

2. 计数功能

CPU 读取一条指令时，总是将 PC 的内容作为当前指令地址，并经地址总线送到存储器，从而从该地址单元中取回指令的机器码，送到指令寄存器。同时，每取回指令代码的一个字节，PC 的内容自动加 1（加法计数）。因此，在取回指令进入执行指令的阶段，PC 的内容已是按顺序排列的下一条指令的地址。

3. 基址寄存器功能

在变址寻址中，它作为 16 位基址寄存器用，将当前指令的首址加 1 后存入 PC 中，然后再与累加器 A 中的 8 位地址偏移量相加后形成变址寻址的实际地址。

第三节 存储器

存储器是计算机的一个重要组成部分。由于存储器存放了需要处理的数据和程序,使计算机具有了记忆功能,从而能够脱离人的直接干预而自动工作。

存储器的主要指标是容量和存取速度。容量越大,则记忆的信息越多,计算机的功能就越强。由于存储器的存取速度比 CPU、ALU 的运算速度要低,所以存储器的工作速度是影响计算机工作速度的主要因素。目前存储器存取数据的时间为数百 ns 到数十 ns。

一、存储器的分类

根据存储器的位置,可分为内存储器和外存储器。内存储器一般由半导体集成电路芯片组成,用来存放当前运行所需要的程序与数据。它在主机内通过总线直接与 CPU 连接,具有体积小、存取速度快等优点,但它的容量有限。外存储器则在主机外,是作为计算机的外设之一,它必须通过系统总线与 CPU 进行联系,具有容量大、体积大、存取速度慢等特点,通常用来存放暂时不用的数据和程序。它不能直接参与计算机的运算,一般情况下外存储器只与内存储器成批交换信息。通常采用容量较大的磁带、磁盘、光盘作为外存储器。磁带、磁盘、光盘的数量可随意增加,从这个意义上说,外存储器的容量是无限的。

按结构与使用功能分,内存储器又可分为随机存储器(又称读/写存储器)RAM(Random Access Memory)和只读存储器 ROM(Read Only Memory)两大类。RAM 和 ROM 又可以细分为若干种,如图 1-6 所示。

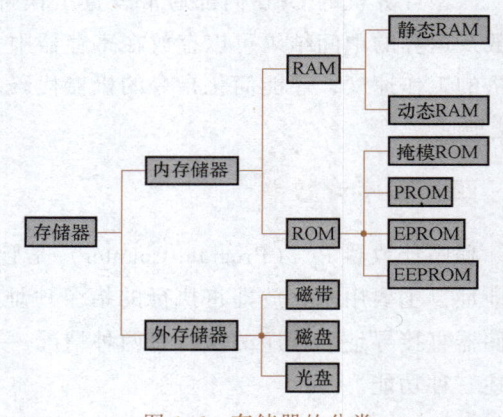

图 1-6 存储器的分类

二、随机存储器 RAM

随机存储器可随时地对存储器中的数据进行读出/写入操作,它的数据读出/写入时间都很短。但断电后 RAM 中存放的信息将丢失。RAM 适宜存放原始数据、中间结果及最后的运算结果,因此又被称为数据存储器。

随机存储器按其信息保存的方法不同可分为静态 RAM 和动态 RAM。

1. 静态 RAM——SRAM(Static RAM)

SRAM 用触发器存储信息,只要不断电,信息就不会丢失。除非进行改写,否则其存储信息不会改变。

2. 动态 RAM——DRAM(Dynamic RAM)

DRAM 依靠电容存储信息,充电后为"1",放电后为"0"。由于集成电路中电容的容量很小,且存在泄漏电流的放电作用,高电平的保持时间只有几个 ms。为了保存信息,每隔 1~2ms 必须对高电平的电容重新充电,这称为 DRAM 的定时刷新。

DRAM 与 SRAM 相比,具有集成度高、功耗低、价格低等优点,但需为其设置刷新电路,因而与 CPU 的连接比 SRAM 复杂。所以当计算机系统的内存容量较小时(几 KB~几十

KB），常采用 SRAM 芯片，不但可省去一套动态刷新电路，而且此时"功耗稍大、速度稍低"相对于系统来说都不是主要矛盾，如单片机应用系统。DRAM 则被广泛用于内存量较大的系统，因为不仅解决了"体积小"的问题，而且"功耗小、速度高"的优点十分突出。相反，增设动态刷新电路的缺点相对于整个系统的造价及复杂性都不是主要矛盾了，如个人计算机 PC 系统。

三、只读存储器 ROM

只读存储器中的内容在使用时不能被修改，只能读出其中的内容，即使突然断电，信息也不会丢失。也就是说，计算机运行时，CPU 只能从中读出原先写入的信息，却不能将信息再写入其中。因此 ROM 适宜存放程序、常数、表格等，因此又称为程序存储器。

按照不同的制造工艺，ROM 可分为以下四种：

1. 掩模 ROM

掩模 ROM 在半导体工厂生产时，已经用掩模技术将需要存储的程序等信息由厂家固化在芯片中，用户只能读出内容而不能改写。掩模 ROM 只能应用于有固定程序且批量很大的产品中。

2. 可编程 ROM

可编程 ROM 又称 PROM（Programmable ROM）。它在出厂时不写入信息，用户可根据自己的需要将程序写入 PROM，但只能写入一次，程序一经写入就不能被改写。

3. 紫外线可擦除可编程 ROM

紫外线可擦除可编程 ROM，又称 EPROM（Erasable PROM），用户可将程序写入 EPROM。如果要改写程序，可用紫外线进行擦除，然后重新写入新程序。一片 EPROM 芯片，可反复多次被擦除和写入。

4. 电可擦除可编程 ROM

电可擦除可编程 ROM，又称 EEPROM 或 E^2PROM（Electrically Erasable PROM），这是一种近年来发展起来的只读存储器。由于采用电擦除方式，而且擦除、写入、读出的电源都用+5V，故能在应用系统中在线改写。但目前 E^2PROM 写入时间较长，一个字节约需 10ms 左右，读出时间约为几百 ns，这在很大程度上限制了其被广泛使用。

四、存储器的容量

存储器是由许多存储单元组成的，每个存储单元又由若干存放 1 位二进制代码的存储元组成。存储单元越多，存储元越大，则存储器的容量就越大。一个存储器芯片的容量常用有多少个存储单元以及每个存储单元可存放多少位二进制数码来表示。例如，某存储器芯片有 2048 个单元，每个存储单元可存放 4 位二进制代码，则常以 2048×4 位或 2K×4 位表示该存储器芯片的容量。一般计算机的每个存储单元均可存放 8 位二进制代码，即 1 个字节，所以存储器容量一般以字节为单位。例如，某存储器容量为 $2^{12}×8$ 位即 4096×8 位，则称该存储器容量为 4KB。

存储器的结构示意图如图 1-7 所示。为了找到存储器的某个存储单元，每个存储单元均有一个唯一的地址。存储单元的地址由芯片的地址线提供。如某芯片有一根地址线，则它最多可提供 2 个不同的地址 0 和 1，即该芯片只能有 2 个存储单元。若某芯片有 2 根地址线，则它最多可提供 4 个不同的地址：00、01、10、11，则该芯片有 4 个存储单元。依此类推，若某存储器芯片（除 DRAM 芯片外）有 n 根地址线，则可提供 2^n 个地址，即该芯片有 2^n 个存储单元。图 1-7 所示的地址总线 AB 有 8 根地址线，则可提供 00H～FFH 共 256 个单元地址。

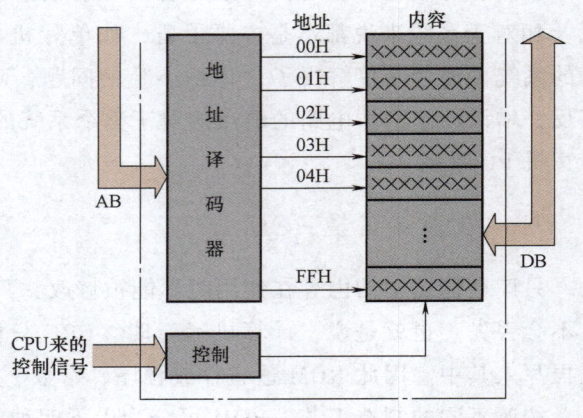

图 1-7 存储器的结构示意图

每个存储单元所能存储的二进制代码的位数取决于该芯片的数据线的宽度。如芯片有 p 位二进制代码同时进行读/写操作，则每个存储单元可存放 p 位二进制代码。

例如，SRAM6264 数据存储器芯片有 8 根数据线（$D_0 \sim D_7$）和 13 根地址线（$A_0 \sim A_{12}$），则芯片的存储容量为 $2^{13} \times 8$ 位，即 8KB；同样，EPROM27256 程序存储器芯片有 8 根数据线（$D_0 \sim D_7$）和 15 根地址线（$A_0 \sim A_{14}$），则芯片的存储容量为 $2^{15} \times 8$ 位，即 32KB。

第四节 计算机中的数和编码

一、进位计数制

所谓数制，是指数的制式，是人们利用符号计数的一种科学方法。数制有很多种，计算机中常用的数制有十进制、二进制和十六进制三种。一个数值，可以用不同进制的数表示。日常生活中，人们经常使用十进制数，但在计算机中使用二进制数，而在编程时又常常用到十六进制数。

1. 十进制数

十进制数的两个主要特点是：①它有 0～9 共十个数字符号。②以十为基数，逢十进一。通常在数码后用 D（Decimal）表示十进制数。由于十进制数在日常生活中最常用，所以通常可省略 D。

2. 二进制数

二进制数的两个主要特点是：①它只有 0 和 1 两个数字符号。②以二为基数，逢二进一。通常在数码后用 B（Binary）表示二进制数。

3. 十六进制数

十六进制数的两个主要特点是：①它有 0～9 及 A、B、C、D、E、F 共十六个数字符号。②以十六为基数，逢十六进一。通常在数码后用 H（Hexadecimal）表示十六进制数。

为方便起见，现将部分十进制、二进制和十六进制数的对照列于表 1-1。

表 1-1 部分十进制、二进制和十六进制数对照表

十进制	二进制	十六进制	十进制	二进制	十六进制
0	0000	0	12	1100	C
1	0001	1	13	1101	D
2	0010	2	14	1110	E
3	0011	3	15	1111	F
4	0100	4	16	1 0000	10
5	0101	5	17	1 0001	11
6	0110	6	32	10 0000	20
7	0111	7	255	1111 1111	FF
8	1000	8	0.5	0.1	0.8
9	1001	9	0.25	0.01	0.4
10	1010	A	0.125	0.001	0.2
11	1011	B	0.0625	0.0001	0.1

二、数制之间的转换

由于人们在日常生活中习惯于使用十进制数，编程时经常使用十六进制数，但计算机是采用二进制数操作的，这就要求机器能自动对不同数制的数进行转换，也要求编程人员能手工对不同数制的数进行转换。图 1-8 所示为三种数制之间整数的转换方法示意图。

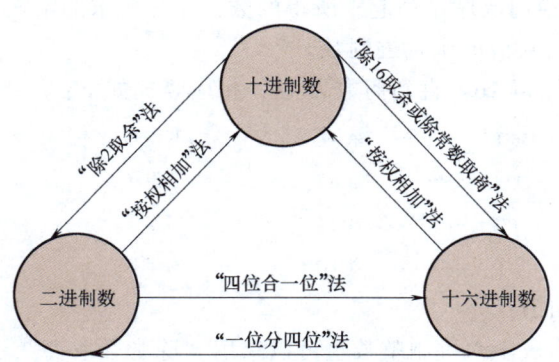

图 1-8 三种数制之间整数的转换方法示意图

1. 二进制和十进制整数间的转换

（1）二进制数转换成十进制数　只要把要转换的数按权展开后相加即可。例如：
$$111010B = 1\times2^5+1\times2^4+1\times2^3+0\times2^2+1\times2^1+0\times2^0 = 58$$

（2）十进制数转换成二进制数　常用的方法是"除 2 取余"法，即：用 2 连续去除要转换的十进制数，直到商小于 2 为止，然后把各次余数按最后得到的为最高位和最先得到的为最低位的顺序依次排列起来所得到的数，便是所求的二进制数。现举例加以说明。

例 1-1　试求出十进制数 215 的二进制数。

解：把 215 连续除以 2，直到商数小于 2，竖式如下：

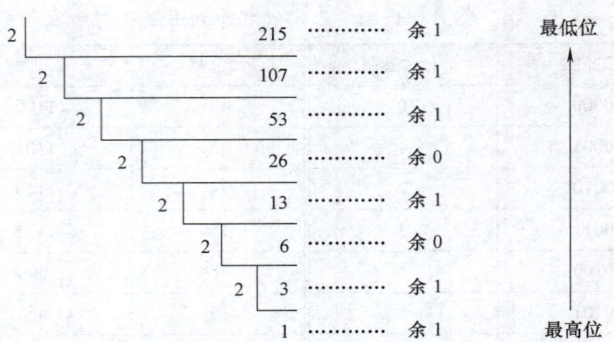

把所得余数按箭头方向从高到低排列起来便可得到：

$$215 = 11010111B$$

从以上竖式可以看出，215 转换成二进制数连续除以了 7 个 2。当十进制数较大时，用"除 2 取余"法转换成二进制数时还是比较烦琐的。

2. 十六进制和十进制整数间的转换

（1）十六进制数转换成十进制数　方法和二进制数转换成十进制数的方法类似，即可把十六进制数按权展开后相加。例如：

$$6FABH = 6 \times 16^3 + 15 \times 16^2 + 10 \times 16^1 + 11 \times 16^0 = 28587$$

（2）十进制整数转换成十六进制整数

1）十进制整数转换成十六进制整数可以采用"除 16 取余"法。

"除 16 取余"法的法则是：用 16 连续去除要转换的十进制整数，直到商数小于 16 为止，然后把各个余数按逆向次序排列起来所得的数，便是所求的十六进制数。

例 1-2　求 45678 所对应的十六进制数。

解：把 45678 连续除以 16，直到商数为 11，相应竖式如下：

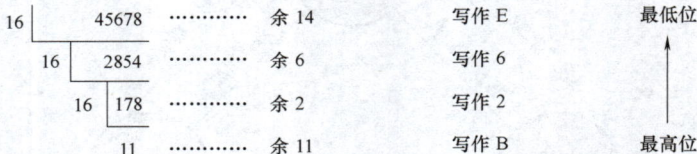

所以得 $45678 = B26EH$

2）十进制整数转换成十六进制整数也可以采用"除常数取商"法。

方法是：将要转换的十进制整数根据其大小除以一组常数 [⋯4096（16^3）、256（16^2）、16（16^1）、1（16^0）] 中的某一个得一商，然后将小于该常数的余数除以后一个常数得一商，依此类推，直到最后一个小于 16 的余数除以 1 得商，得到的商按先后顺序排列起来所得的数，即为所求的十六进制整数。如例 1-2 中的十进制数 45678 除以 4096 得商 11（0BH），余数 622 除以 256 得商 2，余数 110 除以 16 得商 6，余数 14 除以 1 得商 14（0EH），即所得到的十六进制数为 B26EH。

3. 二进制和十六进制整数间的转换

二进制和十六进制数之间的转换比较方便，一般采用目测便能完成。

（1）二进制数转换成十六进制数　采用"四位合一位"法。

"四位合一位"法的方法是：从二进制数的最低位开始，每四位一组，不足四位以 0 补足，然后分别把每组用十六进制数码表示，并按顺序相连。

例 1-3 将二进制数 101101111101001B 转换为十六进制数。

解： <u>0101</u>   <u>1011</u>   <u>1110</u>   <u>1001</u>
       5   B   E   9

所以得 101101111101001B = 5BE9H

（2）十六进制数转换成二进制数 采用"一位分四位"法。即把十六进制数的每一位分别用四位二进制数码表示，然后把它们连在一起。

例 1-4 将十六进制数 3CDF6H 转换为一个二进制数。

解：   3   C   D   F   6
          | | | | |
        0011   1100   1101   1111   0110

所以得 3CDF6H = 111100110111110110B

综上所述，数制之间的转换以二进制和十六进制数之间的转换最为简便，十进制和十六进制数之间的转换次之，二进制和十进制数之间的转换最为烦琐。因此，当要求进行二进制数和十进制数之间转换时，可以先将二进制数或十进制数转换成十六进制数，然后将该十六进制数转换成相应的十进制数或二进制数，这样转换反而相对简便。

如例 1-1 中十进制数 215 直接转换成二进制数需连续除以 7 个 2，现将 215 转换成十六进制数只需除以 16 即可得 D7H，D7H 可方便地转换成二进制数 11010111B。

三、计算机中数的表示和编码

1. 带符号数的表示法

计算机中的数有正数和负数之分，但由于计算机只能识别 0 和 1 两种信息，因此，计算机中数的正负号也采用 0 或 1 表示。正数（符号为"+"）用 0 表示，负数（符号为"-"）用 1 表示。通常在计算机中把带符号数的最高位作为符号位，其余各位作为数值位。一个带符号数在计算机中可以有原码、反码和补码三种表示方法。下面介绍 8 位带符号数的原码、反码和补码表示。

（1）原码（True Form） 最高位是符号位，用 0 表示"+"，用 1 表示"-"，其余 7 位为数值位。在计算机中，一个数的原码、反码和补码可以先把该数用方括号括起来，并在方括号右下角分别加个"原""反"和"补"字来标记。例如：

X = +43D   [X]$_原$ = 00101011B

X = -43D   [X]$_原$ = 10101011B

（2）反码（One's Complement） 正数的反码和负数的反码求法不同。正数的反码和原码相同；负数的反码的符号位和其原码符号位相同，其余数值位取反，例如：

[+31D]$_原$ = 00011111B   [-54D]$_原$ = 10110110B

[+31D]$_反$ = 00011111B   [-54D]$_反$ = 11001001B

（3）补码（Two's Complement） 同样，正数的补码和负数的补码求法也不同。正数的补码和原码相同；负数的补码是其反码加 1。

事实上，在日常生活中，补码的概念是经常会遇到的。例如：如果现在是标准时间 7 点整，而现在表上的时间已到 11 点整，要调整到标准时间 7 点有两种拨法：

a. 顺时针拨 8 小时：11+8＝12（自动丢失）+7＝7
b. 逆时针拨 4 小时：11-4＝7

在这里，11+8 与 11-4 的结果相同，而其前提条件是钟表的时针每拨过 12 小时，便又回到原处（12 自动丢失）。在数学上，这个自动丢失的数称为模（mod），这种带模的加法称为按模 12 的加法，通常写作：

$$11+8=7(\bmod 12)$$

比较上述两个数学表达式，我们发现 11-4 的减法和 11+8 的按模加法等价了。这里，+8 和 -4 是互补的，+8 称为 -4 的补码（mod 12），可记作：

$$[-4]_{\text{补}}=+8$$

在数学上它们的关系为

$$|X|+[X]_{\text{补}}=模=12$$

若把所有数用补码表示，并且规定正数的补码是它的本身，负数的补码（如-4）按上述公式变为 $[X]_{\text{补}}=模-|X|=12-4=+8$。这样，我们可以用补码加法来替代加减运算（结果为补码形式）。如在 8 位计算机中，设 X 为负数，则

$$[X]_{\text{补}}=模-|X|=2^8-|X|$$

设 X＝-1000101B，则 $[X]_{\text{反}}$＝10111010B

$$[X]_{\text{补}}=2^8-|X|=2^8-1000101B$$

而数 2^8 可以表示为二进制形式：

$$2^8=11111111B+00000001B$$
$$[X]_{\text{补}}=11111111B+00000001B-1000101B$$
$$[X]_{\text{补}}=(11111111B-1000101B)+00000001B$$
$$[X]_{\text{补}}=10111010B+00000001B$$
$$[X]_{\text{补}}=[X]_{\text{反}}+00000001B$$

由此可以得到求负数补码的方法，即负数的补码等于该负数的反码加 1。

微型计算机中所有带符号的数均是以补码形式存放的。8 位微型计算机的二进制补码范围为 +127～-128。表 1-2 列出了一组 8 位二进制数的表示形式。

表 1-2 8 位二进制数的表示形式

二进制数码形式	看作无符号十进制数	看作带符号十进制数		
		原　码	反　码	补　码
00000000	0	+0	+0	+0
00000001	1	+1	+1	+1
00000010	2	+2	+2	+2
⋮	⋮	⋮	⋮	⋮
01111110	126	+126	+126	+126
01111111	127	+127	+127	+127
10000000	128	-0	-127	-128
10000001	129	-1	-126	-127
10000010	130	-2	-125	-126
⋮	⋮	⋮	⋮	⋮
11111101	253	-125	-2	-3
11111110	254	-126	-1	-2
11111111	255	-127	-0	-1

2. 计算机中常用的编码

（1）BCD码（十进制数的二进制编码） BCD码（Binary Coded Decimal）是一种具有十进制权的二进制编码，即它是一种既能被计算机所接受，又基本上符合人们的十进制数运算习惯的二进制编码。

BCD码的种类较多，常用的有8421码、2421码、余3码和格雷码等。下面介绍的是一种最为常用的8421 BCD编码。因十进制数有10个不同的数码0~9，必须要有4位二进制数来表示，而4位二进制数可以有16种状态，因此它实际上是取了4位二进制数顺序编码的前10种，即0000B~1001B为8421码的基本代码，1010B~1111B未被使用，称为非法码或冗余码。8421 BCD编码表见表1-3。

采用8421 BCD编码后，十进制数可以表示成二进制代码形式，如583.167表示成8421 BCD码的形式为$(0101\ 1000\ 0011.0001\ 0110\ 0111)_{BCD}$，并可以在计算机中直接进行运算。

表1-3　8421 BCD编码表

十进制数	8421码	十进制数	8421码
0	0000B	8	1000B
1	0001B	9	1001B
2	0010B	10	00010000B
3	0011B	11	00010001B
4	0100B	12	00010010B
5	0101B	13	00010011B
6	0110B	14	00010100B
7	0111B	15	00010101B

（2）ASCII编码　现代微型计算机不仅要处理数字信息，而且还需要处理大量字母和符号信息。这就需要人们对这些数字、字母和符号进行二进制编码，以供微型计算机识别、存储和处理。这些数字、字母和符号统称为字符，因此上述字母和符号的二进制编码又称为字符的编码。

ASCII（American Standard Coded for Information Interchange）码是"美国信息交换标准代码"的简称。它是用7位二进制数码来表示的，7位二进制数码共有128种组合状态，包括图形字符96个和控制字符32个。96个图形字符包括十进制数字符10个、大小写英文字母52个和其他字符34个，这类字符有特定形状，可以显示在CRT上和打印在打印纸上。32个控制字符包括回车符、换行符、退格符、设备控制符和信息分隔符等，这类字符没有特定形状，字符本身不能在CRT上显示和打印机上打印。

ASCII码诞生于1963年，是一种比较完整的字符编码，现已成为国际通用的标准编码，已广泛用于微型计算机与外设的通信。在微型计算机与ASCII码制的键盘、打印机、CRT等连用时，均以ASCII码形式进行数据传输。

第五节　单片机的发展及应用

一、单片机的发展历史

单片机按照其用途可分为通用型和专用型两大类。通常所说的以及本书所介绍的单片机是指通用型单片机。

通用型单片机把可开发资源（如 ROM、RAM、EPROM、I/O 口等）全部提供给使用者。

专用型单片机其硬件结构和指令是按照某个特定用途而设计的。例如，打印机控制器、录音机机芯控制器等。

单片机的发展历史可划分为四个阶段：

第一阶段（1974—1976）：单片机初级阶段。因工艺限制，单片机采用双片的形式，而且功能比较简单。例如仙童公司生产的 F8 单片机，只包括了 8 位 CPU、64B 的 RAM 和两个并行口。需加一块 3851（由 1KB ROM、定时器/计数器和两个并行 I/O 口构成）才能组成一台完整的计算机。

第二阶段（1976—1978）：低性能单片机阶段。典型产品是 Intel 公司制造的 MCS-48 系列单片机，片内集成了 8 位 CPU、并行 I/O 口、8 位定时器/计数器、RAM 和 ROM 等。但无串行口，中断系统比较简单，片内 RAM 和 ROM 容量较小且寻址范围不大于 4KB。

第三阶段（1978—1982）：高性能单片机阶段。代表性的产品有 Intel 公司的 MCS-51、Motorola 公司的 6801 和 Zilog 公司的 Z8 等。片内普遍带有串行 I/O 口、多级中断系统、16 位定时器/计数器，片内 ROM、RAM 容量加大，寻址范围可达 64KB，有的片内还带有 A-D 转换器。这类单片机性能价格比高，目前仍被广泛应用，是当今应用数量较多的单片机机种。

第四阶段（1982—现在）：8 位单片机巩固发展及 16 位、32 位单片机推出阶段。16 位单片机的典型产品是 Intel 公司的 MCS-96 系列单片机，主振为 12MHz，片内 RAM 为 232B，ROM 为 8KB，中断处理为 8 级，而且片内带有多通道 10 位 A-D 转换器和高速输入/输出部件（HSI/HSO），实时处理能力很强。32 位单片机除了更高的集成度外，其主振已达 20MHz，使 32 位单片机的数据处理速度比 16 位单片机增快许多，性能比 8 位、16 位单片机更加优越。

20 世纪 80 年代以来，单片机的发展非常迅速。就通用单片机而言，世界上一些著名的计算机厂家已投放市场的产品就有 50 多个系列，400 多个品种。单片机的产品已占整个微机（包括一般的微型处理器）产品的 80%以上，其中 8 位单片机的产量又占整个单片机产量的 60%以上。这说明 8 位单片机将在今后若干年内仍是工业检测、控制应用的主角。

二、单片机的应用与选择

1. 单片机的特点

（1）小巧灵活、成本低、易于产品化　它能方便地组装成各种智能式测控设备及各种智能仪器仪表。

（2）可靠性高、适应的温度范围宽　单片机芯片本身是按工业测控环境要求设计的，能适应各种恶劣的环境，这是其他机种无法比拟的。

（3）易扩展、控制功能强　很容易构成各种规模的应用系统。指令系统中有丰富的逻辑控制功能用指令。

（4）便于实现多机和分布式控制　可以方便地组成多机和分布式计算机控制系统。

2. 单片机的应用

单片机以其卓越的性能、很高的性能价格比，使其在许多领域都得到了广泛应用。利用它可开发便携式智能检测控制仪器，还可以将它应用于产品的内部，取代部分老式机械、电子零件或元器件，可使产品缩小体积、增强功能，实现不同程度的智能化。这是其他任何计算机机种无法比拟的。单片机的应用领域有以下几个方面：

（1）工业方面　各种测控系统、数据采集系统、工业机器人控制、机电一体化产品等。

（2）智能仪器仪表方面　单片机在该领域的应用不仅使传统的仪器仪表发生了根本的变革，也给传统的仪器仪表行业的改造带来了曙光。

（3）通信方面　调制解调器、程控交换技术等。

（4）民用方面　电子玩具、录像机、VCD机、洗衣机等。

（5）军工领域　导弹控制、鱼雷制导控制、智能武器装备、航天飞机导航系统等。

（6）计算机外部设备方面　打印机、键盘、磁盘驱动器、复印机等。

（7）多机分布式系统　可用单片机构成分布式测控系统，它使单片机的应用进入了一个新水平。

实际上，单片机几乎在人类生活的各个领域都表现出了强大的生命力，使计算机的应用范围达到了前所未有的广度和深度。单片机的出现尤其对电路工作者产生了观念上的冲击。过去经常采用模拟电路、数字电路实现的电路系统，现在相当大一部分可以用单片机予以实现，传统的电路设计方法已演变成软件和硬件相结合的设计方法，而且许多电路设计问题将转化为纯粹的程序设计问题。

3. 单片机的选用

单片机的种类很多，在实际应用中怎样选用单片机的类型呢？这要根据实际情况来确定，没有一个固定的规范。以下几项是应遵守的原则：

（1）对不同单片机的性能进行比较　单片机的种类繁杂，性能各异，应根据应用系统的要求进行比较、选择。

首先要选择合适的存储器。单片机内部有两种存储器：一种是专门用来存放用户程序和常数的程序存储器；另一种是专门用来存放数据的数据存储器。两者是严格分开的，不同单片机这两种存储器的容量也很不一致。一般选用片内无程序存储器的单片机，通过片外扩展组成单片机最小系统。这种最小系统使用灵活，改写程序方便，是目前我国使用最多的一种方式。设计最小系统时，要分别估计程序的长短和随机数据的多少，以确定片外需扩展的程序存储器和数据存储器容量的大小。另外要充分利用单片机片内的存储空间，以便使系统更加紧凑。

选择单片机还应注意接口能力、指令系统、寻址方式及功耗等问题。

（2）必须具备配套的开发系统　单片机的应用系统一般比较小巧紧凑，不像其他一般微型计算机系统有较多的外设（如CRT、键盘、软硬盘驱动器等），多数不具备软件调试功能。因此，在自行设计组装时，必须要有相应的开发工具，这种开发工具叫单片"微型机开发系统"（Microcomputer Development System，MDS）。

单片机尽管有许多优点，但如果没有开发系统，就无法开展单片机的应用工作。有的单片机性能很好，但是如果找不到相应的开发系统也就无法使用。

（3）选择市场上的主流产品　目前，MCS-51系列单片机在8位单片机市场上占的份额最大，达 50%以上，配套的开发系统完备、可靠。由于其较高的性能价格比，自 1980 年推出以来，直至现在，其市场仍很坚挺。这已是我国在工业检测、控制领域的优选机型，深受广大计算机应用开发工作者的喜爱。正因为如此，本书重点讨论 MCS-51 系列单片机的原理、接口技术以及应用系统设计开发的一系列内容。

三、Intel 系列单片机简介

根据器件的制造厂商分类，单片机主要有以下几种：美国 Intel 公司单片机、Motorola 公司单片机、Zilog 公司单片机、荷兰 Philips 公司单片机、德国 Siemens 公司单片机以及日本 NEC 公司单片机等，其中 Intel 公司的单片机最具有代表性，其产量最高，应用最为广泛。

从 1976 年 9 月 Intel 公司推出 MCS-48 系列单片机以来，单片机的发展非常迅速，Intel 公司又分别在 1980 年、1983 年相继推出了 MCS-51、MCS-96 系列单片机，而每一系列中又有若干个产品。目前我国主要使用 MCS-51 系列的产品，尤以 8031/8032 为多。

1. MCS-48 系列单片机

MCS-48 系列单片机是 Intel 公司于 1976 年推出的 8 位单片机，其典型产品是 8048，它在一个 40 引脚的大规模集成电路芯片内集成有：

- 8 位 CPU；
- 1KB 程序存储器；
- 64B 数据存储器；
- 1 个 8 位的定时器/计数器；
- 4KB 片外程序存储器空间；
- 256B 片外数据存储器空间；
- 27 根输入/输出线。

MCS-48 系列主要单片机的功能特性见表 1-4。

表 1-4 MCS-48 系列单片机

型 号	片内存储器		I/O 口线	定时器/计数器	片外寻址空间	
	程序	数据			程序	数据
8048	1KB ROM	64B RAM	27	1 个 8 位	4KB	256B
8748	1KB EPROM	64B RAM	27	1 个 8 位	4KB	256B
8035	无	64B RAM	27	1 个 8 位	4KB	256B
8049	2KB ROM	128B RAM	27	1 个 8 位	4KB	256B
8749	2KB EPROM	128B RAM	27	1 个 8 位	4KB	256B
8039	无	128B RAM	27	1 个 8 位	4KB	256B
8050	4KB ROM	256B RAM	27	1 个 8 位	4KB	256B
8750	4KB EPROM	256B RAM	27	1 个 8 位	4KB	256B
8040	无	256B RAM	27	1 个 8 位	4KB	256B

2. MCS-51 系列单片机

Intel 公司于 1980 年推出了第二代单片机：MCS-51 系列，这是一种高性能的 8 位单片机。和 MCS-48 系列相比，MCS-51 系列单片机无论在片内程序存储器、数据存储器、输入/输出功能、种类和数量上，还是在系统的扩展功能、指令系统的功能等方面都有很大加强。其典型产品为 8052，其封装仍为 40 引脚，芯片内部集成有：

- 8 位 CPU；
- 8KB 程序存储器；
- 256B 数据存储器；
- 64KB 片外程序存储空间；
- 64KB 片外数据存储空间；
- 32 根输入/输出线；
- 1 个全双工异步串行口；
- 3 个 16 位定时器/计数器；
- 6 个中断源，2 个优先级。

MCS-51 系列单片机一般采用 HMOS（如 8051）和 CHMOS（如 80C51）这两种工艺制造，两种单片机完全兼容。CHMOS 工艺较先进，综合了 HMOS 的高速度和 CMOS 的低功耗特点。表 1-5 列出了 MCS-51 系列单片机主要产品的功能特性。

表 1-5 MCS-51 系列单片机

型号	片内存储器		I/O 口线	定时器/计数器	片外寻址空间		串行通信
	程序	数据			程序	数据	
8051	4KB ROM	128B RAM	32	2 个 16 位	64KB	64KB	UART
8751	4KB EPROM	128B RAM	32	2 个 16 位	64KB	64KB	UART
8031	无	128B RAM	32	2 个 16 位	64KB	64KB	UART
80C51	4KB ROM	128B RAM	32	2 个 16 位	64KB	64KB	UART
80C31	无	128B RAM	32	2 个 16 位	64KB	64KB	UART
8052	8KB ROM	256B RAM	32	3 个 16 位	64KB	64KB	UART
8752	8KB EPROM	256B RAM	32	3 个 16 位	64KB	64KB	UART
8032	无	256B RAM	32	3 个 16 位	64KB	64KB	UART
8044	4KB ROM	192B RAM	32	2 个 16 位	64KB	64KB	SDLC
8744	4KB EPROM	192B RAM	32	2 个 16 位	64KB	64KB	SDLC
8344	无	192B RAM	32	2 个 16 位	64KB	64KB	SDLC

3. MCS-96 系列单片机

Intel 公司于 1983 年推出了 16 位高性能的第三代产品——MCS-96 系列单片机。该单片机采用多累加器和"流水线作业"的系统结构，其最显著的特点是运算精度高、速度快。它的典型产品是 8397，其芯片内集成有：

- 16 位 CPU；
- 8KB 程序存储器；
- 232B 寄存器文件；
- 具有 8 路采样保持的 10 位 A-D 转换器；
- 40 根输出/输入线；
- 20 个中断源；
- 专用的串行口波特率发生器；
- 全双工串行口；
- 2 个 16 位定时器/计数器；
- 4 个 16 位软件定时器；

- 高速输入/输出子系统；
- 16 位监视定时器。

表 1-6 列出了 MCS-96 系列单片机的主要特性。

表 1-6 MCS-96 系列单片机

型号	片内存储器		I/O 口线	定时器/计数器	片外寻址空间	串行通信	A-D 转换
	ROM	RAM					
8094	无	232B	32	2 个 16 位	64KB	UART	无
8795	无	232B	32	2 个 16 位	64KB	UART	4 路 10 位
8096	无	232B	48	2 个 16 位	64KB	UART	无
8097	无	232B	48	2 个 16 位	64KB	UART	4 路 10 位
8394	8KB	232B	32	2 个 16 位	64KB	UART	无
8395	8KB	232B	32	2 个 16 位	64KB	UART	4 路 10 位
8396	8KB	232B	48	2 个 16 位	64KB	UART	无
8397	8KB	232B	48	2 个 16 位	64KB	UART	8 路 10 位

其他功能：高速 I/O、监视定时器、PWM 输出

近年来，由于低档 8 位单片机在性能/价格比上已没有优势，除了老系统仍占有少量市场外，已逐步被高档 8 位单片机所取代。16 位单片机虽早已推出，但因价格偏高等原因，应用不够广泛。在占国内主流的 Intel 公司单片机中，MCS-51 系列单片机尤为我国工程技术人员所推崇，其兴旺势头还会维持一段相当长的时间。随着 MCS-96 系列单片机价格的越来越低，其性能/价格比的优势会越来越明显，它的应用也将越来越广泛。

四、Atmel 公司的单片机简介

Atmel 公司是创建于 20 世纪 80 年代中期的一家美国著名半导体公司，公司从 EPROM、E^2PROM 的生产起家，20 世纪 90 年代中期以 E^2PROM 技术与 Intel 公司交换 MCS-51 内核技术而加入单片机生产行列。Atmel 公司的先进设计、优秀生产工艺、领先封装技术被用于单片机生产，使得单片机的结构、性能、价格等方面都有着明显的优势。特别是 Atmel 公司引以自豪的闪速存储器技术，使其单片机特色显著、功能卓越。

Atmel 公司的单片机产品中，嵌入的半导体程序存储器是闪速存储器 Flash ROM，其非易失性和快速电改写特征使得产品在应用中与 MCS-51 系列芯片相比具有以下显著优点：

1) 内部含有 Flash ROM，可以进行程序的在线修改。
2) 和 80C51 插座兼容，可以方便地进行芯片的替换。
3) 具有静态时钟方式。
4) 一旦错误编程也不会产生废品。
5) 可反复进行系统试验，大大缩短系统开发周期。

Atmel 公司生产的单片机称为 AT89 系列，包括 AT89C 系列和 AT89S 系列。

1. AT89C 系列单片机

AT89C 系列单片机按其结构可以分为标准型、精简型和强化型三种。

标准型单片机有 AT89C51、AT89LV51、AT89C52、AT89LV52 四种型号。它们和 MCS-51 系列单片机完全兼容，使用中可以直接代换。AT89C51、AT89C52 相当于将 80C51、80C52 中 4KB、8KB 的 ROM 换为相应数量的 Flash ROM。AT89LV51、AT89LV52 分别是

AT89C51、AT89C52 的低电压型号，其供电电压范围更宽，可以在 2.7~6V 的电压范围内工作。

精简型单片机有 AT89C4051、AT89C2051、AT89C1051 三种型号，是 AT89 系列中的廉价芯片。由于采用 20 脚封装，MCS-51 系列芯片中的 P0 口和 P2 口被精简了，实行的是总线不对外结构。AT89C4051 芯片内部有 4KB 的 Flash ROM、128B 的 RAM。AT89C2051 芯片内部有 2KB 的 Flash ROM、128B 的 RAM。AT89C1051 芯片内部只有 1KB 的 Flash ROM、64B 的 RAM，而且只有一个定时器 T0，没有串行接口。AT89C4051 的引脚图和 AT89C2051 相同，如图 1-9 所示；AT89C1051 的引脚图如图 1-10 所示。图中引脚 AIN0 是片内精密模拟比较器的同相输入端，引脚 AIN1 是其反相输入端。

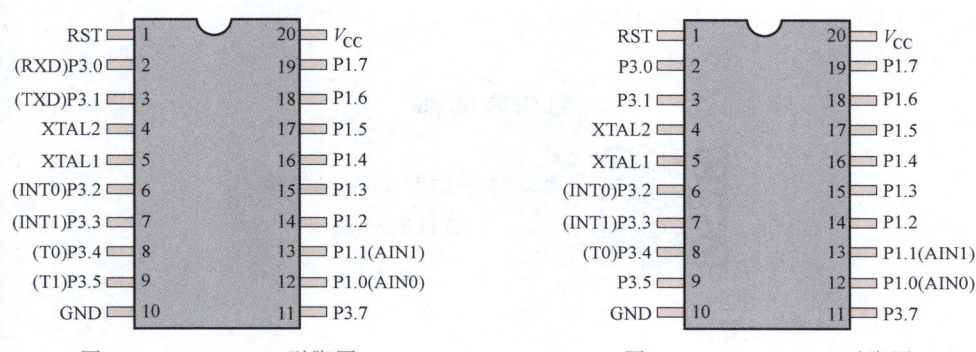

图 1-9　AT89C2051 引脚图　　　　图 1-10　AT89C1051 引脚图

强化型单片机包括 AT89C55 和 AT89LV55 两种型号。AT89C55 是 AT89C52 芯片的程序存储器的强化产品，其 Flash ROM 容量达到 20KB。AT89LV55 是 AT89C55 的宽电压范围产品。

2. AT89S 系列单片机

Atmel 公司生产的 AT89S 系列单片机提供了一个通过 SPI 串行接口对内部程序存储器进行编程的功能。AT89S51 和 AT89S52 是 2003 年 Atmel 公司推出的新型产品，除了完全兼容 MCS-51 系列和 80C51 系列之外，还增加了 ISP 技术和看门狗功能。

AT89S8252 是 Atmel 公司代表性的高档产品，也是其 AT89 系列嵌入功能模块最多的一个品种。与 MCS-51 系列的 80C52 芯片相比，外部引脚兼容，其增加嵌入的功能模块有：将 8KB 的 ROM 改为嵌入相同数量的 Flash ROM，该程序存储器可通过 SPI 串行口实现从上位机的下载功能；嵌入 2KB 的 E^2PROM，从而增加了程序存储器总的存储容量；在原有串行口的基础上再嵌入 SPI 串行接口；嵌入 Watchdog 看门狗定时器；有双 DPTR 数据指针、含从电源下降的中断恢复等在内的中断响应能力增加到 9 个。

综上所述，随着 Atmel 公司的单片机产品以其高品质和高质量为人们所熟知，其在计算机外设、通信设备、工业控制、宇航设备、仪器仪表和各种消费产品中逐渐成为首选产品。

思考题与习题

1-1　微型计算机主要由哪几部分组成？各部分具有何种功能？
1-2　解释微处理器、微型计算机、微型计算机系统的概念。
1-3　什么叫单片机？其主要由哪几部分组成？

1-4 在各种系列的单片机中，片内 ROM 的配置有几种形式？用户应根据什么原则来选用？

1-5 写出下列各数的另两种数制的表达形式（二进制、十进制、十六进制）。
98，20039，249H，3F6CH，11101B，10111010111B

1-6 写出下列各数的 BCD 码：

(1) 59　　　(2) 1996　　　(3) 4859.2　　　(4) 389.41

1-7 求出下列二进制数的原码、反码、补码：

(1) [+1011010]　　　(2) [-1101000]

(3) [-0001111]　　　(4) [-1011001]

1-8 已知下列二进制数的补码，求出该数的十进制数：

(1) 10001110　　　(2) 01101100

(3) 11011000　　　(4) 11110001

第二章

MCS-51单片机的硬件结构

第一节 MCS-51 单片机的结构和引脚

常用的 MCS-51 单片机有三种类型产品：8052/8752/8032。它们的基本组成、基本性能和指令系统都是相同的。本书着重以 8052 为代表对 MCS-51 单片机进行分析和论述。

一、MCS-51 的核心电路

8052 单片机的核心电路如图 2-1 所示。其内部包括如下功能部件：

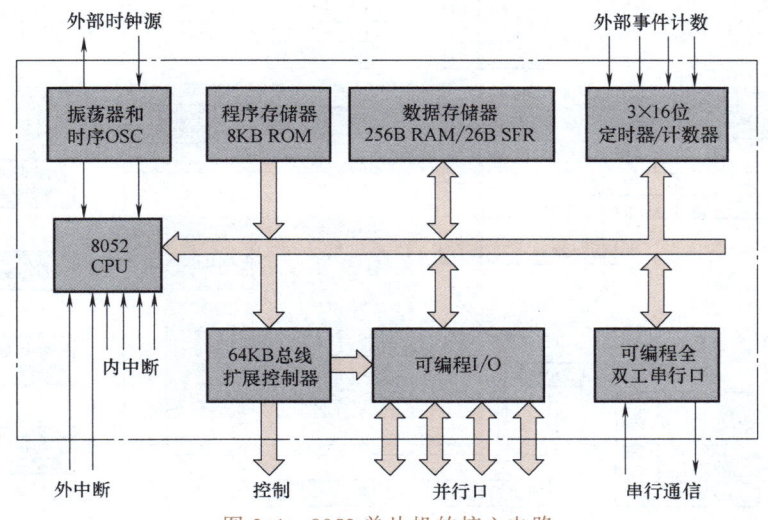

图 2-1 8052 单片机的核心电路

- 8 位中央处理器 CPU；
- 片内振荡器及时钟电路；
- 256B 片内数据存储器空间；

- 8KB 片内程序存储器空间；
- 21 个特殊功能寄存器（共 26B）；
- 4 个 8 位并行 I/O 端口（共 32 根 I/O 线）；
- 1 个可编程全双工串行口；
- 可寻址 64KB 的外部程序存储器空间；
- 可寻址 64KB 的外部数据存储器空间；
- 3 个 16 位的定时器/计数器；
- 6 个中断源、2 个优先级嵌套中断结构。

以上各功能部件通过内部总线连接在一起。

8032 和 8752 的结构与 8052 基本相同，其主要差别是在存储器的配置上不同。8052 内部设有 8KB 的掩模 ROM 程序存储器，8032 片内没有程序存储器，而 8752 则是以 8KB 可编程的 EPROM 代替了 8052 内部 8KB 的掩模 ROM。由于 8052 的程序是 Intel 公司预先为用户烧制的、含有专门用途的监控程序，因此较难推广；而 8752 相对来讲价格偏高。由于 8032 外接一片 EPROM 芯片，就相当于 8052，而且它具有价格低廉、功能强、使用灵活等特点，所以宜于推广使用。

从制造工艺方面讲，MCS-51 单片机可分为两大类型：HMOS 器件和 CHMOS 器件。这两类器件在功能上完全兼容，CHMOS 器件在器件名称中加一个"C"字母来标志，如 80C52、87C52、80C32 等，此类器件具有低功耗的特点。本书中讨论的 MCS-51 单片机为 HMOS 器件。

二、MCS-51 的结构框图

8052 单片机内部总体结构框图如图 2-2 所示。

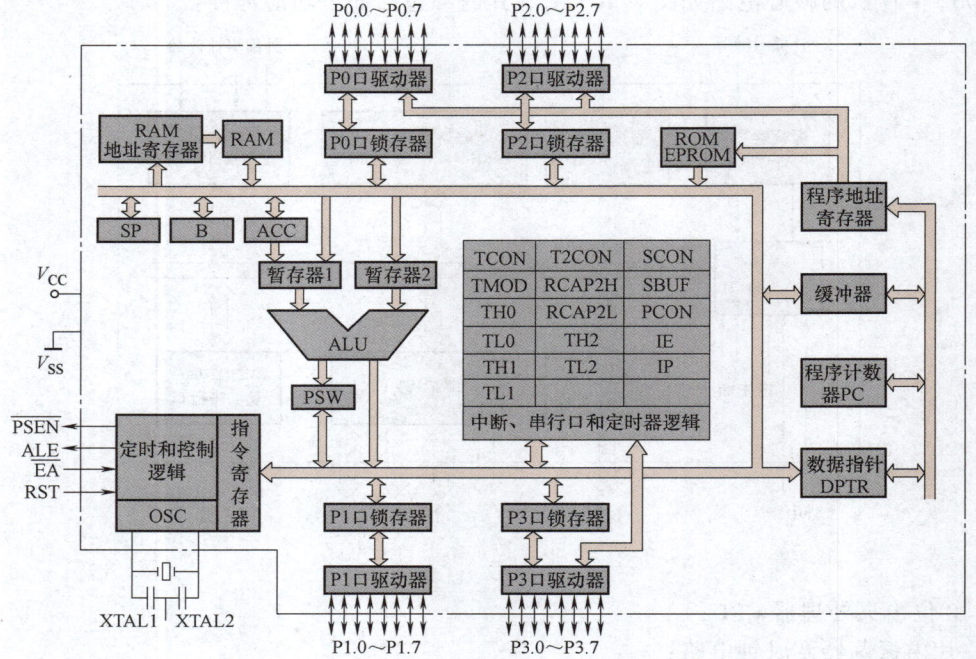

图 2-2 8052 单片机内部总体结构框图

三、MCS-51 引脚功能说明

MCS-51 单片机采用 40 脚双列直插式封装方式，40 个引脚中包括 32 个并行 I/O 引脚、4 个控制线引脚、2 个电源线引脚、2 个外接晶振引脚。图 2-3a 为引脚排列图，图 2-3b 为逻辑符号图。

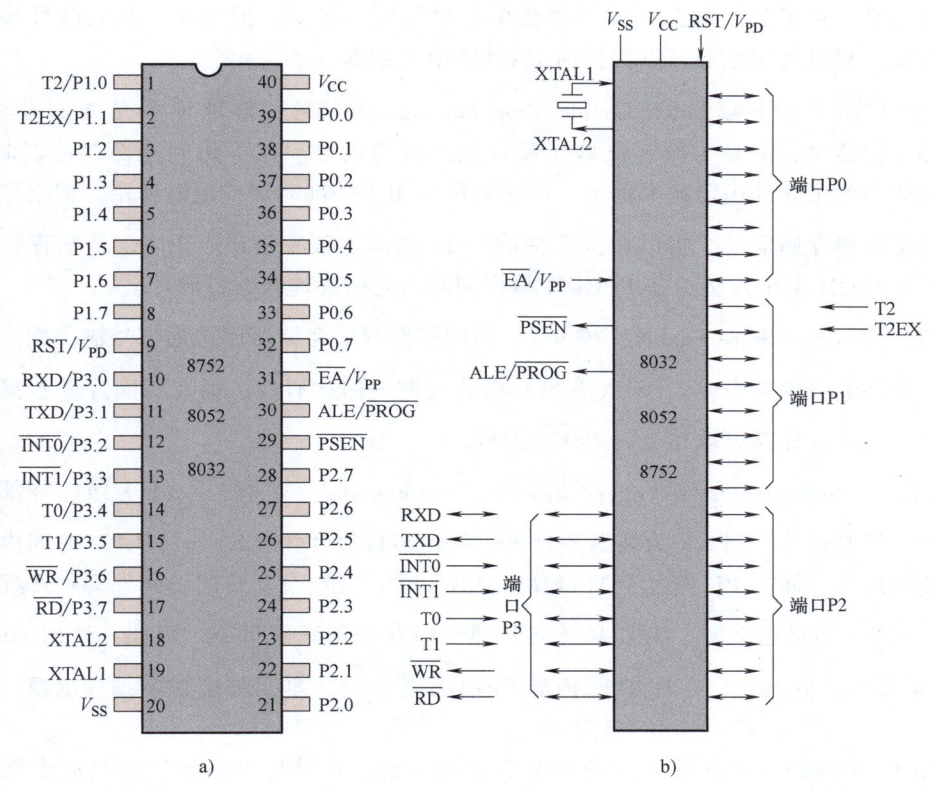

图 2-3　MCS-51 引脚图
a）引脚排列　b）逻辑符号

现对 40 个引脚说明如下：

1. 输入/输出端口 P0、P1、P2 和 P3

P0 口（P0.0~P0.7）：P0 口是一个 8 位漏极开路的准双向 I/O 通道。

在对片外存储器进行存取操作时用作低 8 位地址及数据总线（在此时为双向口），在程序检查时也用作输出指令字节（在程序检查时需要外接上拉电阻），P0 口能驱动 8 个 LSTTL 负载。

P1 口（P1.0~P1.7）：P1 口是一个带有外部上拉电阻的 8 位准双向 I/O 通道，它能驱动（吸收或输出电流）4 个 LSTTL 负载，不用附加上拉电阻，即可驱动 MOS 输入。另外，P1.0 和 P1.1 还具有第二功能，它们可分别作为定时器/计数器 T2 的 T2 端和 T2EX 端。

P2 口（P2.0~P2.7）：P2 口是一个带有外部上拉电阻的 8 位准双向 I/O 通道。在访问外部存储器时，它是高 8 位地址字节的输出口。P2 口可以驱动 4 个 LSTTL 负载，不用附加上拉电阻，即可驱动 MOS 输入。

P3 口（P3.0~P3.7）：P3 口是一个带有外部上拉电阻的 8 位准双向 I/O 口，其每一位能驱动 4 个 LSTTL 负载，不用附加上拉电阻即可驱动 MOS 输入。与其他 I/O 端口不同的是，P3 口的每个引脚还具有第二功能，其第二功能将在后面详细介绍。

2. 控制信号引脚 RST/V_{PD}、ALE/$\overline{PROG}$、$\overline{PSEN}$ 和 $\overline{EA}$/V_{PP}

RST/V_{PD}（9 脚）：复位信号输入端。当振荡器工作时，在此引脚上出现两个以上机器周期的高电平（由低到高跳变）时，将使单片机复位。在 V_{CC} 掉电时，此引脚可接上备用电源，由 V_{PD} 提供备用电源，以保持内部 RAM 中的数据。

ALE/$\overline{PROG}$（Address Latch Enable/Programming，30 脚）：地址锁存允许信号输出端。访问外部存储器时，ALE 为低 8 位地址锁存允许输出信号。在不访问外部存储器时，ALE 仍以振荡频率的 1/6 的固定频率输出，因而它可以用于外部时钟或定时使用。但要注意，每当访问外部数据存储器时，将以振荡频率的 1/12 的固定频率输出。$\overline{PROG}$ 是编程脉冲输入端，对于 EPROM 型单片机，在 EPROM 编程期间，此引脚输入编程脉冲。

$\overline{PSEN}$（Program Store Enable，29 脚）：访问外部程序存储器读选通信号输出端。在访问外部程序存储器读取指令时，$\overline{PSEN}$ 在每个机器周期内两次有效，但在访问片外数据存储器或访问内部程序存储器读取指令时 $\overline{PSEN}$ 无效。

$\overline{EA}$/V_{PP}（Enable Address/Voltage Pulse of Programming，31 脚）：$\overline{EA}$ 为访问外部或内部程序存储器控制信号。当 $\overline{EA}$ 为高电平且 PC 值小于 1FFFH（8KB）时，CPU 访问内部程序存储器读取指令，而当 PC 值大于 1FFFH（8KB）时，CPU 自动转向访问外部程序存储器读取指令；当 $\overline{EA}$ 为低电平时，CPU 只访问外部程序存储器读取指令。因此，使用 8032 单片机时，$\overline{EA}$ 必须接低电平。在对 8752 内部 EPROM 编程时，本引脚接 21V 编程电源（V_{PP}）。

3. 时钟电路引脚 XTAL1 和 XTAL2

XTAL1（19 脚）：接外部晶振和微调电容的一端，在单片机内部接反相放大器的输入端，当采用外部晶振时，此引脚接地。

XTAL2（18 脚）：接外部晶振和微调电容的另一端，在单片机内部接振荡器反相放大器的输出和内部时钟发生器的输入端，当采用外部晶振时，此引脚接收外部晶振的信号。

4. 主电源引脚 V_{SS} 和 V_{CC}

V_{SS}（20 脚）：接地端。

V_{CC}（40 脚）：电源输入端，正常工作时接+5V 电源。

第二节　中央处理单元（CPU）

CPU 是单片机的核心，由它读入用户程序并加以执行。MCS-51 系列单片机内部有一个 8 位 CPU，它是由运算器 ALU、控制器等部件组成的。

一、运算器

运算器的功能是进行算术运算和逻辑运算。它可以完成加、减、乘、除等算术运算及与、或、非等逻辑操作。

MCS-51 系列单片机的运算器还包含一个布尔处理器，用来处理位操作；它有相应的指令系统，可提供 17 条位操作指令；它可以执行置位、清零、求补、取反、转移、测试、逻辑与、逻辑或等操作，为单片机的应用提供了极大的便利。

由于 MCS-51 系列单片机的时钟频率可达 12MHz，因此，它的指令执行速度是很快的，绝大多数指令执行时间仅为 1μs 或 2μs。这样，MCS-51 系列单片机不仅适用于一般的数据处理和逻辑控制，更适合于实时控制。

1. 累加器 ACC

累加器 ACC 是算术逻辑单元 ALU 中操作最频繁的一个 8 位寄存器，它是算术运算中存放操作数和运算结果的地方。在逻辑运算和数据转移指令中，存放源操作数和目的操作数；而执行循环、测试零等指令就是在累加器中进行操作。指令系统中常用 A 表示累加器。

2. 寄存器 B

寄存器 B 常用于乘除操作。乘法指令的两个操作数分别取自 A 和 B，其乘积结果的高低 8 位分别存放在 B 和 A 两个 8 位寄存器中；除法指令中，被除数取自 A，除数取自 B，商数存放于 A，余数存放于 B。

在其他指令中，寄存器 B 可作为通用寄存器或 RAM 的一个单元使用。

3. 程序状态字寄存器 PSW

程序状态字寄存器 PSW 是一个 8 位的特殊功能寄存器，它的各位包含了程序执行后的状态信息。其格式和各位的含义如下所示：

	D7	D6	D5	D4	D3	D2	D1	D0
PSW	CY	AC	F0	RS1	RS0	OV	—	P
位地址	D7H	D6H	D5H	D4H	D3H	D2H		D0H

CY（PSW.7）：进位/借位标志。累加器 A 的最高位有进位（加法）或借位（减法）时，CY=1，否则 CY=0。

单片机 CPU 中的布尔处理器就是 PSW.7（进位借位位 CY）。布尔处理器的 17 条位操作指令大部分围绕着 CY 来完成。

AC（PSW.6）：辅助进位/借位标志。当进行加法或减法操作而产生由低 4 位数（十进制的一个数字）向高 4 位数进位或借位时，AC 将被硬件置位，否则就被清零。AC 可被用于十进制调整。

F0（PSW.5）：用户定义标志位。可用软件来置位或清零，也可通过测试 F0 以控制程序的流向。

RS1、RS0（PSW.4、PSW.3）：寄存器区选择控制位。可以用软件来置位或清零以确定工作寄存器区。RS1、RS0 与寄存器区的对应关系参见表 2-1。

OV（PSW.2）：溢出标志位。当执行算术指令时，由硬件置位或清零，以指示溢出状态。

当带符号数作加法或减法运算，结果超出 -128 ~ +127 的范围时，（OV）=1；否则（OV）=0。溢出产生的逻辑条件是：（OV）= C6⊕C7，其中 C6 表示 D6 位向 D7 位的进位（或借位），C7 表示 D7 位向 CY 位的进位（或借位）。即 D6 位与 D7 位只有一位向高位产生进位（或借位）时，(OV) = 1。

当无符号数作乘法运算时，其结果也会影响溢出标志 OV。当置于累加器 A 和寄存器 B 中的两个数的乘积超过 255 时，(OV) = 1，此乘积的高 8 位放在寄存器 B 内，低 8 位则放在累加器 A 中，否则 (OV) = 0，意味着只要从 A 中取得乘积即可。

除法指令 DIV 也会影响溢出标志。当除数为 0 时，为无意义，(OV) = 1，否则 (OV) = 0。

— (PSW.1)：未定义位。

P (PSW.0)：奇偶校验标志位。目的操作数是累加器 A 的传送类指令执行后都由硬件对 P (PSW.0) 进行置位或清零，以表示累加器 A 的 8 位中值为 1 的个数的奇偶性。若 1 的个数为奇数，则 (P) = 1；否则 (P) = 0。

此标志在串行通信中常被用来检验数据传输的可靠性。

二、控制器

控制器由程序计数器 PC、指令寄存器 IR 和指令译码器 ID、定时控制电路等组成。

1. 程序计数器 PC

程序计数器 PC 中存放即将执行的下一条指令的地址。改变 PC 中的内容就可改变程序执行的方向。它是一个 16 位寄存器，可对 64KB 程序存储器直接寻址。PC 是一个独立的寄存器，随时指向将要执行的指令的地址，并且具有内容自动加 1 的功能，但没有给用户提供它的物理地址。

2. 指令寄存器 IR 和指令译码器 ID

指令寄存器中存放指令代码。CPU 执行指令时，由程序存储器中读取的指令代码经指令寄存器送入译码器，经译码后由定时控制电路发出相应的控制信号，以完成指令所规定的操作。

3. 定时控制电路

定时控制电路是单片机的心脏，由它产生 CPU 的操作时序。MCS-51 单片机根据 PC 中的内容从程序存储器中取出指令操作码，放至指令寄存器中，该指令操作码经译码器分析译码为一种或几种电平信号。这些信号与系统时钟在定时控制电路中组合，形成各种控制信息，在 CPU 内部协调各寄存器之间的数据传送，完成各种算术或逻辑运算操作；对外部发出地址锁存信号 ALE、外部程序存储器选通信号 $\overline{PSEN}$ 以及 $\overline{RD}$ 读、$\overline{WR}$ 写控制信号等。

第三节 MCS-51 单片机存储器结构

MCS-51 单片机的存储器结构与常见的微型计算机的配置方式不同，它把程序存储器与数据存储器分开编址，各有自己的寻址方式、控制信号和功能。

1) 在存储器结构上可分为 6 个存储器编址空间，如图 2-4 所示。

片内 ROM 的容量为 8KB，其地址为 0000H~1FFFH；

可扩展片外 ROM 的容量为 64KB，其地址为 0000H~FFFFH；

片内 RAM 的容量为 256B，其地址为 00H~FFH；

可扩展片外 RAM 的容量为 64KB，其地址为 0000H~FFFFH；

特殊功能寄存器 SFR 的空间为 128B，其地址为 80H~FFH，但实际只定义了 26B 单元，

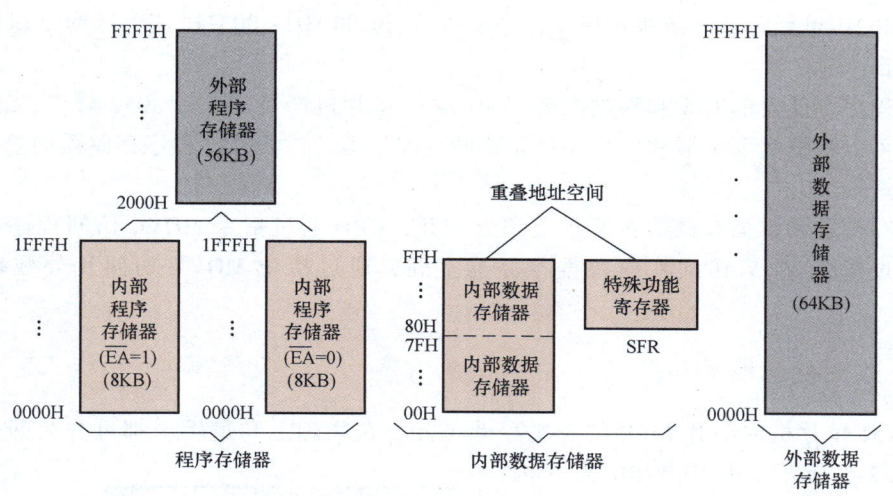

图 2-4　MCS-51 单片机的存储器结构

这 26B 单元分散在 80H～F0H 地址范围。

位寻址空间共计有 220 位，占 28B 单元。其中片内 RAM 区有 128 位，其位地址为 00H～7FH，占 16B 单元，其字节地址为 20H～2FH，该位地址区是连续的。而 SFR 区有 92 位，其位地址比较离散，不完全连续，分布在 12B 单元中。

2）在物理上可分为 4 个相互独立的存储器空间，即片内程序存储器、片外程序存储器、片内数据存储器、片外数据存储器。

3）在逻辑上又可分为 3 个相互独立的存储器空间，即程序存储器、片内数据存储器、片外数据存储器。

一、程序存储器

程序存储器用来存放编制好的固定程序和表格常数。程序存储器以 16 位的程序计数器 PC 作地址指针，通过 16 根地址总线，可以寻址 64KB 的地址空间。

MCS-51 单片机内外程序存储器统一编址，8052/8752 片内含 8KB 程序存储空间，编址为 0000H～1FFFH。另外可扩展 56KB 片外程序存储空间，编址为 2000H～FFFFH。若使用 8032，因片内无程序存储器，可另外扩展 64KB 程序存储器。片外程序存储器以 $\overline{PSEN}$ 作为读选通信号。

$\overline{EA}$ 引脚的状态控制着加电后 CPU 开始执行程序的单元。当 $\overline{EA}$ 为高电平时，加电后，CPU 从片内程序存储器的 0000H 单元开始执行；当 PC 值超出片内程序存储器空间，即大于 1FFFH 时，会自动转向片外程序存储器空间。当 $\overline{EA}$ 为低电平时，加电后，CPU 将从片外程序存储器的 0000H 单元开始执行程序。

对于 8032 芯片，因其片内无程序存储器，程序必须存放在片外程序存储器中，故其 $\overline{EA}$ 引脚必须接低电平，加电后，CPU 直接从片外程序存储器的 0000H 单元开始执行程序。

MCS-51 单片机规定程序存储器的 0003H～0032H 单元专门留给各种中断源处理程序使用。由于 CPU 在加电或手动复位后，总是从 0000H 单元开始执行程序，因此，必须在

0000H~0002H 单元存放一条跳转指令，令 CPU 跳过 0003H~0032H 这个区间，以转至主程序处去执行。

片内程序存储器的有无和种类是区别 MCS-51 单片机产品 8032、8052 与 8752 的主要标志，用户可以根据需要扩展片外程序存储器的空间，但片内、片外程序存储器的总容量合起来不得超过 64KB。

程序存储器和数据存储器在逻辑上完全分开，CPU 通过指令 MOVC 访问程序存储器空间，而通过指令 MOV 访问片内数据存储器空间，通过指令 MOVX 访问片外数据存储器空间。

二、数据存储器 RAM

MCS-51 单片机内部有 256B 的随机存储单元，在物理上和逻辑上都可分为两个地址空间，如图 2-5 所示。其中 128B 为片内 RAM 低区，地址空间为 00H~7FH（0~127），另 128 个单元为片内 RAM 高区，地址空间为 80H~0FFH，其地址空间和特殊功能寄存器区地址重叠，对片内 RAM 高区 128B 寻址只能用寄存器间接寻址，而对特殊功能寄存器区寻址必须用直接寻址。

1. 片内数据存储器

片内 RAM 是用来存取随机数据的，其应用十分灵活，可用来作为数据缓冲器、堆栈、工作寄存器和软件标志等使用，在物理上分为功能不全相同的 3 个区域：

（1）工作寄存器区域　其地址为 00H~1FH 单元，这 32 个单元分为 4 个工作寄存器组：

0 组　　00H~07H
1 组　　08H~0FH
2 组　　10H~17H
3 组　　18H~1FH

每个工作寄存器组都有 8 个单元，分别用 R0~R7 表示，组成工作寄存器组，R0 的地址最低，R7 的地址最高。

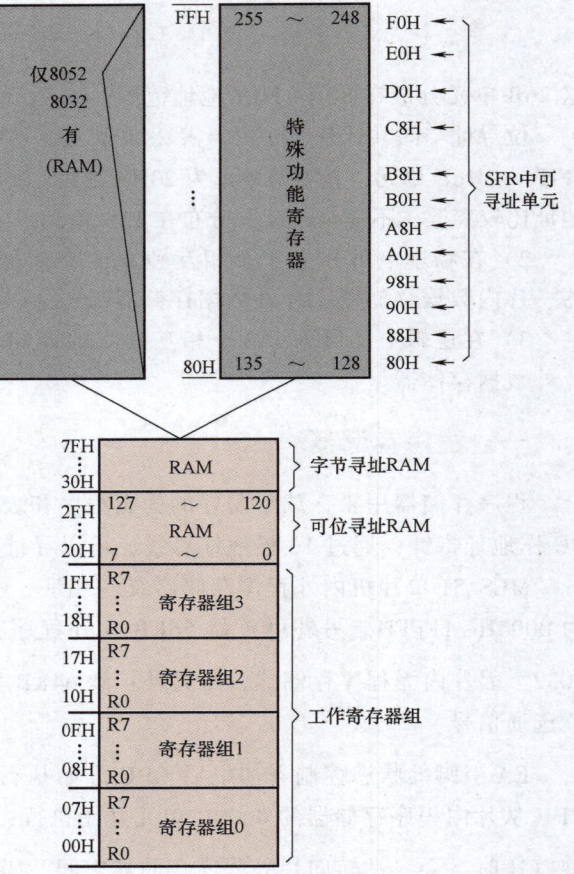

图 2-5　MCS-51 单片机内部数据存储器地址空间

在单片机指令系统中，有许多专用于工作寄存器的指令，它们多为单字节指令，执行速度很快，使用十分方便。

4 个寄存器组中的每一组都可被选为 CPU 的工作寄存器，这是通过程序状态字寄存器 PSW 中的 PSW.3（RS0）和 PSW.4（RS1）两位的状态来选择确定的，见表 2-1。通过程序改变 RS1、RS0 的状态，就可更换工作寄存器组，这给提高程序的效率和中断响应时的保护现场带来很大方便。

（2）位寻址区域　片内 RAM 中的 20H~2FH 单元除可作为一般的字节寻址单元使用外，这 16 个单元共 128 位中的每一位又可单独作为软件触发器使用，具有位寻址功能，其位地址范围为 00H~7FH。这些可寻址位对应有一套专门的位操作指令。

表 2-1　RS0、RS1 与被选工作寄存器对照表

PSW.4（RS1）	PSW.3（RS0）	当前使用的工作寄存器组 R0~R7	PSW.4（RS1）	PSW.3（RS0）	当前使用的工作寄存器组 R0~R7
0	0	0 组（00H~07H）	1	0	2 组（10H~17H）
0	1	1 组（08H~0FH）	1	1	3 组（18H~1FH）

（3）堆栈和数据缓冲区　字节地址为 30H~FFH 的这部分存储区域可作为 8 位数据缓冲区使用。一般地，用户把堆栈就设置在这部分区域中。

2. 片外数据存储器

在实时数据采集和处理数据量较大的情况下，片内 256B 的数据存储器空间往往不够使用，这时需要扩展数据存储区域。MCS-51 单片机具有扩展 64KB 的片外数据存储器的能力。

MCS-51 单片机指令系统中设置了专门用于访问片外数据存储器的指令 MOVX，采用寄存器间接寻址方式，可以用 16 位的地址指针 DPTR 做间址寄存器，寻址外部 RAM 的整个 64KB 区域，也可用 8 位的 R0 或 R1 做间址寄存器，寻址外部 RAM 的页内单元（00H~FFH）。

三、特殊功能寄存器（SFR）

MCS-51 单片机内部共有 21 个特殊功能寄存器，它们离散地分布在内部 RAM 80H~F0H 的地址范围内，允许像访问内部 RAM 一样方便地访问各个特殊功能寄存器。

在 80H~FFH 共 128 个字节单元中，特殊功能寄存器只占用了其中 26B，其中有 5 个是双字节，其余单元没有定义，用户不能对这些没有定义的单元进行读/写操作，若对其进行访问，则将得到一个不确定的随机数。

表 2-2 列出了这些特殊功能寄存器 SFR 的符号、名称及字节地址。

表 2-2　特殊功能寄存器 SFR 的符号、名称及字节地址

符号	名　称	字节地址	符号	名　称	字节地址
ACC	累加器	E0H	P2	P2 口	A0H
B	寄存器 B	F0H	P3	P3 口	B0H
PSW	程序状态字	D0H	IP	中断优先级控制	B8H
SP	堆栈指针	81H	IE	中断允许控制	A8H
DPL	数据指针 DPTR 的低位字节	82H	TMOD	定时器/计数器方式控制	89H
DPH	数据指针 DPTR 的高位字节	83H	TCON	定时器/计数器控制	88H
P0	P0 口	80H	T2CON*	定时器/计数器 2 控制	C8H
P1	P1 口	90H	TH0	定时器/计数器 0 高位字节	8CH

(续)

符号	名称	字节地址	符号	名称	字节地址
TL0	定时器/计数器 0 低位字节	8AH	RLDH*	定时器/计数器 2 捕捉寄存器高位字节	CBH
TH1	定时器/计数器 1 高位字节	8DH	RLDL*	定时器/计数器 2 捕捉寄存器低位字节	CAH
TL1	定时器/计数器 1 低位字节	8BH	SCON	串行控制	98H
TH2*	定时器/计数器 2 高位字节	CDH	SBUF	串行数据缓冲器	99H
TL2*	定时器/计数器 2 低位字节	CCH	PCON	电源控制	87H

注：51 子系列单片机中没有带 * 的 SFR；另外，RLDH 还可写成 RCAP2H，RLDL 还可写成 RCAP2L。

特殊功能寄存器 SFR 的符号及其分布如图 2-6 所示。

特殊功能寄存器大致可分为两类：一类与芯片的引脚有关，另一类用作芯片内部控制。特殊功能寄存器拥有大量的算术逻辑指令，应用十分广泛。对特殊功能寄存器的访问，只能采用直接寻址的方式。其中的 12 个既可字节寻址，又可位寻址。

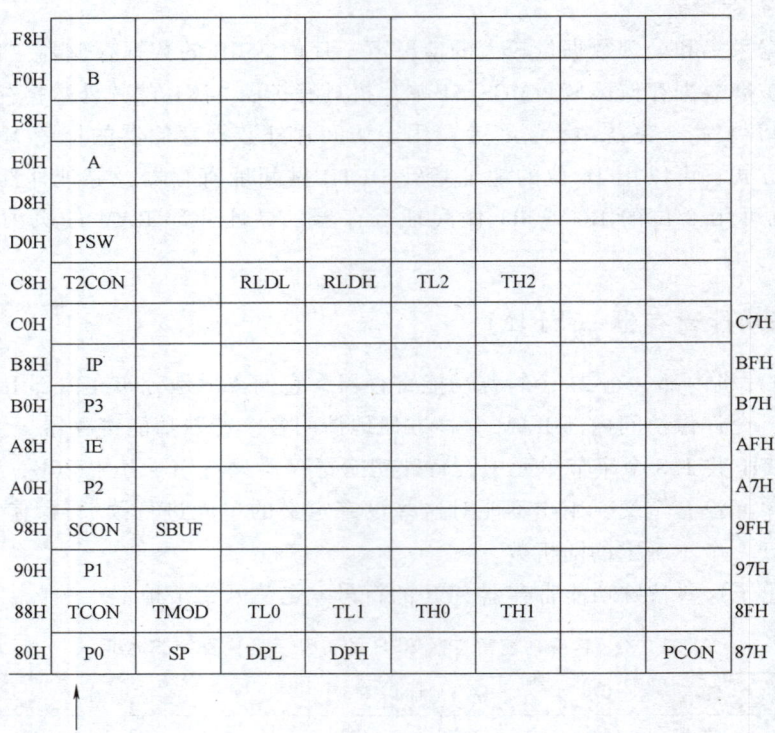

图 2-6 特殊功能寄存器 SFR 的符号及其分布

1. 堆栈指针寄存器 SP

堆栈指针寄存器 SP 是一个 8 位的专用寄存器，它用于指明堆栈顶部在内部 RAM 中的位置，可由软件设置初始值。系统复位后，SP 初始化为 07H，使得堆栈实际上由 08H 单元开始，但在实际应用中，SP 指针一般被设置在 30H～FFH 的范围内，通常 SP 设置为 5FH。

堆栈实际是一个 RAM 区域，在存取数据时遵循"先进后出，后进先出"的原则，其中的存储单元在使用时是不能按字节任意访问的，由专门的堆栈操作指令把数据压入或弹出堆栈。堆栈为程序中断、子程序调用等提供了方便。堆栈及其操作如图2-7所示。

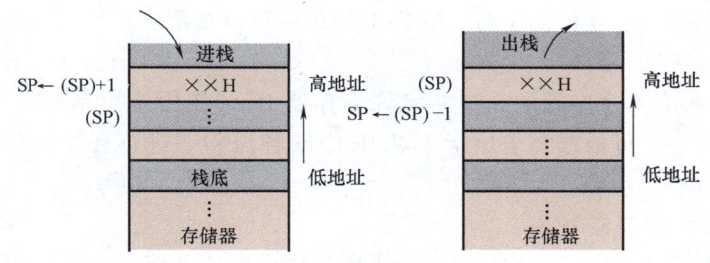

图 2-7 堆栈示意图

2. 数据存储器地址指针 DPTR

DPTR 是一个 16 位专用寄存器，它由两个 8 位的寄存器 DPH 与 DPL 组成，某些情况下，DPH、DPL 可以单独使用。DPTR 主要用来存放 16 位的地址，当对 64KB 外部数据存储器空间寻址时，作为间址寄存器使用，而在访问程序存储器时，DPTR 作为基址寄存器使用。

3. 端口 P0~P3

P0~P3 口是作为并行的 8 位 I/O 口使用的，它们都是内部 RAM 的一个单元。

四个 8 位并行 I/O 端口 P0、P1、P2、P3 的锁存器分别是特殊功能寄存器 P0~P3，外扩 I/O 端口和内部 RAM 是统一编址的。

4. 串行数据缓冲器 SBUF

MCS-51 单片机内的串行口是个全双工串行口，可用来发送和接收串行数据，它主要用作异步串行通信接口。位于串行口内部的数据缓冲器 SBUF 由两个独立的寄存器组成，一个是发送缓冲器，另一个是接收缓冲器，地址都是 99H。写入 SBUF 的数据存放在发送寄存器，用于串行发送；而当接收中断标志 RI＝1 时，从 SBUF 读取的数据取自接收缓冲器，读取的是刚接收到的数据。

5. 串行口控制与状态寄存器 SCON

SCON 主要用来选择串行通信的工作方式、接收或发送控制、设置状态标志。

6. 定时器/计数器

MCS-51 单片机中有 3 个 16 位的定时器/计数器，即 T0、T1 和 T2。它们各自包含两个独立的 8 位寄存器：TH0、TL0、TH1、TL1、TH2、TL2。其中，TH0、TL0 分别是 T0 的高 8 位与低 8 位加法计数器，TH1、TL1 分别是 T1 的高 8 位与低 8 位加法计数器，TH2、TL2 则分别是 T2 的高 8 位与低 8 位加法计数器。另外，T2 还有一个 16 位的捕获/重装载计数器，分别是 RLDH（高 8 位）和 RLDL（低 8 位），它们又称 RCAP2H 和 RCAP2L。

7. 定时器工作方式寄存器 TMOD

TMOD 的功能是确定定时器 T0 及定时器 T1 是作为定时器使用，还是作为外部事件计数器使用，以及控制定时器的工作方式，并确定外部中断请求引脚 $\overline{INT0}$ 及 $\overline{INT1}$ 是否参与 T0 或 T1 的操作控制。

8. 定时器/计数器控制寄存器 TCON 和 T2CON

TCON 的作用是控制定时器/计数器 T0 和 T1 的启停操作及对定时器溢出中断标志的处

理。另外，还用于对 $\overline{INT0}$ 和 $\overline{INT1}$ 两个外部中断源触发信号进行设置和对这两个中断源的脉冲触发中断申请标志进行处理。而 T2CON 的作用是控制定时器/计数器 T2 的中断申请标志的处理和功能选择。单片机复位时，它们中的每一位都被清零。

9. 中断允许寄存器 IE

MCS-51 单片机有 6 个中断源，中断允许寄存器 IE 的作用是控制 CPU 是否对各中断源的中断请求给予响应。可根据要求用指令对 IE 中的各位状态进行置位或清零。单片机复位时，每一位都被清零。

10. 中断优先级寄存器 IP

中断优先级寄存器 IP 控制 CPU 对 6 个中断源优先响应的级别，它的低 6 位为各中断源优先级的控制位，可通过编程来置位或清零。单片机复位时，IP 中各位均被清零，各中断源均为低优先级中断源。

四、位地址空间

MCS-51 单片机是面向实时控制领域的，具有很强的布尔处理功能。位地址空间中的每一位都可以单独作为软件触发器使用，并对应有一套丰富的位操作指令，可以对这些位直接进行置位（SETB）、清零（CLR）或取反（CPL）等操作。通常把各种程序状态标志、位控制变量设在位寻址区内。

位地址空间由两部分组成：一部分是在片内 RAM 中字节地址为 20H~2FH 的 128 个位，这些位编址为 00H~7FH；另一部分在特殊功能寄存器中，其中地址码能被 8 整除的 12 个特殊功能寄存器可以按位寻址，但其中 4 位未定义，一共有 92 位可按位寻址。这两部分结合在一起形成一个具有 220 位的位寻址空间，见表 2-3。

表 2-3 位寻址区地址映像

a）内部 RAM 位寻址区地址映像

位 地 址								字节地址
D7	D6	D5	D4	D3	D2	D1	D0	
7FH	7EH	7DH	7CH	7BH	7AH	79H	78H	2FH
77H	76H	75H	74H	73H	72H	71H	70H	2EH
6FH	6EH	6DH	6CH	6BH	6AH	69H	68H	2DH
67H	66H	65H	64H	63H	62H	61H	60H	2CH
5FH	5EH	5DH	5CH	5BH	5AH	59H	58H	2BH
57H	56H	55H	54H	53H	52H	51H	50H	2AH
4FH	4EH	4DH	4CH	4BH	4AH	49H	48H	29H
47H	46H	45H	44H	43H	42H	41H	40H	28H
3FH	3EH	3DH	3CH	3BH	3AH	39H	38H	27H
37H	36H	35H	34H	33H	32H	31H	30H	26H
2FH	2EH	2DH	2CH	2BH	2AH	29H	28H	25H
27H	26H	25H	24H	23H	22H	21H	20H	24H
1FH	1EH	1DH	1CH	1BH	1AH	19H	18H	23H
17H	16H	15H	14H	13H	12H	11H	10H	22H
0FH	0EH	0DH	0CH	0BH	0AH	09H	08H	21H
07H	06H	05H	04H	03H	02H	01H	00H	20H

（续）

b) 特殊功能寄存器位寻址区地址映像

位 名 与 位 地 址								字节地址	SFR
D7	D6	D5	D4	D3	D2	D1	D0		
P0.7 87H	P0.6 86H	P0.5 85H	P0.4 84H	P0.3 83H	P0.2 82H	P0.1 81H	P0.0 80H	80H	P0
TF1 8FH	TR1 8EH	TF0 8DH	TR0 8CH	IE1 8BH	IT1 8AH	IE0 89H	IT0 88H	88H	TCON
P1.7 97H	P1.6 96H	P1.5 95H	P1.4 94H	P1.3 93H	P1.2 92H	P1.1 91H	P1.0 90H	90H	P1
SM0 9FH	SM1 9EH	SM2 9DH	REN 9CH	TB8 9BH	RB8 9AH	TI 99H	RI 98H	98H	SCON
P2.7 A7H	P2.6 A6H	P2.5 A5H	P2.4 A4H	P2.3 A3H	P2.2 A2H	P2.1 A1H	P2.0 A0H	A0H	P2
EA AFH	——	ET2 ADH	ES ACH	ET1 ABH	EX1 AAH	ET0 A9H	EX0 A8H	A8H	IE
P3.7 B7H	P3.6 B6H	P3.5 B5H	P3.4 B4H	P3.3 B3H	P3.2 B2H	P3.1 B1H	P3.0 B0H	B0H	P3
——	——	PT2 BDH	PS BCH	PT1 BBH	PX1 BAH	PT0 B9H	PX0 B8H	B8H	IP
TF2 CFH	EXF2 CEH	RCLK CDH	TCLK CCH	EXEN2 CBH	TR2 CAH	$C/\overline{T2}$ C9H	$CP/\overline{RL2}$ C8H	C8H	T2CON
CY D7H	AC D6H	F0 D5H	RS1 D4H	RS0 D3H	OV D2H	——	P D0H	D0H	PSW
ACC.7 E7H	ACC.6 E6H	ACC.5 E5H	ACC.4 E4H	ACC.3 E3H	ACC.2 E2H	ACC.1 E1H	ACC.0 E0H	E0H	ACC
F7H	F6H	F5H	F4H	F3H	F2H	F1H	F0H	F0H	B

第四节　MCS-51 并行 I/O 端口

MCS-51 单片机具有 4 个 8 位准双向并行端口（P0~P3），共 32 根 I/O 口线。每一根 I/O 口线都能独立地用作输入或输出。这 4 个端口是单片机与外部设备进行信息（数据、地址、控制信号）交换的输入或输出通道。

一、I/O 端口的特点

1）每一个 I/O 口都包含一个锁存器、一个输出驱动器（场效应晶体管）和一个输入缓冲器。
2）4 个并行 I/O 端口都是准双向的。
3）当并行 I/O 端口作为输入口使用时，该口的锁存器必须首先写入全"1"。

二、各口功能

1. P0 口

P0 口是一多功能口，它可以作为通用输入/输出口，实际应用中 P0 口还具有第二功能，即可为地址线/数据线分时复用。在扩展系统中，低 8 位地址线与数据线分时使用 P0 口。P0 口先输出片外存储器的低 8 位地址并锁存到地址锁存器中，然后再输出或输入数据。

2. P1 口

P1 口一般作为可编程的通用输入/输出口使用。对于 8052 单片机，其中的 P1.0 和 P1.1 两引脚还具有第二功能。

3. P2 口

P2 口是一多功能口，它既可作为通用输入/输出口使用，还可作为高 8 位地址总线口使用。在扩展系统中，其作为扩展系统的高 8 位地址总线，与 P0 口低 8 位地址线一起组成 16 位地址总线。值得注意的是，当 P0 和 P2 口用作数据/地址总线口使用时，它们不能再作为通用 I/O 口使用。

4. P3 口

P3 口是一双功能口，其第一功能是可以作为通用输入/输出口使用。第二功能涉及串行口、外部中断、定时器等。值得注意的是，在扩展外部数据存储器时，$\overline{WR}$ 和 $\overline{RD}$ 这两根线是作为控制线使用的。其第二功能定义见表 2-4。

表 2-4　P3 各口线与第二功能表

口线	替代的第二功能	口线	替代的第二功能
P3.0	RXD（串行口输入）	P3.4	T0（定时器 0 的外部输入）
P3.1	TXD（串行口输出）	P3.5	T1（定时器 1 的外部输入）
P3.2	$\overline{INT0}$（外部中断 0 输入）	P3.6	$\overline{WR}$（片外数据存储器"写选通控制"输出）
P3.3	$\overline{INT1}$（外部中断 1 输入）	P3.7	$\overline{RD}$（片外数据存储器"读选通控制"输出）

三、端口结构

图 2-8 所示为 MCS-51 单片机的 4 个端口中的每一典型位的内部结构。

虽然 4 个端口的电路结构有不同之处，但它们的工作原理是相似的，每一位都包含一个位锁存器（D 触发器）、一个（P0 口为两个）输出驱动场效应晶体管和两个（P3 口为三个）三态输入数据缓冲器。这种结构在数据输出时是锁存的，但对输入信号不锁存。

1. P0 口

图 2-8a 是 P0 口的一位结构图。其中包含一个输出驱动电路和一个输出控制电路。输出驱动电路由两个场效应晶体管 V_1 和 V_2 组成，其工作状态受输出控制电路的控制。控制电路包括一个与门、一个反相器和模拟转换开关 MUX。模拟转换开关的位置由来自 CPU 的控制信号确定，当 CPU 对片内存储器和 I/O 读写时，控制信号为低电平，转换开关 MUX 处于图示位置，场效应晶体管 V_2 与锁存器的 $\overline{Q}$ 端相连。此时，通过与门加到场效应晶体管 V_1 栅极的信号也为低电平，场效应晶体管 V_1 处于截止状态，因此输出电路是漏极开路的开漏电路。此时 P0 口可作通常的 I/O 线使用。其输入和输出操作如下：

1）当 CPU 向端口输出数据时，写脉冲加在触发器的 CL 端上，此时与内部总线相连的 D 端的数据经取反后出现在 $\overline{Q}$ 端上，再经场效应晶体管 V_2 取反，于是在 P0 口这一引脚上出现的数据就是在内部总线上的数据。

2) 当进行输入操作时，端口中的两个三态缓冲器用于读操作。图 2-8a 中缓冲器 2 用于读端口引脚的数据。当执行一般的端口输入指令时，"读引脚"脉冲把三态缓冲器 2 打开，于是端口上的数据将经过三态缓冲器输入到内部总线。当"读锁存器"脉冲有效时，三态缓冲器 1 打开，Q 端的数据被读入到内部总线。

由图 2-8a 可知，当读引脚操作时，控制信号为低电平，场效应晶体管 V_1 被截止，但引脚上的外部信号既加在三态缓冲器 2 的输入端上，又加在场效应晶体管 V_2 的漏极上，若 V_2 导通，对地呈低阻抗状态，就会使得引脚上的电位受到影响。为使引脚上输入的高电平能被正确读入，在读引脚操作时，要先向锁存器写 1，使其 $\overline{Q}$ 端为 0，这时场效应晶体管 V_1 和 V_2 截止，使得引脚处于"悬空"状态，作高阻抗输入。因此，作为一般的 I/O 口使用时，P0 口是一个准双向口。

当 P0 口作为地址/数据总线分时使用时，控制信号为高电平，转换开关 MUX 把反相器输出端与场效应晶体管 V_2 的栅极接通，这时输出的地址或数据信号通过反相器驱动场效应晶体管 V_2，同时通过与门驱动场效应晶体管 V_1，传送地址与数据信息。这时 P0 口是双向口。

2. P1 口

P1 口是一个准双向口，一般作通用的 I/O 口使用，其结构如图 2-8b 所示。在输出驱动部分接有内部上拉负载电阻，该电阻实际上是由两个场效应晶体管并在一起构成的。其中一个场效应晶体管的电阻值固定不变，另一个场效应晶体管可工作在导通或截止两种状态。当导通时阻值近似为 0，可将引脚上拉为高电平；当截止时阻值很大，这时 P1 口为高阻输入状态。

当 P1 口用作输出口时，若将 1 写入锁存器，则使输出驱动场效应晶体管截止，输出由内部上拉电阻拉成高电平（输出为 1）；若将 0 写入锁存器，则使输出驱动场效应晶体管导

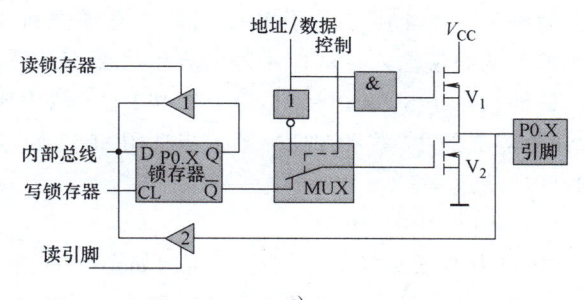

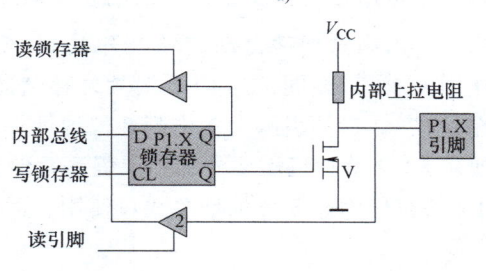

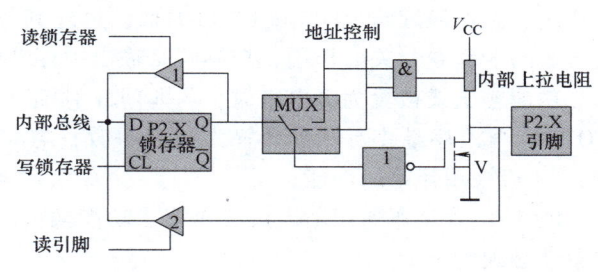

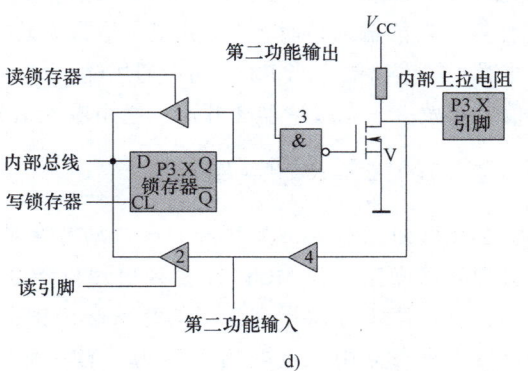

图 2-8 MCS-51 单片机 P0~P3 端口位结构图
a) P0 口 b) P1 口 c) P2 口 d) P3 口

通，输出为 0。当 P1 口用作输入口时，必须先将 1 写入锁存器，使场效应晶体管工作在截止状态，从而使输入端的电平随输入信号而变，读入正确的数据信息。

另外，对于 8052 单片机，P1.0 和 P1.1 两引脚还具有第二功能，它们可分别作为定时器/计数器 2 的 T2 端和 T2EX 端。当选用 8052 的定时器/计数器 2 时，P1.0 和 P1.1 就不能作 I/O 口使用了。

3. P2 口

P2 口为准双向口。每一位的结构如图 2-8c 所示。P2 口可以作为通用 I/O 口使用，外接 I/O 设备，也可以作为扩展系统时的高 8 位地址总线口使用。当 CPU 对片内存储器或 I/O 口进行读写时，由内部硬件自动使转换开关 MUX 倒向锁存器的 $\overline{Q}$ 端，P2 口作通用的 I/O 口使用，作用和 P1 口相同；当 CPU 对片外存储器或 I/O 进行读写时，转换开关 MUX 倒向地址线端，在 P2 口的引脚上输出高 8 位地址。

由于使用 8032 单片机需要外部扩展程序存储器，P2 口通常要接连不断地输出高 8 位地址，这时 P2 口只作为高 8 位地址总线口使用，而不再作为通用 I/O 口使用。

4. P3 口

P3 口是双功能端口，其每一位的结构如图 2-8d 所示。它的第一功能是作为准双向 I/O 口使用，工作原理与 P1 口和 P2 口类似，另外其各引脚还分别具有第二功能。端口结构中的与非门 3 起着开关的作用，控制着是输出锁存器中的数据还是输出第二功能线的信号。当第二功能输出线被置为高电平时，与非门 3 对锁存器的 Q 端是畅通的，这时，P3 口为通用 I/O 口；当锁存器被硬件自动置为高电平时，与非门 3 与第二功能输出线的状态畅通，这时，P3 口被用作第二功能。

P3 口不管是作通用输入口或作第二功能输入口，相应位的锁存器和第二功能输出端的状态都必须为 1。

在 P3 口的引脚信号输入通道中有两个缓冲器，分别是缓冲器 2 和缓冲器 4（常开的），当 P3 口用作第二功能输入口时，"读引脚"信号无效，三态缓冲器 2 不导通，第二功能输入信号取自缓冲器 4 的输出端，当 P3 口用作通用输入口，在 CPU 发出读命令时，缓冲器 2 上的"读引脚"信号有效，三态缓冲器 2 开通，通用输入信号取自缓冲器 2 的输出端。

四、端口的读—修改—写操作

由图 2-8 可知，对于每个并行 I/O 口均有两种读写操作的方法：对端口锁存器的读写操作和对引脚的读操作。在 MCS-51 系列单片机指令中，有些指令是读锁存器内容，有些指令是读引脚内容。读锁存器指令，指的是从端口锁存器中读取一个值，进行运算，然后把运算结果重新写入锁存器中，这类指令称为"读—修改—写"指令。通常这类指令的目的操作数为一个端口或端口的 1 位。对引脚的读操作，指的是把端口引脚上的电平信号读到内部总线上。

例如，逻辑与指令（ANL P0，A），此指令的功能是先把 P0 口锁存器中的数据读入 CPU，同累加器 A 中的数据按位进行逻辑与运算，然后把运算结果再写入 P0 口。

下面这些指令都是读取锁存器中内容而不是读引脚上的数据。

ANL（逻辑与）　　　　　　　　例：ANL　P1，A
ORL（逻辑或）　　　　　　　　例：ORL　P2，A

XRL（逻辑异或）	例：XRL P3, A
JBC（位检测转移并清零）	例：JBC P1.1, LABEL
CPL（位取反）	例：CPL P3.0
INC（加 1）	例：INC P2
DEC（减 1）	例：DEC P2
DJNZ（循环判跳）	例：DJNZ P1, LABEL
MOV（传送）	例：MOV P1.2, C
CLR（清 0）	例：CLR P1.4
SETB（置位）	例：SETB P1.6

五、端口的负载能力

P0 口与 P1、P2、P3 口的输出端在结构上不同，它们的负载能力和接口要求也不同。

作 I/O 口时，P0 口需外接上拉电阻才能驱动 MOS 电路，而 P1、P2、P3 口不需外加电阻就能驱动任何 MOS 输入电路，但是当 P0 口用作地址/数据总线时则不需外接上拉电阻。

P0 口的输出能驱动 8 个 LS 型 TTL 负载，P1、P2、P3 口的输出仅能驱动 4 个 LS 型 TTL 负载。

第五节 时钟和 CPU 时序

一、振荡器和时钟电路

8052 芯片内部有一个高增益反相放大器，反相放大器的输入端为 XTAL1（19 脚），输出端为 XTAL2（18 脚）。在 XTAL1 和 XTAL2 两端接上石英晶体和微调电容就可构成自激振荡器，如图 2-9a 所示。电容 C_1 和 C_2 通常取 30pF 左右，它们对振荡频率有微调作用。振荡频率通常取在 1.2~24MHz 范围内。

当采用外部时钟时，XTAL2 用于接收外部晶振的信号，XTAL1 则接地，如图 2-9b 所示。

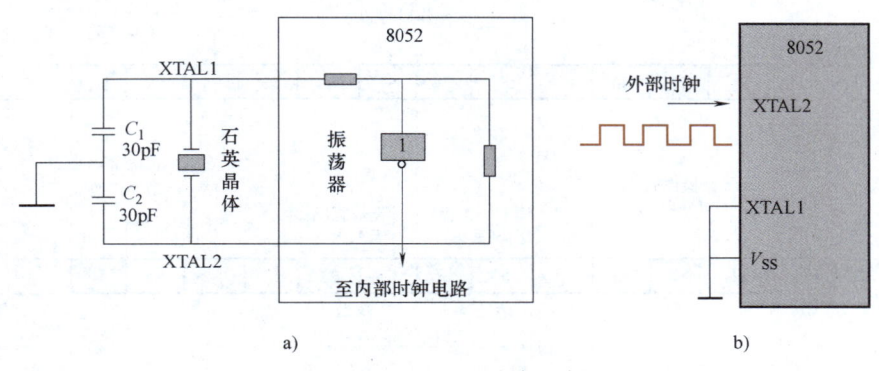

图 2-9 MCS-51 时钟电路

a) 外接石英晶体 b) 外部时钟

二、CPU 时序

CPU 时序通常是指 CPU 在执行各类指令时所需的控制信号在时间上的先后次序。CPU 取出一条指令至该指令执行完所需的时间称为指令周期,它以机器周期为单位。一个机器周期是指 CPU 完成一个基本操作所需要的时间,一个机器周期包含 6 个状态周期:S1,S2,…,S6,每个状态周期又分为两拍,称为 P1 和 P2。CPU 就以 P1 和 P2 为基本节拍指挥单片机各个部件协调地工作。振荡周期指的是振荡信号源为单片机提供的定时信号的周期,为振荡频率的倒数,一个机器周期包括 12 个振荡周期,分别编号为 S1P1,S1P2,S2P1,…,S6P2。算术和逻辑操作通常在 P1 期间发生,而内部寄存器间的数据传送操作通常在 P2 期间发生。

MCS-51 单片机典型的指令周期一般为一个或两个机器周期。只有 MUL 和 DIV 指令占用 4 个机器周期。

每一条指令的执行都包括读取和执行两个阶段。图 2-10 所示的是几种典型指令的读取

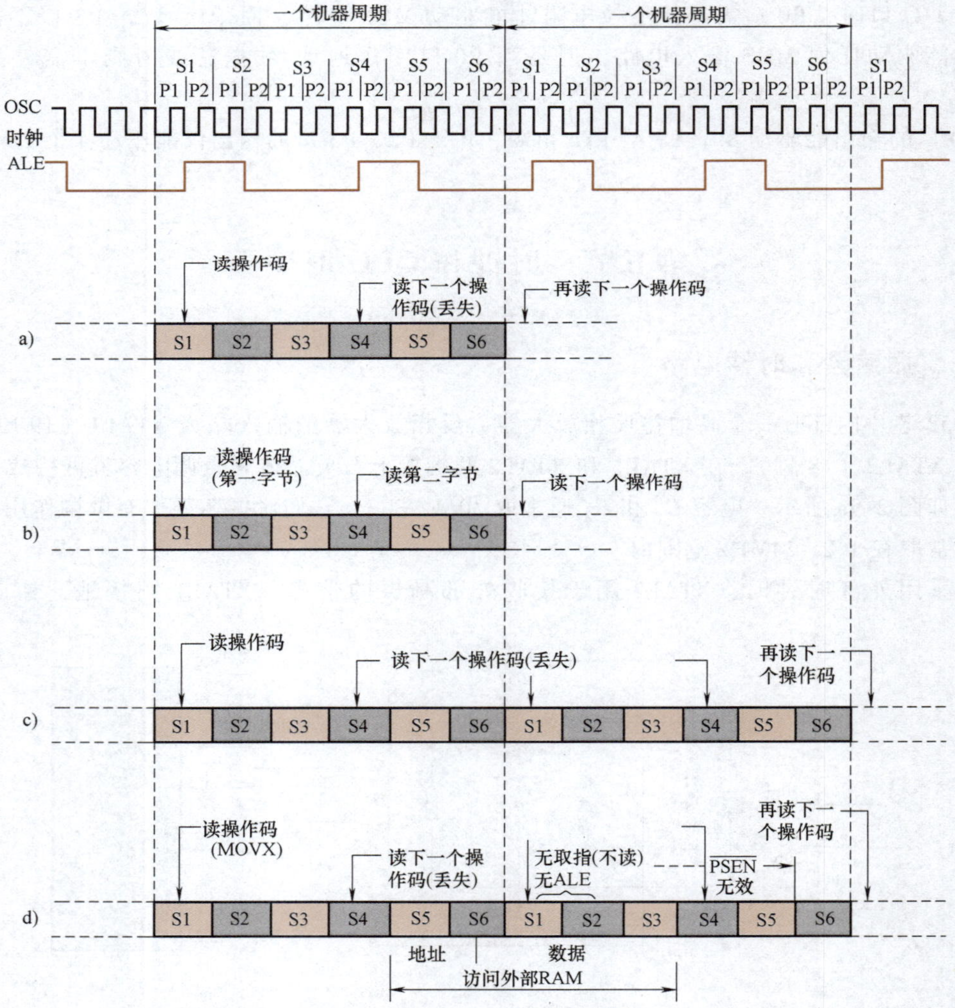

图 2-10 MCS-51 指令执行时序
a) 单字节单周期指令,例如:INC A b) 双字节单周期指令,例如:ADD A,#data
c) 单字节双周期指令,例如:INC DPTR d) 访问外部 RAM 指令 MOVX (单字节双周期)

和执行时序。由于无法观察到内部时钟信号,只能用 XTAL2 端的振荡信号和地址锁存允许信号 ALE 供参考。图 2-10a 和 b 分别显示了单字节单周期和双字节单周期指令的时序;而图 2-10c 和 d 则分别显示了通常的单字节双周期和 MOVX 指令的时序。

执行一条单周期指令时,在 S1P2 开始读取指令操作码并锁存到指令寄存器中。如果是一条双字节指令,在同一个机器周期的 S4P2 开始读取第二个字节。如果是一条单字节指令,在 S4P2 仍有一次读操作,但这次读取的指令操作码是无效的,而且程序计数器 PC 也不加 1。不管上述何种情况,读指令操作都在 S6P2 结束时执行完毕。

在访问程序存储器的每个机器周期中,ALE 信号两次有效,第一次在 S1P2 和 S2P1 期间,第二次在 S4P2 和 S5P1 期间。ALE 信号的有效宽度为一个状态周期。ALE 信号出现一次,CPU 就进行一次取指令操作。所以,在一个机器周期中,通常从 ROM 中进行两次取指令操作,但访问片外数据存储器(执行 MOVX 指令)时,在第二个机器周期不发出第一个 ALE 信号。这种情况下,ALE 信号不是周期性发生的。因此,在不使用外部 RAM 的系统中,ALE 信号是以 1/6 时钟频率周期性发生的,它可以给外设提供定时信号。

对片外数据存储器进行读写操作使用的是 MOVX 指令,它是一条单字节双周期指令。执行时,在第一个机器周期的 S1P2 时开始读取指令操作码,而在 S4P2 时虽然也进行一次读指令操作,但读取的指令操作码不被处理。从 S5P1 时开始送出片外数据存储器的地址,在第二个机器周期的 S1P1 时,$\overline{RD}$ 或 $\overline{WR}$ 信号开始有效,用来选通 RAM 芯片,进行读/写数据操作,在此期间不产生 ALE 有效信号,所以,第二个机器周期不产生取指令操作。

第六节 复位与节电工作方式

一、复位

复位是单片机的初始化操作。MCS-51 单片机复位后,PC 初始化为 0000H,单片机从 0000H 地址单元开始执行程序。要实现单片机可靠复位,必须使 RST/V_{PD} 引脚保持两个机器周期以上的高电平,一般上电复位时间需要大于 10ms。CPU 在第二个机器周期内执行内部复位操作,只要 RST 引脚保持高电平,单片机将保持复位状态。复位有效期间 ALE 及 $\overline{PSEN}$ 输出高电平信号。

复位以后,P3~P0 口输出高电平信号,堆栈指针 SP 初始化为 07H,但不影响内部 RAM 的状态。复位后片内各寄存器的状态如下:

寄存器	内容
PC	0000H
ACC	00H
B	00H
PSW	00H
SP	07H
DPTR	0000H
P3~P0	0FFH

IP	××000000B
IE	0×000000B
TMOD	00H
TH0	00H
TL0	00H
TH1	00H
TL1	00H
TH2	00H
TL2	00H
SCON	00H
SBUF	不确定
PCON	0×××0000B
RLDL	00H
RLDH	00H
T2CON	00H

RST/V_{PD} 引脚的复位操作有上电自动复位和按键手动复位两种工作方式，如图 2-11 所示。

上电自动复位是利用外部复位电路的 RC 充电来实现的。

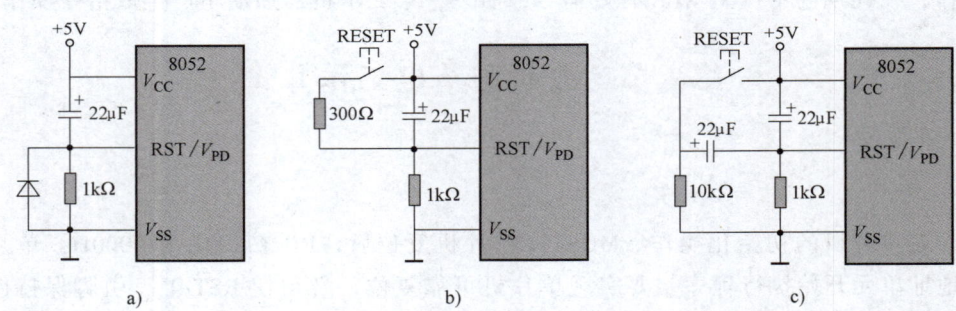

图 2-11 上电自动复位和按键手动复位电路
a) 上电自动复位 b) 按键电平复位 c) 按键脉冲复位

按键手动复位又分为电平方式和脉冲方式两种。按键电平复位是通过使 RST/V_{PD} 引脚经电阻与电源 V_{CC} 接通实现的；按键脉冲复位是利用 RC 微分电路产生的正脉冲实现的。复位电路中的参数选取应使得复位信号高电平的持续时间大于两个机器周期（图 2-11 中的电阻、电容参数适用于 6MHz 晶振）。

二、节电工作方式

当需要降低单片机运行功耗时，可采用节电工作方式。采用 HMOS 工艺和 CHMOS 工艺的 MCS-51 单片机具有不同的节电工作方式。采用 HMOS 工艺的单片机只有一种节电方式，即掉电方式。而采用 CHMOS 工艺的单片机是一种低功耗单片机，它不仅本身消耗功率较低，而且还具有两种节电工作方式：待机方式和掉电工作方式。

1. HMOS 工艺的节电工作方式

HMOS 工艺的单片机系统在正常运行过程中，片内 RAM 由 V_{CC} 供电。如果发生掉电，就会导致片内 RAM 中的信息丢失。但是，单片机允许 RST/V_{PD} 引脚外接备用电源，掉电时，当 V_{CC} 上的电压低于 V_{PD} 上的电压时，备用电源就可通过 V_{PD} 端给片内 RAM 供电，从而保护内部 RAM 中的数据不被丢失。

利用单片机的这种特性，可设计一个掉电保护电路，当检测到即将发生电源故障时，立即通过 INT0 或 INT1 引脚来中断 CPU，把系统中有关的重要数据送到内部 RAM 中保存起来，并在 V_{CC} 降到 CPU 工作电源电压所允许的最低下限之前，把备用电源加到 V_{PD} 上。当电源 V_{CC} 恢复供电时，只要 V_{PD} 上的电压保持足够长的时间（约 10ms），待 V_{CC} 完成加电复位操作后，单片机系统就可重新开始正常运行。

图 2-12 描述了实现掉电保护的一种方法。使用比较器做掉电检测，当检测到电源 V_{CC} 下降时，比较器输出由高变低，此电源故障信号通过 $\overline{INT0}$ 向 8052 提出中断请求。CPU 响应后，中断服务程序把需要保存的有关数据送内部 RAM，然后向 P1.0 引脚写 "0"。P1.0 引脚上的低电平触发单稳触发器 555。555 输出的脉宽取决于 R、C 的数值及 V_{CC} 是否丢掉。如果 555 定时结束时，V_{CC} 仍旧正常，这说明是假掉电产生的误报警，则 555 输出的正脉冲使得单片机系统复位，重新开始正常运行。如果 V_{CC} 确实已掉电，则断电期间由单稳触发器 555 输出高电平给 RST/V_{PD} 供电，一直维持到 V_{CC} 恢复正常后单片机系统完成复位操作为止。

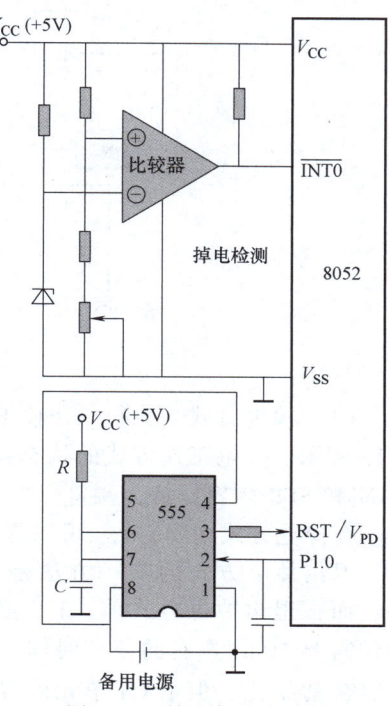

图 2-12 掉电保护电路

2. CHMOS 工艺的节电工作方式

采用 CHMOS 工艺的单片机中，节电运行方式是通过软件设置特殊功能寄存器 PCON 的有关位来控制的。特殊功能寄存器 PCON 的字节地址为 87H，不可按位寻址，其格式和各位功能如下：

D7	D6	D5	D4	D3	D2	D1	D0
SMOD	—	—	—	GF1	GF0	PD	IDL

SMOD：串行通信波特率倍率控制位；
—：未定义位；
GF1：通用标志位；
GF0：通用标志位；
PD：掉电控制位，置 "1" 后，单片机进入掉电运行方式；
IDL：空闲控制位，置 "1" 后，单片机进入空闲运行方式。

当 PD 与 IDL 同时为 1 时，单片机进入掉电方式。单片机复位时 PCON 的值为 0×××

0000B。对于 HMOS 的芯片，在 PCON 中只定义了 SMOD 位。

当处于节电工作方式时，V_{CC} 的输入由后备电源提供，图 2-13 为实现节电运行方式的内部电路。在待机运行方式（$\overline{IDL}=1$）中，时钟振荡器继续工作，中断系统、串行口、定时器电路由时钟所驱动，但时钟信号不送往 CPU。在掉电保持工作方式（$\overline{PD}=1$）中，时钟振荡器被停止工作，但片内 RAM 和特殊功能寄存器内容被保存，由后备电源继续供电。

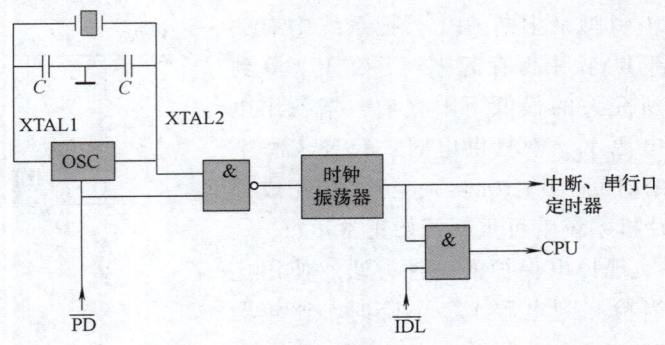

图 2-13 待机和掉电方式控制电路

（1）掉电方式 执行一条使 $\overline{PD}$ 置 "1" 的指令后，单片机便立即进入掉电方式，如图 2-13 所示。掉电工作方式的状态是：振荡器停止工作，芯片的所有功能均被停止，但片内 RAM 和 SFR 内容保持，端口引脚上输出各自锁存器的内容，ALE 和 PSEN 输出为逻辑低电平。在掉电方式期间，V_{CC} 可以降至 2V，耗电电流仅 50μA。

退出掉电方式的唯一方法是硬件复位。但应注意，在进入掉电方式前，V_{CC} 不可下降；而在退出掉电方式前，V_{CC} 必须恢复到正常电压（+5V），并保持足够长的复位时间。通常需要 10ms 左右的复位时间，以保证振荡器重新启动并达到稳定。复位以后，SFR 的内容被初始化，但 RAM 单元内容仍然保持不变。

（2）待机方式 执行一条使 IDL 置 "1" 的指令后，单片机便进入待机方式，如图 2-13 所示。在待机工作方式（$\overline{IDL}=1$）中，时钟振荡器仍然工作，时钟信号能够继续提供给中断系统、串行口、定时器/计数器，这部分电路可继续工作。但 $\overline{IDL}=0$，与门无输出，时钟信号不能送给 CPU，CPU 停止工作。此时，CPU 执行的状态被完整地保存，即堆栈指针 SP、程序计数器 PC、程序状态字 PSW 和累加器 ACC 等，片内 RAM 和 SFR 中其他寄存器均保持进入待机前的状态，端口引脚逻辑状态不变，ALE 和 PSEN 变为高电平（无效状态）。

退出待机状态有两种方法：一种是硬件复位，在待机工作方式中，时钟振荡器仍然工作，只要 RST/V_{PD} 引脚保持两个机器周期（10ms）以上的高电平，即可完成复位操作，使特殊功能寄存器 PCON 复位，从而退出待机状态；另一种是中断响应，当已开放中断的中断源发出中断请求信号后，中断系统对这个中断请求进行响应时，片内硬件电路会自动使 PCON.0 位清 0（$\overline{IDL}=0$），致使图 2-13 中的与门被打开，CPU 便从原先激活待机方式指令的下一条指令处重新执行程序。

思考题与习题

2-1 8052 单片机片内包含哪些主要逻辑功能部件？

2-2 8052 的存储器分哪几个空间？如何区别不同空间的寻址？
2-3 DPTR 的作用是什么？它由哪几个寄存器组成？
2-4 简述布尔处理存储器的空间分配。
2-5 8052 单片机设置 4 组工作寄存器，如何选择确定和改变当前工作寄存器组？
2-6 程序状态寄存器 PSW 的作用是什么？常用的状态标志有哪些位？作用分别是什么？
2-7 8052 单片机的 $\overline{EA}$ 引脚有何功能？在使用 8032 时，$\overline{EA}$ 引脚应如何处理？
2-8 8052 内部 RAM 中低 128B 单元划分为哪几个主要部分？各部分主要功能是什么？
2-9 8052 内部 RAM 中高 128B 单元与特殊功能寄存器区地址空间重叠，使用中是如何区分这两个空间的？
2-10 什么叫堆栈？堆栈指针 SP 的作用是什么？
2-11 8052 的 P0~P3 口结构有何不同？用作通用 I/O 口输入数据时，应注意什么？
2-12 什么是振荡周期？什么是机器周期？什么是指令周期？在 MCS-51 中一个机器周期包括多少振荡周期？
2-13 MCS-51 单片机有几种节电运行方式？简述其各自特点。

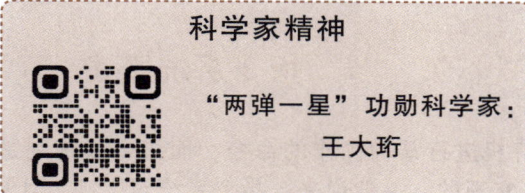

科学家精神

"两弹一星"功勋科学家：
王大珩

第三章 MCS-51单片机的指令系统

第一节 指令系统概述

指令是 CPU 控制计算机进行某种操作的命令，而指令系统则是全部指令的集合。计算机的功能是由指令系统来实现的，一般说来，指令系统越丰富，计算机功能越强。

一、指令的概念

1. 机器码指令与汇编语言指令

指令是计算机所能执行的一种基本操作的描述。指令是计算机软件的基本单元。MCS-51 单片机的指令有两种表达方式：即机器码指令和汇编语言指令。

（1）机器码指令 用二进制代码（或十六进制数）表示的指令称为机器码指令或目标代码指令。这种形式的指令能够直接被计算机硬件识别和执行。

例如指令"INC A"执行累加器 A 加 1 操作，其二进制代码为"00000100B"，用十六进制数表示的机器码指令为"04H"。

（2）汇编语言指令 机器码指令不易阅读和记忆，为了方便记忆，便于程序的编写和阅读，用助记符来表示的指令称为汇编语言指令。例如用"MOV"表示数据的传送。用助记符表示的指令不能被计算机硬件直接识别和执行，必须通过某种手段（汇编）把它变成机器码指令才能被机器执行。

例如计算机执行操作：把数 3FH 传送到累加器 A 中，实现这种操作的汇编语言指令形式如下：

MOV A, #3FH

其中，"#"号为数 3FH 的标识符。这条指令的机器码为"74 3FH"。

2. 指令格式

MCS-51 单片机的指令由操作码和操作数两大部分组成，其指令格式如下：

操作码 [操作数 1]，[操作数 2]，[操作数 3]

方括号"[ ]"内的字段表示可有可无。

（1）操作码　表示指令进行何种操作，即操作性质。一般为英语单词的缩写。

（2）操作数　指出了参加操作的数据或数据存放的地址，即操作对象。它以一个或几个空格与操作码隔开，根据指令功能的不同，操作数可以有 3 个、2 个、1 个或没有，操作数之间以逗号","分开。例如下列 4 条指令：

```
CJNE   A, #30H, LOOP
ADD    A, @R1
INC    R0
RET
```

分别为 3 个、2 个、1 个和没有操作数的指令。

二、指令系统说明

1. 常用符号

在 MCS-51 单片机指令系统中，约定了一些指令格式描述中的常用符号。现将这些符号的标记和含义说明如下：

- A：累加器（ACC），通常用 ACC 表示累加器的地址，A 表示它的名称；
- AB：累加器（ACC）和寄存器 B 组成的寄存器对；
- direct：8 位片内 RAM 低 128B 区或 SFR 块的存储单元地址；
- #data：8 位立即数；
- #data16：16 位立即数；
- addr16：16 位地址码；
- addr11：11 位地址码；
- rel：以补码表示的 8 位偏移量，其值为 −128～+127；
- bit：片内 RAM 或 SFR 中可直接寻址的位地址；
- Rn：工作寄存器，其中 n=0~7；
- Ri：工作寄存器，其中 i=0, 1；
- @：间接寻址符号；
- +：加；
- −：减；
- ×：乘；
- /：除；
- ∧：与；
- ∨：或；
- ⊕：异或；
- =：等于；
- <：小于；
- >：大于；
- <>：不等于；
- ←：取代（即右边的源操作数送到左边的目的操作数地址单元中）；

- （X）：X 寄存器的内容；
- （(X)）：由 X 寄存器中的内容作为地址的存储单元内容；
- （X̄）：X 寄存器的内容取反；
- rrr：指令代码中 rrr 三位的值由工作寄存器 Rn 确定，R0~R7 对应的 rrr 为 000~111；
- $：当前指令的地址。

2. 指令对标志位的影响

MCS-51 单片机指令系统中有些指令的执行结果要影响 PSW 中的标志位。表 3-1 列出了 MCS-51 单片机影响标志位的指令。

表 3-1　MCS-51 单片机影响标志位的指令

指令	标志			指令	标志		
	CY	OV	AC		CY	OV	AC
ADD	×	×	×	CLR C	0		
ADDC	×	×	×	CPL C	×		
SUBB	×	×	×	ANL C,bit	×		
MUL	0	×		ANL C,/bit	×		
DIV	0	×		ORL C,bit	×		
DA	×			ORL C,/bit	×		
RRC	×			MOV C,bit	×		
RLC	×			CJNE	×		
SETB C	1						

注：×表示指令执行时对标志有影响。

第二节　寻址方式

所谓寻址方式，就是指寻找操作数所在地址的方式。这里，地址泛指一个存储单元或某个寄存器。寻址方式越是多样，越是灵活，指令系统将越有效，计算机的功能也随之越强。

MCS-51 单片机指令系统的寻址方式有 7 种。它们是：立即寻址、直接寻址、寄存器寻址、寄存器间接寻址、基址寄存器加变址寄存器间接寻址、相对寻址和隐含寻址。位寻址属于直接寻址的一类。寻址方式通常是针对源操作数的，否则需特别指明是针对目的操作数的，以免弄错。

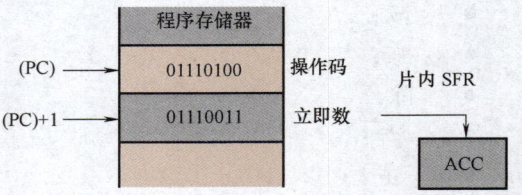

图 3-1　立即寻址（MOV A，#73H）指令执行过程示意图

一、立即寻址

这种寻址方式在指令中给出直接参与操作的常数（称为立即数）。这样的操作数前面以"#"号标识，可以是一个 8 位或 16 位的二进制常数。例如：

MOV　A，#73H；将常数 73H 送入累加器 A 中，指令执行过程如图 3-1 所示。

MOV DPTR，#2100H；将 16 位立即数 2100H 送入 16 位寄存器 DPTR 中。该指令的执行

过程如图 3-2 所示。

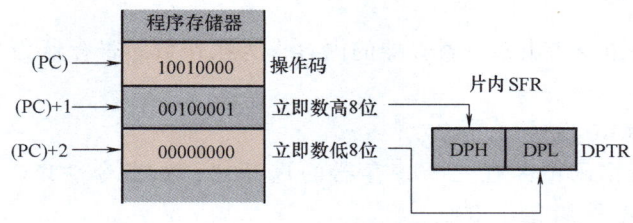

图 3-2　立即寻址（MOV DPTR，#2100H）
指令执行过程示意图

二、直接寻址

在指令中直接给出操作数所在存储单元的地址（一个 8 位二进制数），称为直接寻址。该地址称为直接地址，直接地址用 direct 表示。

直接寻址方式中操作数存储的空间有 3 种。

1. 内部数据 RAM 的 128 个字节单元（00H～7FH）

例如：MOV A，60H；A←（60H）

指令功能是把内部 RAM 60H 单元中的内容送入累加器 A，如图 3-3 所示。

2. 位地址

位寻址指令均采用直接寻址。位地址分布在 MCS-51 单片机内部两个区域：一个是片内 RAM 20H～2FH 单元的 128 个位地址；另一个是字节地址能被 8 整除的特殊功能寄存器 SFR 中的 92 个位地址。

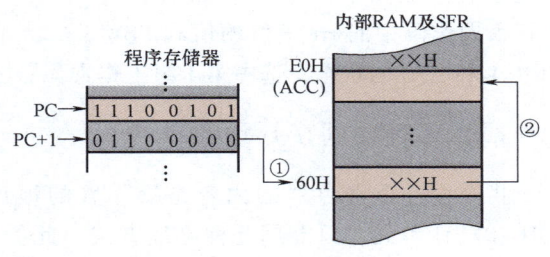

图 3-3　直接寻址（MOV A，60H）
指令执行过程示意图

位地址常用下列四种方式表示：

1) 直接使用位地址。对片内 RAM 20H～2FH 单元的 128 个位地址 00H～7FH 的操作。例如：

CPL　08H；对片内 RAM 21H 单元中的 D0 位（位地址 08H）内容取反。

2) 对于某些特殊功能寄存器 SFR，可以直接用寄存器名字加位数表示，例如：

CLR　PSW.3；将 PSW.3 中的 RS0 清 0。

3) 使用有位地址的位名称。例如：

SETB　EA；将中断总控制位置 1，开放全部中断的总请求。

4) 使用伪指令 BIT 来定义有位地址的位为用户位名称，然后对用户位名称进行操作。例如：

Z3　BIT　00H；将位地址 00H 定义为 Z3 位名称；

MOV　Z3，C；将 CY 中的值送到 Z3 中。

3. 特殊功能寄存器 SFR

特殊功能寄存器 SFR 只能用直接寻址方式进行访问。例如：

MOV　A，P1；将 P1 口（地址为 90H）的内容读入累加器 A 中。

三、寄存器寻址

这种寻址方式由指令指出某一寄存器的内容作为操作数。寄存器为 4 组 R0～R7 中的某一个。例如：

INC　R0　;R0←(R0)+1

在这类指令的操作码中，有三个寄存器的选择位，如指令"INC　Rn"的操作码是 00001rrr，由 rrr 的 8 种组合（000～111）决定是寄存器 R0～R7 中的哪一个，由此得到该指令的 8 个不同的操作码 08H～0FH。

工作寄存器的选择由 PSW 中的 RS1 和 RS0 的状态决定。RS1 和 RS0 的状态可使用指令通过对 PSW 赋值而改变。

寄存器寻址"INC　R0"指令执行过程示意图如图 3-4 所示。在该例中，由指令操作码中的 rrr 三位的值和 PSW

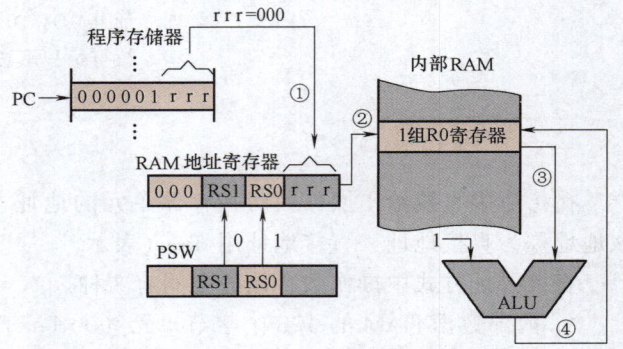

图 3-4　寄存器寻址（INC R0）指令执行过程示意图

中 RS1 和 RS0 的状态，选中第 1 组工作寄存器区的 R0 寄存器，然后进行相应的指令操作。

四、寄存器间接寻址

指令中一个寄存器的内容是操作数的地址。对于片内 RAM 的高 128B 区，即地址为 80H～0FFH 单元，只能用此种寻址方式。此类指令执行时，以所指定的寄存器的内容作为地址，再到该地址单元取得操作数。这是一种二次寻址方式，被称为寄存器间接寻址。指定的寄存器代号前用"@"号标识。

内部 RAM 和外部 RAM 都可以用寄存器间接寻址。通过 @Ri 可以访问 8052 内部 RAM 的 256 个存储单元（地址为 00H～0FFH）和外部 RAM 的 256 个存储单元（地址为 00H～0FFH）。使用数据指针 DPTR 作为寄存器间接寻址时，可以访问外部 RAM 的 64KB 空间。堆栈操作也是间接寻址的。它使用 SP 指针存放寻址的地址，但堆栈操作的指令是属于直接寻址方式。

采用 @Ri 间接寻址指令如：

MOV　R0, #38H　;R0←38H

MOV　A, @R0　;A←((R0))

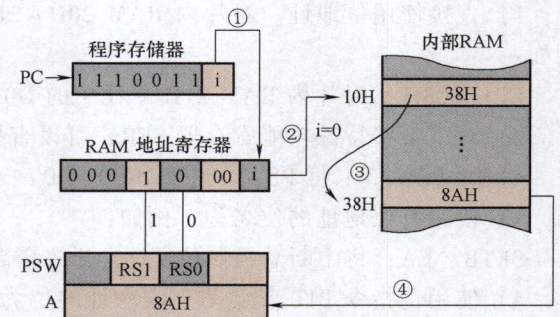

图 3-5　寄存器间接寻址（MOV A, @R0）指令执行过程示意图

上例指令执行过程如图 3-5 所示。R0 内容为 38H，而内部 RAM 38H 单元的内容是 8AH，则指令的功能是将 8AH 这个数送到累加器 A 中。

采用 @DPTR 间接寻址指令如：

MOV DPTR,#1234H；将立即数1234H送数据指针
MOVX @DPTR,A；将累加器A中内容送外部RAM 1234H存储单元中

五、基址寄存器加变址寄存器间接寻址（变址寻址）

它又叫变址寻址。以16位寄存器DPTR（数据指针）或PC（程序计数器）作为基址寄存器，以8位累加器A作为变址寄存器，用基址寄存器内容和变址寄存器内容相加，其和形成一个16位新地址，该新地址即为操作数的存储地址。

变址寻址方式有两类：

第一类变址寻址以程序计数器PC当前值为基址，以累加器A中内容为偏移量，例如：
MOVC A,@A+PC；PC←(PC)+1,A←((A)+(PC))

这是一条单字节指令（机器码为83H），该指令执行时，先使PC指向下一条指令地址（即指令当前值），然后再与累加器A的内容相加，形成变址寻址单元地址。

第二类变址寻址以数据指针DPTR内容为基址，以累加器A中内容为偏移量，例如：
MOV DPTR,#2345H；DPTR赋值
MOV A,#10H；A赋值
MOVC A,@A+DPTR；A←((A)+(DPTR))

该三条指令的执行结果是将程序存储器2355H单元内容送A中，指令执行过程如图3-6所示。

六、相对寻址

这种寻址方式主要用于转移指令，用于指定转移的目标地址，它是以当前的PC值加上指令中规定的偏移量rel（以8位二进制补码表示）而形成实际的转移地址。一般将相对转移指令操作码所在地址称为源地址，转移后的地址称为目的地址。于是有

目的地址＝源地址+2(相对转移指令字节数)+rel

例如指令：

JC 75H；设CY=1,rel=75H

这是一条以CY为条件的转移指令。因为"JC 75H"指令是双字节指令，当CPU取出第二个字节时，PC的当前值已是原PC的内容加2，由于CY=1，所以程序转向(PC)+75H单元地址去执行。其执行过程如图3-7所示。图中相对转移指令"JC 75H"的源地址

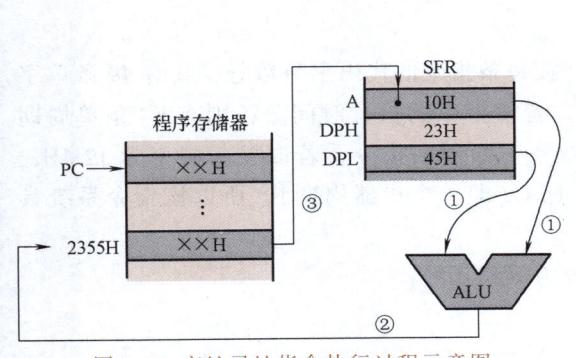

图3-6 变址寻址指令执行过程示意图

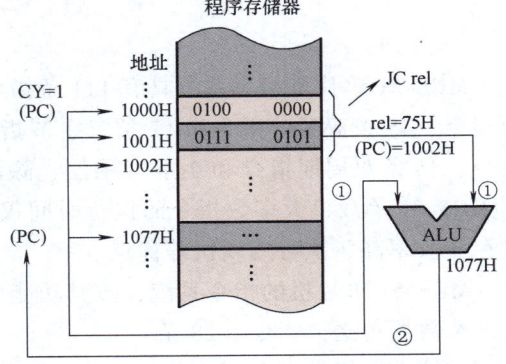

图3-7 相对寻址（JC 75H）指令执行过程示意图

为1000H，转移的目的地址为1077H。

在实际应用中，经常需要根据已知的源地址和目的地址计算偏移量rel。若该转移指令为3字节指令，rel的计算为

rel = 目的地址 − 源地址 − 3

计算得到的rel不论正负，均应用8位二进制补码表示。

七、隐含寻址

操作数的地址隐含在操作码中，不需要指明，这种方式称为隐含寻址。

例如"INC A"指令，其指令的含义是累加器A中的内容加1，指令代码为04H，但并没有给出A的地址，A的地址隐含在操作码中。

再如"ADD A,#55H"指令，其指令的含义是A的内容与55H相加，结果放在A中，指令代码为24H 55H，其中24H是操作码，55H是立即数，也没有给出A的地址，A的地址是隐含的。所以针对目的操作数的寻址方式是隐含寻址。

MCS-51单片机中，累加器A除了在堆栈操作指令中是直接寻址外，在其他指令中都是隐含寻址；寄存器B则只在乘法、除法指令中是隐含寻址，在其他指令中都是直接寻址；数据指针DPTR、位累加器C也是隐含寻址。

表3-2为上述7种基本寻址方式及其相应的寻址空间。

表3-2 寻址方式及相应寻址空间

序号	寻址方式	使用的变量	寻址空间
1	立即寻址	#data	片内外ROM区64KB
2	直接寻址	direct，bit	片内RAM低128B，SFR，位地址
3	寄存器寻址	R0~R7	片内RAM 32B
4	寄存器间接寻址	@R0，@R1 @R0，@R1，@DPTR	片内RAM 256B 片外RAM 256B 或 64KB
5	基址加变址寻址	@A+PC，@A+DPTR	片内外ROM区64KB
6	相对寻址	PC+rel	片内外ROM区256B
7	隐含寻址	DPTR，A，B，C	SFR

第三节 MCS-51单片机指令系统

MCS-51单片机指令系统具有111条指令，按每条指令的代码字节数分，共有49条单字节指令、45条双字节指令和17条三字节指令。若按指令的执行时间分，则有64条单周期指令、45条双周期指令和2条（乘法、除法指令）四周期指令，若取振荡频率为12MHz，则MCS-51单片机大多数指令的执行时间仅需1μs（即一个机器周期），所以该指令系统具有存储效率高、执行速度快等优点。

MCS-51单片机的指令系统，按其功能可分为下列几种：

● 数据传送类指令（28条）
● 算术运算类指令（24条）

- 逻辑运算类指令（25条）
- 位操作类指令（12条）
- 控制转移类指令（22条）

下面根据指令的功能和特性，分类介绍指令系统。

一、数据传送类指令

在 MCS-51 单片机中，数据传送是一种最基本、最主要的操作。在通常的应用程序中，传送指令占有极大的比例。数据传送是否灵活、迅速，对整个程序的编写和执行都起着很大的作用。

所谓"传送"，是把源地址单元的内容传送到目的地址单元中去，而源地址单元内容不变；或者源、目的单元内容互换。数据传送操作可以在片内 RAM 和 SFR 内进行，也可以在累加器 A 和片外存储器之间进行。在这类指令中，除了以累加器 A 为目的操作数的寄存器指令会对奇偶标志位 P 有影响外，其余指令执行时均不会影响任何标志位。

这类指令共有 28 条，见表 3-3。

表 3-3 数据传送类指令

助记符	十六进制代码	功能	对标志位影响			字节数	周期数
			P	OV	AC	CY		
MOV A,Rn	E8~EF	A←(Rn)	√	×	×	×	1	1
MOV A,direct	E5	A←(direct)	√	×	×	×	2	1
MOV A,@Ri	E6,E7	A←((Ri))	√	×	×	×	1	1
MOV A,#data	74	A←data	√	×	×	×	2	1
MOV Rn,A	F8~FF	Rn←(A)	×	×	×	×	1	1
MOV Rn,direct	A8~AF	Rn←(direct)	×	×	×	×	2	2
MOV Rn,#data	78~7F	Rn←data	×	×	×	×	2	1
MOV direct,A	F5	direct←(A)	×	×	×	×	2	1
MOV direct,Rn	88~8F	direct←(Rn)	×	×	×	×	2	2
MOV direct1,direct2	85	direct1←(direct2)	×	×	×	×	3	2
MOV direct,@Ri	86,87	direct←((Ri))	×	×	×	×	2	2
MOV direct,#data	75	direct←data	×	×	×	×	3	2
MOV @Ri,A	F6,F7	(Ri)←(A)	×	×	×	×	1	1
MOV @Ri,direct	A6,A7	(Ri)←(direct)	×	×	×	×	2	2
MOV @Ri,#data	76,77	(Ri)←data	×	×	×	×	2	1
MOV DPTR,#data	90	DPTR←data	×	×	×	×	3	2
MOVC A,@A+DPTR	93	A←((A)+(DPTR))	√	×	×	×	1	2
MOVC A,@A+PC	83	A←((A)+(PC))	√	×	×	×	1	2
MOVX A,@Ri	E2,E3	A←((Ri))	√	×	×	×	1	2
MOVX A,@DPTR	E0	A←((DPTR))	√	×	×	×	1	2
MOVX @Ri,A	F2,F3	(Ri)←(A)	×	×	×	×	1	2

（续）

助记符	十六进制代码	功 能	对标志位影响				字节数	周期数
			P	OV	AC	CY		
MOVX @DPTR,A	F0	(DPTR)←(A)	×	×	×	×	1	2
PUSH direct	C0	SP←(SP)+1,(SP)←(direct)	×	×	×	×	2	2
POP direct	D0	direct←((SP)),(SP)←(SP)-1	×	×	×	×	2	2
XCH A,Rn	C8~CF	(A)←→(Rn)	√	×	×	×	1	1
XCH A,direct	C5	(A)←→(direct)	√	×	×	×	2	1
XCH A,@Ri	C6,C7	(A)←→((Ri))	√	×	×	×	1	1
XCHD A,@Ri	D6,D7	$(A)_{3\sim 0}$←→$((Ri))_{3\sim 0}$	√	×	×	×	1	1

注：√表示对该标志位有影响，×表示对该标志位没影响。

1. 内部数据传送指令 MOV

这类指令的源操作数和目的操作数地址都在单片机内部，可以是片内 RAM 地址，也可以是特殊功能寄存器 SFR 地址。

（1）以累加器 A 为目的地址的指令

```
  指令              操作          指令代码
MOV  A,Rn         A←(Rn)        11101rrr
MOV  A,direct     A←(direct)    11100101  direct
MOV  A,@Ri        A←((Ri))      1110011i
MOV  A,#data      A← data       11100100  data
```

这组指令的功能是把源操作数送入累加器 A 中。源操作数的寻址方式分别为寄存器寻址、直接寻址、寄存器间接寻址和立即寻址方式。其中 n=0~7,i=0,1。

例 3-1　MOV　A，R5　　；A←（R5）
　　　　MOV　A，P1　　；A←（P1），这是一条输入指令，P1 口引脚上的电平通过
　　　　　　　　　　　　　单片机模-数转换传给 P1 口锁存器 90H 单元和累加器
　　　　　　　　　　　　　A 中
　　　　MOV　A，@R0　　；A←((R0))
　　　　MOV　A，#78H　　；A← 78H

（2）以 Rn 为目的地址的指令

```
  指令              操作          指令代码
MOV  Rn,A         Rn←(A)        11111rrr
MOV  Rn,direct    Rn←(direct)   10101rrr  direct
MOV  Rn,#data     Rn← data      01111rrr  data
```

这组指令的功能是把源操作数送入当前工作寄存器区 R0~R7 中的某一寄存器中。源操作数的寻址方式分别为隐含寻址、直接寻址和立即寻址方式。

例 3-2   MOV   R2, A   ; R2←（A）
          MOV   R7, 60H   ; R7←（60H）
          MOV   R5, #0FAH   ; R5←0FAH

（3）以直接地址为目的地址的指令

　　　指令　　　　　　　　操作　　　　　　　指令代码

MOV   direct, A   direct←（A） | 11110101 | direct |
MOV   direct, Rn   direct←（Rn） | 10001rrr | direct |
MOV   direct, @Ri   direct←（(Ri)） | 1000011i | direct |
MOV   direct1, direct2   direct1←（direct2） | 10000101 | direct2 | direct1 |
MOV   direct, #data   direct← data | 01110101 | direct | data |

这组指令的功能是将源操作数送入由直接地址指出的存储单元中。源操作数的寻址方式分别为隐含寻址、寄存器寻址、寄存器间接寻址、直接寻址和立即寻址方式。

例 3-3   MOV   P1, A   ; P1←（A），这是一条输出指令，累加
                              器 A 中内容传送到 P1 口引脚（电平形式）和 P1 口锁
                              存器 90H 单元
          MOV   70H, R3   ; 70H←（R3）
          MOV   45H, @R0   ; 45H←（(R0)）
          MOV   0E0H, 72H   ; 0E0H←（72H），片内 RAM 72H 单元内容传给 E0H 单
                              元中
          MOV   01H, #50H   ; 01H←50H

（4）以寄存器间接地址为目的地址的指令

MOV   @Ri, A   (Ri)←（A） | 1111011i |
MOV   @Ri, direct   (Ri)←（direct） | 1010011i | direct |
MOV   @Ri, #data   (Ri)← data | 0111011i | data |

这组指令的功能是把源操作数送入 R0 或 R1 指出的片内 RAM 存储单元中。源操作数的寻址方式分别为隐含寻址、直接寻址和立即寻址方式。

例 3-4   MOV   @R1, A   ;（R1）←（A）
          MOV   @R0, 50H   ;（R0）←（50H）
          MOV   @R1, #0D8H   ;（R1）←0D8H

上述指令中，累加器 A 是一个特别重要的 8 位寄存器，Rn 为 CPU 当前选择的工作寄存器区中的 R0~R7，在指令代码中对应的 rrr = 000~111，直接地址指出的存储单元为片内 RAM 的 00H~7FH 和特殊功能寄存器（SFR），在间接寻址中，用 R0 和 R1 作为地址指针访问片内 RAM 的 00H~0FFH 这 256 个单元，图 3-8 为 MOV 指令数据传送示意图。

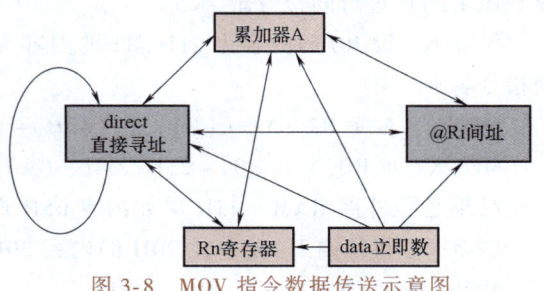

图 3-8 MOV 指令数据传送示意图

例 3-5 设(70H)=60H,(60H)=20H,(P1)=0B7H,执行下面程序：

```
MOV    R0,#70H      ;R0← 70H
MOV    A,@R0        ;A← 60H
MOV    R1,A         ;R1← 60H
MOV    A,@R1        ;A← 20H
MOV    @R0,P1       ;70H← 0B7H
```

结果：(70H) = 0B7H, (A) = 20H, (R1) = 60H, (R0) = 70H。

2. 外部数据传送指令

(1) 16 位数据传送指令

指令	操作	指令代码		
MOV DPTR,#data16	DPTR ← data16	10010000	立即数 高8位	立即数 低8位

这条指令的功能是把一个 16 位的立即数送入 DPTR。16 位的数据指针 DPTR 由 DPH 和 DPL 组成，这条指令把立即数的高 8 位送 DPH，低 8 位送 DPL。

这个被机器作为立即数看待的数其实就是外部 RAM/ROM 的地址，是专门配合外部数据传送指令来用的。

(2) 外部 RAM 数据传送指令 MOVX

功能：实现片外数据存储器（或扩展 I/O 口）与累加器 A 之间的数据传送。寻址方式只能用间接寻址。这组指令有：

指令	操作	指令代码
MOVX A,@DPTR	A←((DPTR))	11100000
MOVX A,@Ri	A←((Ri))	1110001i
MOVX @DPTR,A	(DPTR)←(A)	11110000
MOVX @Ri,A	(Ri)←(A)	1111001i

由于片外扩展的 RAM 和 I/O 口是统一编址的，共同使用 64KB 的空间，所以指令本身看不出是对片外 RAM 还是对扩展 I/O 口操作，而是由硬件的地址分配所定。

用 Ri 进行间接寻址时，因为 Ri 是一个 8 位寄存器，用它只能寻址 256 个单元，当片外 RAM 容量小于 256 个单元时可直接采用这种寻址方式，当片外 RAM 超过 256 个字节时，就要利用 DPTR 进行间接寻址。

例 3-6 设 R0 的内容为 21H,R1 的内容为 43H,外部 RAM 43H 单元内容为 65H,执行下列指令：

```
MOVX   A,@R1    ;A←((R1))   (43H)=65H   A←(43H),(A)=65H
MOVX   @R0,A    ;(R0)=21H,21H←(A),(21H)=65H
```

结果是把外部 RAM 43H 单元内容 65H 送入累加器 A 和外部 RAM 21H 单元。

例 3-7 将片内 RAM 单元 20H 的内容 30H 送到片外 RAM 单元 3000H 中。

```
MOV    R0,#20H          ;R0←20H
```

```
MOV    DPTR,#3000H      ;DPTR←3000H
MOV    A,@R0            ;A←(R0)  (20H)=30H,(A)=30H
MOVX   @DPTR,A          ;(DPTR)←(A),(DPTR)=(3000H),(3000H)=30H
```

(3) 外部 ROM 数据传送指令 MOVC

功能:从程序存储器(包括内部 ROM)中读取源操作数送入累加器 A。寻址方式只能用基址寄存器加变址寄存器间接寻址方式,这组指令包括以下两条指令:

1)　　　指令　　　　　　　　操作　　　　　　　指令代码

　　MOVC　A,@A+PC　　　　A←((A)+(PC))　　　$\boxed{10000011}$

这条指令以当前 PC 作为基址寄存器,A 的内容作为无符号数,相加得到一个 16 位的地址,将该地址指出的程序存储单元的内容送入累加器 A。

例 3-8　设(A)=30H,执行指令:

　　地址　　　　　　　　指令

　　1000H　　　　　　MOVC　A,@A+PC

执行结果是当前 PC 值 1001H 与 A 中内容 30H 相加得 1031H,然后将程序存储器中 1031H 单元的内容送入累加器 A。

2)　　　指令　　　　　　　　操作　　　　　　　指令代码

　　MOVC　A,@A+DPTR　　A←((A)+(DPTR))　　$\boxed{10010011}$

这条指令以 DPTR 作为基址寄存器,A 的内容作为无符号数与 DPTR 的内容相加得到一个 16 位地址,由该地址指出的程序存储单元的内容送入累加器 A 中。

例 3-9　编制根据累加器 A 中的数(0~9 之间),查其二次方表的程序。

解:把二次方表用伪指令 DB 存放在程序存储器中,把表的首址置入 DPTR 中,把数 0~9 存放在变址寄存器 A 中,程序如下:

```
MOV    DPTR, #TABLE
MOVC   A, @A+DPTR
       ⋮
TABLE: DB 00H, 01H, 04H, 09H, 10H, 19H, 24H
       DB 31H, 40H, 51H
```

这组指令常用于在程序存储器中的查表操作,故也称为查表指令,它是 MCS-51 单片机的特色指令之一,其中"MOVC　A,@A+PC"指令称为近程查表指令(因为它只能在以当前 PC 为基准的+256B 范围内查表),而"MOVC　A,@A+DPTR"称为远程查表指令(它可以在 64KB 范围内查表)。

3. 数据交换指令

(1) 字节交换指令 XCH

　　指令　　　　　　　　操作　　　　　　　指令代码

XCH   A,Rn   (A)⇌(Rn) $\boxed{11001rrr}$

XCH   A,direct   (A)⇌(direct) $\boxed{11000101}$　$\boxed{\text{direct}}$

XCH   A,@Ri   (A) ⇌ ((Ri)) |1100011i|

这组指令的功能是将累加器 A 的内容和源操作数相互交换。源操作数的寻址方式分别为寄存器寻址、直接寻址和寄存器间接寻址。

例 3-10 设（A）= 20H，（R3）= 6FH，执行指令：

　　　　XCH   A，R3

结果：（A）= 6FH，（R3）= 20H

（2）半字节交换指令 XCHD

　　指令　　　　　　　操作　　　　　　　指令代码

XCHD A,@Ri   （A）低 4 位 ⇌ ((Ri))低 4 位 |1101011i|

这条指令的功能是 A 的低 4 位和（R0）或（R1）指出的 RAM 单元低 4 位相互交换，各自的高 4 位不变。

例 3-11 设（A）= 15H，（R1）= 30H，（30H）= 34H，执行指令：

　　　　XCHD   A，@R1

结果：（A）= 14H，（30H）= 35H，（R1）= 30H

4. 栈操作指令

在 MCS-51 单片机的片内 RAM 中，可以设置一个后进先出（LIFO）的堆栈，特殊功能寄存器 SP 作为堆栈指针，在进行栈操作时，它始终指向栈顶所在的位置。在指令系统中有两组用于数据传送的栈操作指令。它们是直接寻址方式，但其操作实质上是寄存器间接寻址方式。

（1）进栈（压栈）指令 PUSH

　　指令　　　　　　　操作　　　　　　　　指令代码

PUSH direct   SP←(SP)+1 |11000000| |direct|
                  (SP)←(direct)

这组指令的功能是首先将栈指针 SP 的内容加 1，然后把直接地址指出的内容传送到栈指针（SP）所寻址的片内 RAM 单元中。

例 3-12 设（SP）= 60H，（A）= 30H，（B）= 70H，执行指令：

PUSH ACC ；SP←(SP)+1 = 61H,(SP)←(ACC)
PUSH B   ；SP←(SP)+1 = 62H,(SP)←(B)

结果：(61H)= 30H，(62H)= 70H，(SP)= 62H

（2）出栈（弹栈）指令 POP

　　指令　　　　　　　操作　　　　　　　　指令代码

POP   direct   direct←((SP)) |11010000| |direct|
                  SP←(SP)-1

这组指令的功能是将堆栈指针（SP）寻址的片内 RAM 单元内容送入直接地址指出的存储单元中，然后 SP 的内容减 1。

例 3-13 设（SP）= 62H，（62H）= 70H，（61H）= 30H，执行指令：

POP DPH；DPH←((SP)),DPH←(62H),(DPH)= 70H,SP←(SP)-1,(SP)= 61H

POP　DPL；DPL←((SP))，DPL←(61H)，(DPL)=30H，SP←(SP)-1，(SP)=60H
结果：(DPTR)=7030H，(SP)=60H

二、算术运算类指令

MCS-51 单片机算术运算指令包括：加法指令、带进位加法指令、带进位减法指令、加 1 指令、减 1 指令、十进制调整指令、乘法和除法指令，共 24 条，见表 3-4。

表 3-4　算术运算类指令

助 记 符	十六进制代码	功　能	对标志位影响 P	OV	AC	CY	字节数	周期数
ADD A,Rn	28~2F	A←(A)+(Rn)	√	√	√	√	1	1
ADD A,direct	25	A←(A)+(direct)	√	√	√	√	2	1
ADD A,@Ri	26,27	A←(A)+((Ri))	√	√	√	√	1	1
ADD A,#data	24	A←(A)+data	√	√	√	√	2	1
ADDC A,Rn	38~3F	A←(A)+(Rn)+(CY)	√	√	√	√	1	1
ADDC A,direct	35	A←(A)+(direct)+(CY)	√	√	√	√	2	1
ADDC A,@Ri	36,37	A←(A)+((Ri))+(CY)	√	√	√	√	1	1
ADDC A,#data	34	A←(A)+data+(CY)	√	√	√	√	2	1
SUBB A,Rn	98~9F	A←(A)-(Rn)-(CY)	√	√	√	√	1	1
SUBB A,direct	95	A←(A)-(direct)-(CY)	√	√	√	√	2	1
SUBB A,@Ri	96,97	A←(A)-((Ri))-(CY)	√	√	√	√	1	1
SUBB A,#data	94	A←(A)-data-(CY)	√	√	√	√	2	1
INC A	04	A←(A)+1	√	×	×	×	1	1
INC Rn	08~0F	Rn←(Rn)+1	×	×	×	×	1	1
INC direct	05	direct←(direct)+1	×	×	×	×	2	1
INC @Ri	06,07	(Ri)←((Ri))+1	×	×	×	×	1	1
INC DPTR	A3	DPTR←(DPTR)+1	×	×	×	×	1	2
DEC A	14	A←(A)-1	√	×	×	×	1	1
DEC Rn	18~1F	Rn←(Rn)-1	×	×	×	×	1	1
DEC direct	15	direct←(direct)-1	×	×	×	×	2	1
DEC @Ri	16,17	(Ri)←((Ri))-1	×	×	×	×	1	1
MUL AB	A4	AB←(A)×(B)	√	√	×	√	1	4
DIV AB	84	AB←(A)÷(B)	√	√	×	√	1	4
DA A	D4	对(A)进行十进制调整	√	√	√	√	1	1

注：√表示对该标志位有影响，×表示对该标志位没影响。

1. 加法指令

(1) 不带进位的加法指令 ADD

指令	操作	指令代码
ADD A,Rn	A←(A)+(Rn)	00101rrr
ADD A,direct	A←(A)+(direct)	00100101 direct
ADD A,@Ri	A←(A)+((Ri))	0010011i
ADD A,#data	A←(A)+data	00100100 data

这组加法指令的功能是指令源字节变量的内容和目的字节变量 A 的内容相加，其结果存放在 A 中。

若结果的 D7 位产生进位，则进位位 CY 被置 1，否则 CY 被清 0；若结果的 D3 位产生进位，则辅助进位位 AC 被置 1，否则 AC 被清 0。对溢出标志 OV 的影响是：如果结果的 D6 位有进位而 D7 位无进位，或者 D7 位有进位而 D6 位无进位，则 OV 标志被置 1，否则被清 0。从另一方面看，若把参加运算的数看作是 8 位二进制补码，当运算结果超过二进制补码所表示的范围（-128～+127）时，OV 置 1，否则 OV 被清 0。对于带符号数的补码运算，溢出标志 OV=1，表示运算结果出错。

奇偶标志位 P 将随累加器 A 中 1 的个数的奇偶性变化。若 A 中 1 的个数为奇，则 P 置 1，否则 P 置 0。

源操作数分别为寄存器寻址、直接寻址、寄存器间接寻址和立即寻址方式。

例 3-14 设（A）= 84H，(30H)= 8DH，执行指令：

ADD A,30H

```
   (A)   =    1 0 0 0 0 1 0 0
+((30H)) =    1 0 0 0 1 1 0 1
─────────────────────────────
   结果  = [1] 0 0 0 1 0 0 0 1
              ↑         ↑
           产生进位   产生辅助进位
```

结果：(A)= 11H,(CY)= 1,(AC)= 1,(OV)= 1,(P)= 0

例 3-15 设（A）= 53H,(R0)= 20H,(20H)= 0FCH,执行指令：

ADD A,@R0

```
   (A)   =    0 1 0 1 0 0 1 1
+)((R0))  =    1 1 1 1 1 1 0 0
─────────────────────────────
   结果  = [1] 0 1 0 0 1 1 1 1
           ↑
         产生进位
```

结果：(A)= 4FH,(CY)= 1,(AC)= 0,(OV)= 0,(P)= 1

（2）带进位加法指令 ADDC

指令	操作	指令代码
ADDC A,Rn	A←(A)+(Rn)+(CY)	00111rrr

指令	操作	指令代码	
ADDC A,direct	A←(A)+(direct)+(CY)	00110101	direct
ADDC A,@Ri	A←(A)+((Ri))+(CY)	0011011i	
ADDC A,#data	A←(A)+ data +(CY)	00110100	data

这组指令的功能是把指令所指出的字节变量、进位位 CY 和 A 的内容相加,结果留在 A 中。

ADDC 指令对 PSW 标志位的影响与 ADD 指令相同,这组指令多用于多字节加法运算,使得在进行高字节加法时,考虑到低位字节向高位字节的进位情况。

例 3-16 设 (A)= 42H ,(R3)= 68H ,(CY)= 1,执行指令:

```
        ADDC   A, R3
    (A) =  0 1 0 0 0 0 1 0
   (R3) =  0 1 1 0 1 0 0 0
+) (CY) =                1
─────────────────────────────
    (A) =  1 0 1 0 1 0 1 1
```

结果:(A) = 0ABH,(CY) = 0,(AC) = 0,(OV) = 1,(P) = 1

(3) 加 1 指令 INC

指令	操作	指令代码	
INC A	A←(A)+1	00000100	
INC Rn	Rn←(Rn)+1	00001rrr	
INC direct	direct←(direct)+1	00000101	direct
INC @Ri	(Ri)←((Ri))+1	0000011i	
INC DPTR	DPTR←(DPTR)+1	10100011	

这组指令的功能是把指令所指出的变量加 1,若原来为 0FFH,则将溢出为 00H,本组指令除"INC A"指令影响 P 标志外,其余不影响任何标志,操作数可采用寄存器寻址、直接寻址或寄存器间接寻址方式。当用本组指令修改输出口 P0~P3 时,原来口数据的值将从口锁存器读入,而不是从引脚读入。

例 3-17 设 (A)= 0FFH,(R2)= 0FH,(30H)= 0F0H,(R0)= 40H,(40H)= 00H,执行指令:

```
INC  A
INC  R2
INC  30H
INC  @R0
```

结果:(A)= 00H,(R2)= 10H,(30H)= 0F1H,(40H)= 01H,(P)= 0。

(4) 十进制调整指令 DA

指令	指令代码
DA A	11010100

这条指令对累加器 A 中由前两个压缩 BCD 码变量的加法所获得的 8 位结果进行十进制调整。两个压缩型 BCD 码按二进制加法指令相加后，必须经过十进制调整方能得到正确的压缩型 BCD 码和数。需要注意的是，此条指令不能用于 BCD 码减法运算后对 A 中的结果进行十进制调整。该指令的执行过程如图 3-9 所示。

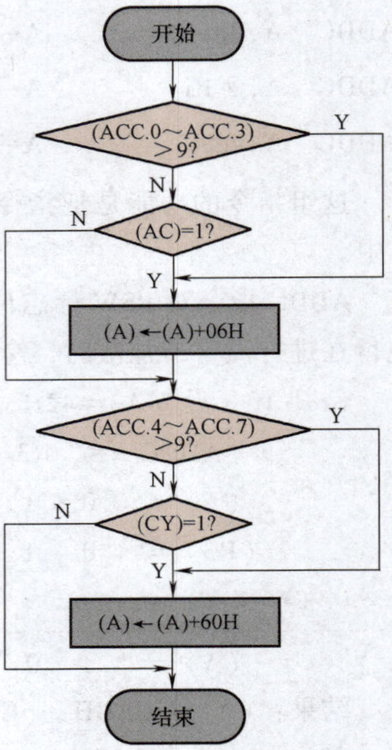

例 3-18 设 (A)= 56H，(R7)= 78H，执行指令：
ADD   A, R7
DA   A
结果：(A)= 34H，(CY)= 1

例 3-19 设计将两个 4 位压缩 BCD 码数相加的程序。其中一个加数存放在 30H（存放十位、个位）、31H（存放千位、百位）存储器单元，另一个加数存放在 32H（存放低位）、33H（存放高位）存储单元，和数存到 30H、31H 单元。

程序如下：
```
MOV   R0, #30H    ; 地址指针指向一个加数的个位、十位
MOV   R1, #32H    ; 另一个地址指针指向第二个加数的个位、十位
MOV   A, @R0      ; 一个加数送累加器
ADD   A, @R1      ; 两个加数的个位、十位相加
DA    A           ; 调整为 BCD 码数
MOV   @R0, A      ; 和数的个位、十位送 30H 单元
INC   R0          ; 两个地址指针分别指向两个加数的百位、千位
INC   R1
MOV   A, @R0      ; 一个加数的百位、千位送累加器
ADDC  A, @R1      ; 两个加数的百位、千位和进位相加
DA    A           ; 调整为 BCD 码数
MOV   @R0, A      ; 和数的百位、千位送 31H 单元
```

图 3-9 DA A 指令执行过程示意图

2. 减法指令

(1) 带进位减法指令 SUBB

指令	操作	指令代码
SUBB A, Rn	A←(A)-(Rn)-(CY)	10011rrr
SUBB A, direct	A←(A)-(direct)-(CY)	10010101 direct
SUBB A, @Ri	A←(A)-((Ri))-(CY)	1001011i
SUBB A, #data	A←(A)-data-(CY)	10010100 data

这组指令的功能是从累加器 A 中减去指令指定的变量及借位标志 CY 内容，结果留在

A 中。

运算结果：若 D7 位需借位，则置（CY）= 1，否则（CY）= 0；若 D3 位需借位，则（AC）= 1，否则（AC）= 0；若 D6 位需借位而 D7 位不需借位，或 D7 位需借位而 D6 位不需借位，则溢出标志（OV）= 1，否则（OV）= 0。

源操作数可采用寄存器寻址、直接寻址、寄存器间接寻址或立即寻址方式。

例 3-20 设（A）= 0C9H，（R2）= 54H，（CY）= 1，执行指令：

```
        SUBB  A，R2
   (A) = 1 1 0 0 1 0 0 1
  (R2) = 0 1 0 1 0 1 0 0
-) (CY) =                 1
  ─────────────────────────
   (A) = 0 1 1 1 0 1 0 0
```

结果：(A) = 74H，(CY) = 0，(AC) = 0，(OV) = 1，(P) = 0。

若需进行不带借位的减法运算，则应该先将 CY 清 0，然后再执行 SUBB 指令。

(2) 减 1 指令 DEC

指令	操作	指令代码	
DEC A	A←(A)-1	00010100	
DEC Rn	Rn←(Rn)-1	00011rrr	
DEC direct	direct←(direct)-1	00010101	direct
DEC @Ri	(Ri)←((Ri))-1	0001011i	

这组指令的功能是将指定的变量减 1，若原来为 00H，减 1 后下溢为 0FFH，除"DEC A"指令影响 P 标志外，其余均不影响任何标志。

当这组指令用于修改输出口时，用作原始数据的值将从口锁存器 P0~P3 读入，而不是从引脚读入。

例 3-21 设（A）= 0FH，（R5）= 20H，（30H）= 00H，（R1）= 40H，（40H）= 0FFH，执行指令：

DEC A
DEC R5
DEC 30H
DEC @R1

结果：(A) = 0EH，(R5) = 1FH，(30H) = 0FFH，(40H) = 0FEH，(P) = 1。

3. 乘法指令 MUL

指令	指令代码
MUL AB	10100100

这条指令是把累加器 A 和寄存器 B 中的无符号 8 位二进制数相乘，16 位乘积的低 8 位留在累加器 A 中，高 8 位存放在寄存器 B 中。

如果乘积大于 0FFH，则（OV）= 1，否则（OV）= 0。CY 标志总是被清 0。

例 3-22 设（A）= 50H，（B）= 0A0H，执行指令：
　　　　　　MUL　AB
结果：（B）= 32H，（A）= 00H（即积为 3200H），（OV）= 1，（CY）= 0。

4. 除法指令 DIV

　　　指令　　　　　　　　　　　指令代码
　　DIV　AB　　　　　　　　　| 10000100 |

这条指令的功能是把累加器 A 中的 8 位无符号二进制数除以寄存器 B 中的 8 位无符号二进制数，所得商的整数部分存放在累加器 A 中，余数部分存放在寄存器 B 中。

如果原来 B 的内容为 0，即除数为 0，无意义，则结果 A 和 B 的内容不定，且溢出标志位（OV）= 1。CY 标志总是被清 0。

例 3-23 设（A）= 0FBH，（B）= 12H，执行指令：
　　　　　　DIV　AB
结果：（A）= 0DH，（B）= 11H，（CY）= 0，（OV）= 0。

三、逻辑运算类指令

MCS-51 单片机的逻辑运算指令包括：累加器 A 的逻辑操作指令，两个操作数的逻辑与指令、逻辑或指令及逻辑异或指令。这类指令共有 25 条，见表 3-5。

表 3-5　逻辑运算类指令

助记符	十六进制代码	功　能	对标志位影响				字节数	周期数
			P	OV	AC	CY		
ANL A,Rn	58~5F	A←(A)∧(Rn)	√	×	×	×	1	1
ANL A,direct	55	A←(A)∧(direct)	√	×	×	×	2	1
ANL A,@Ri	56,57	A←(A)∧((Ri))	√	×	×	×	1	1
ANL A,#data	54	A←(A)∧data	√	×	×	×	2	1
ANL direct,A	52	direct←(direct)∧(A)	×	×	×	×	2	1
ANL direct,#data	53	direct←(direct)∧data	×	×	×	×	3	2
ORL A,Rn	48~4F	A←(A)∨(Rn)	√	×	×	×	1	1
ORL A,direct	45	A←(A)∨(direct)	√	×	×	×	2	1
ORL A,@Ri	46,47	A←(A)∨((Ri))	√	×	×	×	1	1
ORL A,#data	44	A←(A)∨data	√	×	×	×	2	1
ORL direct,A	42	direct←(direct)∨(A)	×	×	×	×	2	1
ORL direct,#data	43	direct←(direct)∨data	×	×	×	×	3	2
XRL A,Rn	68~6F	A←(A)⊕(Rn)	√	×	×	×	1	1
XRL A,direct	65	A←(A)⊕(direct)	√	×	×	×	2	1
XRL A,@Ri	66,67	A←(A)⊕((Ri))	√	×	×	×	1	1
XRL A,#data	64	A←(A)⊕data	√	×	×	×	2	1
XRL direct,A	62	direct←(direct)⊕(A)	×	×	×	×	2	1

（续）

助记符	十六进制代码	功 能	对标志位影响				字节数	周期数
			P	OV	AC	CY		
XRL direct,#data	63	direct←(direct)⊕data	×	×	×	×	3	2
CLR A	E4	A←0	√	×	×	×	1	1
CPL A	F4	A←($\overline{A}$)	×	×	×	×	1	1
RL A	23	A 循环左移一位	×	×	×	×	1	1
RLC A	33	A,CY 循环左移一位	√	×	×	√	1	1
RR A	03	A 循环右移一位	×	×	×	×	1	1
RRC A	13	A,CY 循环右移一位	√	×	×	√	1	1
SWAP A	C4	A 半字节交换	×	×	×	×	1	1

注：√表示对该标志位有影响，×表示对该标志位没影响。

1. 累加器 A 的逻辑操作指令

（1）清 0 指令

    指令   操作   指令代码

  CLR   A   A←00H   11100100

这条指令的功能是将累加器 A 清 0。只影响 P 标志。

（2）取反指令

    指令   操作   指令代码

  CPL   A   A←($\overline{A}$)   11110100

这条指令的功能是将累加器 A 的每一位逻辑取反。不影响标志。

例 3-24 设（A）= 11001010B，执行指令：

      CPL   A

结果：（A）= 00110101B

（3）左环移指令

    指令   操作   指令代码

  RL   A   ┌─A─┐   00100011
                     D7←D0

这条指令的功能是将累加器 A 的内容向左环移 1 位，ACC.7 移入 ACC.0。不影响标志。

（4）带进位左环移指令

    指令   操作   指令代码

  RLC   A   ┌─A─┐   00110011
                  CY←D7←D0

这条指令的功能是将累加器 A 的内容和进位标志（CY）一起向左环移 1 位，ACC.7 移入 CY，CY 移入 ACC.0。不影响其他标志。

(5) 右环移指令

    指令   操作   指令代码

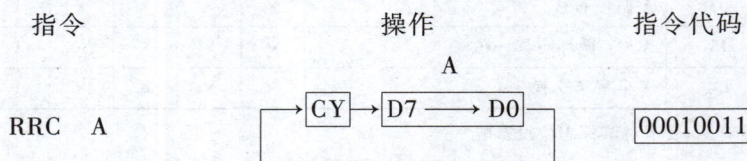

这条指令的功能是将累加器 A 的内容向右环移 1 位，ACC.0 移入 ACC.7。不影响标志。

(6) 带进位右环移指令

    指令   操作   指令代码

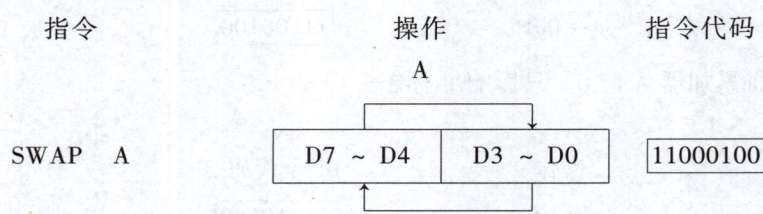

这条指令的功能是将累加器 A 的内容和进位标志 CY 的内容一起向右环移 1 位，ACC.0 移入 CY，CY 移入 ACC.7。不影响其他标志。

(7) 累加器半字节交换指令

    指令   操作   指令代码

    SWAP A   D7～D4 D3～D0   11000100

这条指令的功能是将累加器 A 的高 4 位与低 4 位互换。不影响标志位。

例 3-25　设计把累加器 A 中的二进制数转换为 3 位 BCD 码数的程序，百位数存入 30H 单元，十位数和个位数存入 31H 单元。

程序如下：

```
MOV   B, #100  ；除数 100 送 B
DIV   AB       ；(A)/100，得到百位数
MOV   30H, A   ；百位数存 30H 单元
MOV   A, #10   ；除数 10 送 A
XCH   A, B     ；余数送 A，除数 10 送 B
DIV   AB       ；(A)/10，得到十位数和个位数，分别存入 A 和 B 的低位
SWAP  A        ；把十位数移到 A 的高 4 位
ADD   A, B     ；组成压缩的 BCD 码数
MOV   31H, A   ；存入 31H
```

本例使用简单的除法运算和半字节交换指令求得单字节十进制数（最大 255）的百位（除 100）、十位（除 10）、个位（余数）的 BCD 码，实现二进制数到 BCD 码的转换。

2. 两个操作数的逻辑操作指令

(1) 逻辑与指令 ANL

第三章 MCS-51单片机的指令系统

指令	操作	指令代码		
ANL A,Rn	A←(A)∧(Rn)	01011rrr		
ANL A,direct	A←(A)∧(direct)	01010101	direct	
ANL A,@Ri	A←(A)∧((Ri))	0101011i		
ANL A,#data	A←(A)∧data	01010100	data	
ANL direct,A	direct←(direct)∧(A)	01010010	direct	
ANL direct,#data	direct←(direct)∧data	01010011	direct	data

这组指令的功能是对指令所指出的两个变量以位为单位进行逻辑与操作，结果存放在目的变量中。源操作数可采用寄存器寻址、直接寻址、寄存器间接寻址或立即寻址方式。当这条指令用于修改一个输出口时，作为原始数据的值将从输出口的数据锁存器 P0～P3 读入，而不是读引脚状态。

除前 4 条指令影响 P 标志外，这组指令不影响其他标志。

例 3-26 设 (A)= 27H，(R0)= 0FDH，执行指令：

```
       ANL A, R0
       (A) = 0 0 1 0 0 1 1 1
   ∧) (R0) = 1 1 1 1 1 1 0 1
   ─────────────────────────
       (A) = 0 0 1 0 0 1 0 1
```

结果：(A)= 25H，(P)= 1。

(2) 逻辑或指令 ORL

指令	操作	指令代码		
ORL A,Rn	A←(A)∨(Rn)	01001rrr		
ORL A,direct	A←(A)∨(direct)	01000101		
ORL A,@Ri	A←(A)∨((Ri))	0100011i		
ORL A,#data	A←(A)∨data	01000100	data	
ORL direct,A	direct←(direct)∨(A)	01000010	direct	
ORL direct,#data	direct←(direct)∨data	01000011	direct	data

这组指令的功能是将指令所指出的两个变量以位为单位进行逻辑或操作，结果送回目的变量中。源操作数同样可采用寄存器寻址、直接寻址、寄存器间接寻址或立即寻址方式，同 ANL 指令类似，用于修改输出口数据时，原始数据值为输出口锁存器内容。前 4 条指令只影响 P 标志。

例 3-27 设 (P1)= 25H，(A)= 33H，执行指令：

```
       ORL P1, A
       (P1) = 0 0 1 0 0 1 0 1
    ∨) (A)  = 0 0 1 1 0 0 1 1
   ─────────────────────────
       (P1) = 0 0 1 1 0 1 1 1
```

结果：(P1)= 37H

(3) 逻辑异或指令 XRL

指令	操作	指令代码
XRL A,Rn	A←(A)⊕(Rn)	01101rrr
XRL A,direct	A←(A)⊕(direct)	01100101 direct
XRL A,@Ri	A←(A)⊕((Ri))	0110011i
XRL A,#data	A←(A)⊕data	01100100 data
XRL direct,A	direct←(direct)⊕(A)	01100010 direct
XRL direct,#data	direct←(direct)⊕data	01100011 direct data

这组指令的功能是将指令所指出的两个变量以位为单位进行异或操作，结果存放在目的变量中。源操作数的寻址方式同样可采用寄存器寻址、直接寻址、寄存器间接寻址或立即寻址方式。与 ANL 指令类似，对输出口操作是对输出口锁存器内容读出修改。前 4 条指令只影响 P 标志。

例 3-28 设（A）= 94H，（R3）= 53H，执行指令：

```
    XRL A, P3
   (A) = 1 0 0 1 0 1 0 0
⊕) (R3) = 0 1 0 1 0 0 1 1
─────────────────────────
   (A) = 1 1 0 0 0 1 1 1
```

结果：(A)= 0C7H，(P)= 1。

例 3-29 试分析下列程序的执行结果。

```
MOV  A, #0FFH   ；(A)= 0FFH
ANL  P1, #00H   ；SFR 中 P1 口清 0
ORL  P1, #55H   ；P1 口内容为 55H
XRL  P1, A      ；P1 口内容为 0AH
```

四、位操作类指令

MCS-51 单片机中设置了独立的布尔处理器，布尔处理器有自己相应的位累加器 CY、存储器和 I/O 口等。布尔处理器也有自己丰富的位操作指令，包括位数据传送、位状态修改、位逻辑运算和位控制转移指令。位操作指令均以位为操作变量。这类指令共有 12 条，见表 3-6。

表 3-6 位操作类指令

助记符	十六进制代码	功能	对标志位影响			字节数	周期数
			P	OV	AC	CY		
MOV C,bit	A2	CY←(bit)	×	×	×	√	2	1
MOV bit,C	92	bit←(CY)	×	×	×	×	2	2
CLR C	C3	CY← 0	×	×	×	√	1	1
CLR bit	C2	bit← 0	×	×	×	×	2	1

第三章 MCS-51单片机的指令系统

（续）

助记符	十六进制代码	功能	对标志位影响				字节数	周期数
			P	OV	AC	CY		
SETB C	D3	CY←1	×	×	×	√	1	1
SETB bit	D2	bit←1	×	×	×	×	2	1
CPL C	B3	CY←($\overline{CY}$)	×	×	×	√	1	1
CPL bit	B2	bit←($\overline{bit}$)	×	×	×	×	2	1
ANL C,bit	82	CY←(CY)∧(bit)	×	×	×	√	2	2
ANL C,/bit	B0	CY←(CY)∧($\overline{bit}$)	×	×	×	√	2	2
ORL C,bit	72	CY←(CY)∨(bit)	×	×	×	√	2	2
ORL C,/bit	A0	CY←(CY)∨($\overline{bit}$)	×	×	×	√	2	2

注：√表示对该标志位有影响，×表示对该标志位没影响。

1. 位变量传送指令

```
指令              操作           指令代码
MOV  C,bit      CY←(bit)       10100010  bit
MOV  bit,C      bit←(CY)       10010010  bit
```

这组指令的功能是在以 bit 表示的位和进位位 CY 之间进行数据传送。不影响其他标志。

例 3-30 MOV C, 16H;   CY←(22H.6)
　　　　　　MOV P1.5, C;   P1.5←(CY)

结果：(P1.5)←(16H)

2. 位变量修改指令

```
指令              操作           指令代码
CLR   C         CY←0          11000011
CLR   bit       bit←0         11000010  bit
CPL   C         CY←($\overline{CY}$)      10110011
CPL   bit       bit←($\overline{bit}$)    10110010  bit
SETB  C         CY←1          11010011
SETB  bit       bit←1         11010010  bit
```

这组指令的功能是将变量指出的位清 0、取反、置 1。不影响其他标志位。

例 3-31

```
CLR   C         ; CY←0
CLR   27H       ; 24H.7←0
CPL   08H       ; 21H.0←($\overline{21H.0}$)
SETB  P1.0      ; P1.0←1
```

3. 位变量逻辑操作指令

（1）位变量逻辑与指令

指令	操作	指令代码	
ANL C,bit	CY←(CY)∧(bit)	10000010	bit
ANL C,/bit	CY←(CY)∧($\overline{bit}$)	10110000	bit

这组指令是将指定的位地址单元内容（或取反后的内容）与位累加器 CY 的内容进行逻辑与操作，结果送 CY 中，源位地址单元内容不变。不影响其他标志。

（2）位变量逻辑或指令

指令	操作	指令代码	
ORL C,bit	CY←(CY)∨(bit)	01110010	bit
ORL C,/bit	CY←(CY)∨($\overline{bit}$)	10100000	bit

这组指令与 ANL 指令类似，是将指定位地址单元中的内容（或取反后的内容）与位累加器（CY）进行逻辑或操作，结果送入 CY 中。不影响其他标志。

例 3-32 采用布尔处理方法编程实现下列计算：

$$Y = X_0 \cdot X_1 + X_1 \cdot \overline{X_2} + \overline{X_3 \cdot X_4 \cdot X_5}$$

已知 X_i 是片内 RAM 22H 单元中第 i 位的内容，运算结果 Y 保留在 C 中。

程序如下：

```
MOV   C, 10H      ; C←X0
ANL   C, 11H      ; C←X0·X1
MOV   20H, C      ; 20H←(C)，位累加器 C 中值暂存于位地址 20H 中
MOV   C, 11H      ; C←X1
ANL   C, /12H     ; C←X1·X2上划线
ORL   C, 20H      ; C←X0·X1+X1·X2上划线
MOV   20H, C      ; 20H←(C)
MOV   C, 13H      ; C←X3
ANL   C, 14H      ; C←X3·X4
ANL   C, 15H      ; C←X3·X4·X5
CPL   C           ; C←X3·X4·X5上划线
ORL   C, 20H      ; (C)=X0·X1+X1·X2上划线+X3·X4·X5上划线
```

五、控制转移类指令

控制转移指令是用改变程序计数器 PC 的值，使 PC 有条件地，或者无条件地，或者通过其他方式，从当前的位置转移到一个指定的地址单元去，从而改变程序的执行方向。

控制转移指令分为无条件转移指令、条件转移指令、调用和返回指令。这类指令共有 22 条，见表 3-7。

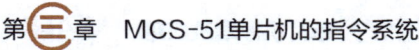

表 3-7 控制转移类指令

助记符	十六进制代码	功 能	P	OV	AC	CY	字节数	周期数
AJMP addr11	Y1①	PC←(PC)+2 PC₁₀₋₀←addr11	×	×	×	×	2	2
LJMP addr16	02	PC←addr16	×	×	×	×	3	2
SJMP rel	80	PC←(PC)+2 PC←(PC)+rel	×	×	×	×	2	2
JMP @A+DPTR	73	PC←(A)+(DPTR)	×	×	×	×	1	2
JZ rel	60	PC←(PC)+2,若(A)=0,则PC←(PC)+rel	×	×	×	×	2	2
JNZ rel	70	PC←(PC)+2,若(A)≠0,则PC←(PC)+rel	×	×	×	×	2	2
JC rel	40	PC←(PC)+2,若(CY)=1,则PC←(PC)+rel	×	×	×	×	2	2
JNC rel	50	PC←(PC)+2,若(CY)=0,则PC←(PC)+rel	×	×	×	×	2	2
JB bit,rel	20	PC←(PC)+3,若(bit)=1 则PC←(PC)+rel	×	×	×	×	3	2
JNB bit,rel	30	PC←(PC)+3,若(bit)=0 则PC←(PC)+rel	×	×	×	×	3	2
JBC bit,rel	10	PC←(PC)+3 若(bit)=1,则bit←0 (PC)←(PC)+rel	×	×	×	×	3	2
CJNE A,direct,rel	B5	PC←(PC)+3,若(A)=(direct),则CY←0,若(A)>(direct),则PC←(PC)+rel,CY←0,若(A)<(direct),则PC←(PC)+rel,(CY)←1	×	×	×	√	3	2
CJNE A,#data,rel	B4	PC←(PC)+3,若(A)=data,则CY←0,若(A)>data,则PC←(PC)+rel,CY←0,若(A)<data,则PC←(PC)+rel,CY←1	×	×	×	√	3	2
CJNE Rn,#data,rel	B8~BF	PC←(PC)+3,若(Rn)=data,则CY←0,若(Rn)>data,则PC←(PC)+rel,(CY)←0,若(Rn)<data,则PC←(PC)+rel,CY←1	×	×	×	√	3	2
CJNE @Ri,#data,rel	B6,B7	PC←(PC)+3,若((Ri))=data,则CY←0,若((Ri))>data,则PC←(PC)+rel,CY←0,若((Ri))<data,则PC←(PC)+rel,CY←1	×	×	×	√	3	2
DJNZ Rn,rel	D8~DF	PC←(PC)+2 Rn←(Rn)-1 若(Rn)≠0,则PC←(PC)+rel	×	×	×	×	2	2

(续)

助记符	十六进制代码	功能	对标志位影响				字节数	周期数
			P	OV	AC	CY		
DJNZ direct,rel	D5	PC←(PC)+3 direct←(direct)-1 若(direct)≠0,则 PC←(PC)+rel	×	×	×	×	3	2
ACALL addr11	X1②	PC←(PC)+2, SP←(SP)+1 (SP)←(PCL), SP←(SP)+1 (SP)←(PCH), PC$_{10-0}$←addr11	×	×	×	×	2	2
LCALL addr16	12	PC←(PC)+3, SP←(SP)+1 (SP)←(PCL), SP←(SP)+1 (SP)←(PCH), PC←addr16	×	×	×	×	3	2
RET	22	PCH←(SP), SP←(SP)-1 PCL←(SP), SP←(SP)-1	×	×	×	×	1	2
RETI	32	PCH←(SP), SP←(SP)-1 PCL←(SP), SP←(SP)-1 从中断返回	×	×	×	×	1	2
NOP	00	PC←(PC)+1,空操作	×	×	×	×	1	1

注:√表示对该标志位有影响,×表示对该标志位没影响。

① Y=0, 2, 4, 6, 8, A, C, E。
② X=1, 3, 5, 7, 9, B, D, F。

1. 无条件转移指令

(1) 短跳转指令

  指令   指令代码

AJMP addr11 | $a_{10}a_9a_8$00001 | | $a_7 \sim a_0$ |

  这是 2KB 范围内的无条件转移指令,该指令在运行时,将当前 PC 值(本指令地址加 2)的高 5 位和 addr11 相连($PC_{15} \sim PC_{11}$ $a_{10} \sim a_0$)而得到转移的目标地址送入 PC,因此目标地址必须写在它下一条指令存放地址的同一个 2KB 区域内。

(2) 相对转移指令

  指令   指令代码

SJMP rel | 10000000 | | rel |

  这也是一种无条件转移指令,转移的目标地址是由当前 PC 值加上相对偏移量 rel 组成。rel 是 8 位二进制补码表示的带符号数,因此本指令的转移范围是当前 PC 值-128B~+127B。

(3) 长跳转指令

  指令   操作   指令代码

LJMP addr16 PC←addr16 | 00000010 | | $a_{15} \sim a_8$ | | $a_7 \sim a_0$ |

  这条指令的功能是将指令提供的 16 位目标地址送入 PC,然后程序无条件转向目标地址。

(4) 基址寄存器加变址寄存器间接转移指令(散转指令)

指令	操作	指令代码
JMP @A+DPTR	PC←(A)+(DPTR)	01110011

这条指令的功能是将累加器 A 中 8 位无符号二进制数与数据指针 DPTR 的内容相加,结果送入 PC 作为下次执行指令的地址。该指令不影响标志。

利用这条指令可实现程序的散转。

2. 条件转移指令

条件转移指令是指令依照某一特定条件转移,当条件满足时,程序转移到由相对偏移量与当前 PC 值(或称源地址,即下一条指令第一字节地址)相加得到的地址处,条件不满足,则程序执行下一条指令。

(1) 条件满足转移指令

指令	转移条件	指令代码		
JZ rel	(A)=0	01100000	rel	
JNZ rel	(A)<>0	01110000	rel	
JC rel	(CY)=1	01000000	rel	
JNC rel	(CY)=0	01010000	rel	
JB bit, rel	(bit)=1	00100000	bit	rel
JNB bit, rel	(bit)=0	00110000	bit	rel
JBC bit, rel	(bit)=1	00010000	bit	rel

1) JZ:若累加器 A 内容为 0,则转移。
2) JNZ:若累加器 A 内容不为 0,则转移。
3) JC:若进位标志(CY)=1,则转移。
4) JNC:若进位标志(CY)=0,则转移。
5) JB:若直接寻址的位值为 1,则转移。
6) JNB:若直接寻址的位值为 0,则转移。
7) JBC:若直接寻址的位值为 1,则转移,然后将直接寻址的位清 0。

例 3-33 将外部 RAM 的一个数据块(首址为 DATA1)传送到内部 RAM(首址为 DATA2),遇到传送的数据为零时停止。

```
START: MOV    R0, #DATA2      ;置内部 RAM 数据指针
       MOV    DPTR, #DATA1    ;置外部 RAM 数据指针
LOOP1: MOVX   A, @DPTR        ;外部 RAM 单元内容送 A
       JZ     LOOP2           ;判断传送数据是否为零,A 为零则转移
       MOV    @R0, A          ;传送数据不为零,送内部 RAM
       INC    R0              ;修改地址指针
       INC    DPTR
       SJMP   LOOP1           ;继续传送
LOOP2: RET                    ;结束传送,返回主程序
```

(2) 比较不相等转移指令

指令 指令代码

CJNE　A,direct,rel　　　　10110101　direct　rel

CJNE　A,#data,rel　　　　 10110100　data　rel

CJNE　Rn,#data,rel　　　　10111rrr　data　rel

CJNE　@Ri,#data,rel　　　 1011011i　data　rel

这组指令的功能是比较指令中两个操作数的值是否相等，如果它们的值不相等，则转移，转移的目标地址为当前 PC 值（源地址）与偏移量 rel 相加所得地址。如果第一操作数（无符号数）小于第二操作数，则置（CY）=1，否则（CY）=0。如果两数相等，则程序顺序执行下一条指令。该组指令不影响任何操作内容及其他标志。

(3) 减 1 不为 0 转移指令

指令 指令代码

DJNZ　Rn,rel　　　　　11011rrr　rel

DJNZ　direct,rel　　　11010101　direct　rel

这组指令的功能是将指令中源变量指出的内容减 1，结果仍送回源变量中。如果结果不为 0，则转移，目标地址为当前 PC 值（源地址）与偏移量 rel 相加所得地址。如果结果为 0，则程序顺序执行下一条指令。

这组指令常用于循环计数，允许编程者把工作寄存器或片内 RAM 单元用作程序循环计数器。

例 3-34 延时程序：

```
START: SETB   P1.1            ; P1.1←1
   DL: MOV    30H, #03H       ; 30H←03H
  DL0: MOV    31H, #0F0H      ; 31H←0F0H
  DL1: DJNZ   31H, DL1        ; 31H←(31H)-1，若(31H)<>0，去 DL1 标号〈〉重
                                复执行
       DJNZ   30H, DL0        ; 30H←(30H)-1，若(30H)<>0，则转 DL0
       CPL    P1.1            ; P1.1←(P1.1)，P1.1 位值求反
       AJMP   DL              ; 转 DL
```

这段程序的功能是通过延时在 P1.1 输出方波，可以通过修改 30H 和 31H 单元的内容来改变延时时间，从而改变方波频率。

例 3-35 将片内 RAM 30H 至 4FH 单元的内容分别送入片外 RAM 1000H 开始的单元中。

```
       MOV    R0, #30H        ; 置片内 RAM 起始地址
       MOV    DPTR, #1000H    ; 置片外 RAM 起始地址
       MOV    R1, #20H        ; 置传送数据个数
  LOOP: MOV   A, @R0          ; 从片内 RAM 读出数据
        MOVX  @DPTR, A        ; 读出数据送入片外 RAM
```

```
        INC    DPTR              ;地址指针分别加 1
        INC    R0
        DJNZ   R1,LOOP           ;R1 工作寄存器内容减 1 不为 0 转移
        RET                      ;返回
```

3. 调用和返回指令

在程序设计中,常常出现几个地方都需要进行功能完全相同的处理,为了减少程序编写和调试的工作量,使某一段程序能被公用,于是引入了主程序和子程序的概念。

通常把具有一定功能的公用程序段作为子程序而单独编写,当主程序需要引用这一子程序时,可利用调用指令对子程序进行调用。在子程序末尾安排一条返回指令,使子程序执行结束能返回到主程序。

主程序调用子程序以及子程序返回的示意图如图 3-10 所示。当主程序执行到 A 处执行调用子程序 SUB 时,CPU 把当前 PC(下一条指令第一字节的地址)保留在堆栈中,栈指针 SP 值加 2,子程序 SUB 的起始地址送入 PC,使 CPU 转而执行子程序 SUB。在子程序 SUB 中执行到返回指令时,CPU 把堆栈中原压入的 PC 值弹出给 PC,于是 CPU 又回到主程序继续执行。

在一个程序中,往往在子程序中还会调用其他子程序,这称为子程序嵌套,二级子程序嵌套过程如图 3-11 所示。为了保证正确地从子程序 SUB2 返回 SUB1,再从 SUB1 返回到主程序,每次调用子程序时,必须将当前 PC 值压入堆栈保存起来,以便返回时按"后进先出"的原则依次取出原来保存的 PC 值。调用指令和返回指令执行时,计算机具有自动保护和恢复 PC 内容的功能,而无需编程人员考虑。

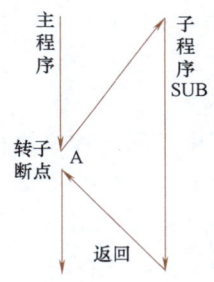

图 3-10　主程序调用子程序示意图

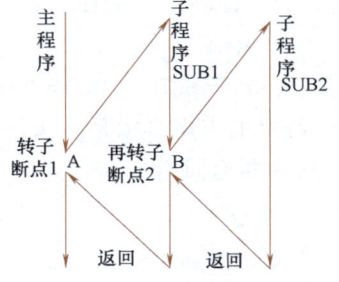

图 3-11　二级子程序嵌套示意图

(1) 短调用指令

```
        指令                        指令代码
        ACALL  addr11             a₁₀a₉a₈10001    a₇~a₀
```
（指令代码：$a_{10}a_9a_8 10001$　$a_7 \sim a_0$）

指令执行时,先将当前 PC 值压入堆栈(先 PCL 后 PCH),栈指针 SP 值+2,然后把 PC 的高 5 位与 addr11 相连接（$PC_{15} \sim PC_{11}\ a_{10} \sim a_0$）,获得子程序的地址并送入 PC,使 CPU 转向执行子程序。

该指令的操作为:PC←(PC)+2,SP←(SP)+1,(SP)←(PCL),SP←(SP)+1,(SP)←(PCH),$PC_{10} \sim PC_0$←addr11,$PC_{15} \sim PC_{11}$ 不变。

该指令所调用的子程序的地址必须在 ACALL 指令后的 2KB 区域内。

例 3-36 设（SP）= 60H，标号 MA 值为 0123H，子程序位于 0345H，执行指令：

    MA： ACALL SUB

结果：（SP）= 62H，（61H）= 25H，（62H）= 01H，（PC）= 0345H。

（2）长调用指令

指令	指令代码		
LCALL addr 16	00010010	$a_{15} \sim a_8$	$a_7 \sim a_0$

该指令的操作为:（PC）←（PC）+3，（SP）←（SP）+1，（SP）←（PCL），SP←（SP）+1，（SP）←（PCH），PC←addr 16，从而使得 CPU 转到从 addr 16 的地址处开始执行程序。

该指令可调用 64KB 范围内程序存储器中任何一个子程序，执行后不影响任何标志。

例 3-37 设（SP）= 60H，标号 STRT 值为 0100H，标号 DIR 值为 8100H，执行指令：

    STRT： LCALL DIR

结果：（SP）= 62H，（61H）= 03H，（62H）= 01H，（PC）= 8100H。

（3）返回指令

如上所述，返回指令是使 CPU 从子程序返回执行主程序。

1）从子程序返回指令

指令	指令代码
RET	00100010

操作：PCH←((SP))，SP←(SP)-1，PCL←((SP))，SP←(SP)-1。使得 CPU 从堆栈中弹出的 PC 值处开始执行程序，该指令不影响任何标志。

例 3-38 设（SP）= 62H，（62H）= 07H，（61H）= 30H，执行指令：

    RET

结果：（SP）= 60H，（PC）= 0730H。

在子程序的末尾必须是一条返回指令，才能使 CPU 从子程序中返回主程序执行。

2）从中断返回指令

指令	指令代码
RETI	00110010

该指令除了执行类似 RET 指令的操作外，还清除内部相应的中断优先级有效触发器（该触发器由 CPU 响应中断时置位，指示 CPU 当前是否在处理高级或低级中断），因此，中断服务程序必须以 RETI 为结束指令。在执行完 RETI 指令之后，返回断点处需执行完一条指令后，才能响应新的中断。

在子程序或中断服务子程序中，PUSH 指令必须与 POP 指令成对使用，否则，不能正确返回主程序。

4. 空操作指令

指令	指令代码
NOP	00000000

执行该指令仅使 PC 加 1，然后继续执行下条指令，本指令无任何操作。它为单周期指

令,在时间上占用一个机器周期,因而常用于程序的延时。

例 3-39 试设计程序,从 P1.2 输出持续时间为 5 个机器周期的低电平脉冲。

因为简单的 SETB/CLR 指令序列可产生一个周期的脉冲,故需另外加入 4 个周期。

程序如下:

```
SETB    P1.2
CLR     P1.2        ;将 P1.2 清 0
NOP
NOP
NOP
NOP
SETB    P1.2        ;将 P1.2 置 1
```

思考题与习题

3-1 指出下列每一条指令的寻址方式及其完成的操作。

    MOV   2FH, #40H

    MOV   A, 2FH

    MOV   R1, #2FH

    MOV   A, @R1

    MOV   2FH, A

3-2 内部 RAM 的 4FH 单元,可用哪几种方式寻址?分别举例说明。

3-3 指出在下列各条指令中,45H 代表什么?

    MOV   A, #45H

    MOV   A, 45H

    MOV   45H, 46H

    MOV   45H, #45H

    MOV   C, 45H

3-4 已知:(A)= 7AH,(R0)= 30H,(30H)= 0A5H,(PSW)= 80H,请填写下列各条指令的执行结果:

    (1) SUBB A, 30H

    (2) SUBB A, #30H

    (3) ADD A, R0

    (4) ADD A, 30H

    (5) ADD A, #30H

    (6) ADDC A, 30H

    (7) SWAP A

    (8) XCHD A, @R0

    (9) XCH A, 30H

    (10) XCH A, R0

    (11) MOV A, @R0

    (12) XCH A, @R0

3-5 试分析以下程序段的执行结果:

    MOV   SP, #3AH

```
MOV   A, #20H
MOV   B, #30H
PUSH  ACC
PUSH  B
POP   ACC
POP   B
```

3-6 指出下列指令的执行结果,并写出每条指令的机器码。
```
MOV   30H, #52H
MOV   A, #70H
MOV   A, 30H
MOV   R0, #30H
MOV   A, @R0
```

3-7 分析下列指令的执行结果,并写出每条指令的机器码。
```
MOV    A, #20H
MOV    DPTR, #2030H
MOVX   @DPTR, A
MOV    30H, #40H
MOV    R0, #30H
MOV    A, @R0
```

3-8 设 R0 的内容为 32H,A 的内容为 48H,内部 RAM 的 32H 单元内容为 80H,40H 单元内容为 08H,指出在执行下列程序段后上述各单元内容的变化。
```
MOV   A, @R0
MOV   @R0, 40H
MOV   40H, A
MOV   R0, #35H
```

3-9 已知:(A)=81H,(R0)=20H,(20H)=35H,指出执行完下列程序段后 A 的内容:
```
ANL   A, #17H
ORL   20H, A
XRL   A, @R0
CPL   A
```

3-10 用指令实现下述数据传送:

(1) 内部 RAM 20H 单元送内部 RAM 40H 单元。

(2) 外部 RAM 20H 单元送 R0 寄存器。

(3) 外部 RAM 20H 单元送内部 RAM 20H 单元。

(4) 外部 RAM 1000H 单元送内部 RAM 20H 单元。

(5) 外部 ROM 1000H 单元送内部 RAM 20H 单元。

(6) 外部 ROM 1000H 单元送外部 RAM 20H 单元。

3-11 已知 16 位二进制数的高 8 位和低 8 位分别存放在 20H 和 21H 单元,请编写将其右移一位的程序。

3-12 编程实现把内部 RAM R0~R7 的内容传递到 20H~27H 单元。

3-13 试编程进行两个 16 位数的减法:6F5DH-13B4H,结果存入内部 RAM 的 30H 和 31H 单元,30H 存放差的低 8 位。

3-14 编写程序,若累加器 A 的内容分别满足下列条件时,则程序转至 LABEL 存储单元。设 A 中存放的是无符号数。

(1) A≥10　　　(2) A>0　　　(3) (A)≤10

3-15　已知(SP)=25H, (PC)=2345H, (24H)=12H, (25H)=34H, (26H)=56H。问此时执行"RET"指令后, (SP)=? (PC)=?

3-16　若(SP)=25H, (PC)=2345H, 标号LABEL所在的地址为3456H。问执行长调用指令"LCALL LABEL"后, 堆栈指针和堆栈的内容发生什么变化?(PC)的值等于什么?

3-17　试编写程序, 查找在内部RAM的20H～50H单元中是否有0AAH这一数据。若有, 则将51H单元置为01H; 若未找到, 则将51H单元置为00H。

3-18　试编写程序, 统计在外部RAM 2000H～205FH单元中出现00H的次数, 并将统计结果存入内部RAM 50H单元。

3-19　已知R3和R4中存有一个16位的二进制数, 高位在R3中, 低位在R4中。请编程将其求补, 并存回原处。

3-20　编写一个程序, 把片外RAM从2000H开始存放的10个数传送到片内RAM 30H开始的单元中。

3-21　试编程将内部RAM的30H～4FH单元的内容分别传送到外部RAM的2040H～205FH单元中。

3-22　若外部RAM的(2000H)=X, (2001H)=Y, 编程实现Z=3X+2Y, 结果存入内部RAM的20H单元(设Z<255)。

3-23　试对内部RAM 20H单元的内容进行判断, 若为正数, 转向2100H; 若为负数, 转向2200H; 若为0, 转向2300H。

3-24　已知30H、31H中存有一个16位的二进制数, 高位在前, 低位在后。试编程将它们乘2, 再存回原单元中。

3-25　已知从外部RAM 2000H开始的单元中有20个带符号补码数, 试编程把正数和零取出来存放到内部RAM 20H开始的存储单元中(负数不作处理)。

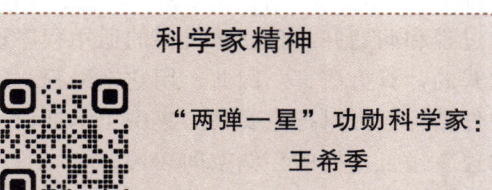

汇编语言程序设计

计算机在完成一项工作时,必须按顺序执行各种操作。这些操作是程序设计人员用计算机所认识的语言把解决问题的步骤事先描述好的,也就是说,程序设计人员事先编制好计算机程序,再由计算机去执行。计算机程序设计语言通常分为机器语言、汇编语言和高级语言三类。

虽然机器语言能被计算机直接识别和执行,但它不易为人们编写和阅读,因此,人们一般不再用它来进行程序设计。

高级语言是一种面向过程和问题并能独立于机器的通用程序设计语言,是一种接近人们自然语言和常用数字表达式的计算机语言。因此,用它来编程,编程的速度快,而且,编程者不必熟悉机器内部的硬件结构而可以把主要精力集中于掌握语言的语法规则和程序的结构设计方面。但程序执行的速度慢且占据的存储空间较大。

汇编语言是一种面向机器的语言,它的助记符指令和机器语言保持着一一对应的关系。也就是说,汇编语言实际上就是机器语言的符号表示。用汇编语言编程时,编程者可以直接操作到机器内部的寄存器和存储单元,能把处理过程描述得非常具体。因此通过优化能编制出高效率的程序,既可节省存储空间又可提高程序执行的速度,在空间和时间上都充分发挥了计算机的潜力。在实时控制的场合下,计算机的监控程序大多采用汇编语言编写。下面主要介绍 MCS-51 单片机汇编语言程序的一般知识。

第一节 汇编语言源程序的格式和伪指令

一、汇编语言源程序的格式

人们采用汇编语言编写的程序称为汇编语言源程序。这种程序是不能为 CPU 直接识别和执行的,必须由人工或机器把它翻译成机器语言才能被计算机执行。为了使机器能够识别和正确汇编,人们必须对汇编语言的格式和语法规则做出种种规定。因此,用户在进行程序设计时必须严格遵循汇编语言的格式和语法规则，才能编出符合要求的汇编语言源程序。

汇编语言源程序由一条一条的汇编语言语句构成。汇编语言的每个语句占有一行，对 MCS-51 单片机来说，典型的汇编语言语句由四个段组成：标号段、操作码段、操作数段和注释段。其格式为

［标号：］　　　操作码　　　［操作数］　　　［；注释］

每个语句必须具有操作码段，说明这条语句的执行功能，在"［ ］"中的字段如操作数段、标号段和注释段可有可无。为了使程序便于编写和阅读，可以给一个语句指定一个标号，还可以适当地加上注释，对语句的作用进行说明。

1. 标号段

标号是用户定义的符号地址。一条指令的标号是该条指令的符号名字，标号的值是汇编这条指令时指令的地址。规定标号只能由以英文字母开始的 1~8 个字母或数字串组成，并且必须以冒号"："结束。

标号可以由赋值伪指令赋值。如果标号没有赋值，汇编程序就把存放该指令目标码第一个字节的存储单元的地址赋给该标号，所以，标号又叫指令标号。指令系统中的助记符、CPU 的寄存器名以及伪指令均不能用作语句的标号。

2. 操作码段

操作码段是每一语句中不可缺少的部分，也是语句的核心部分，用于指示计算机进行何种操作，汇编程序就是根据这一字段生成目标代码的。它可以是 MCS-51 指令系统的操作码或其伪指令的助记符。

3. 操作数段

指出了参与操作的数据或存放该数据的地址。通常有目的操作数和源操作数之分。根据指令功能的不同，操作数可以有一、二、三个或没有。在数据传送类指令中，跟在操作码后面的是目的操作数，而源操作数是在目的操作数的后面，两者之间用逗号分隔开。

4. 注释段

为了增强程序的可读性，可在某行指令的后面用分号开头，加上注释，用以说明该条指令或该段程序的功能、作用，以供编程人员参考。此注释内容程序汇编时 CPU 不予处理，不产生目标代码。

二、伪指令

为了便于编程和对汇编语言程序进行汇编，MCS-51 单片机指令系统中允许使用一些特定的伪指令。之所以称为伪指令，是因为它们不属于指令集中的指令，在汇编时不产生目标代码，不影响程序的执行，仅指明在汇编时执行一些特殊的操作。例如，为程序指定一个存储区，将一些数据、表格常数存放在指定的存储单元，对位地址赋用户名称，说明源程序段或数据块起始地址等。以下介绍一些常用的伪指令。

1. 定义起始地址伪指令 ORG

格式：ORG　操作数

此伪指令的操作数为一个 16 位的地址，它指出了下面的那条指令的目标代码的第一个字节的程序存储器地址。在一个源程序中，可以多次定义 ORG 伪指令，但要求规定的地址由小到大安排，各段之间地址不允许重复。

例：　　　　　ORG　　0000H
　　　　　　　LJMP　　MAIN
　　　　　　　　⋮
　　　　　　　ORG　　1000H
　　　　MAIN：MOV　　A，#30H
　　　　　　　ADD　　A，#20H
　　　　　　　　⋮

第一条 ORG 伪指令是指出程序的第一条指令的目标代码从 0000H 单元开始存放。第二条指出标号地址 MAIN 所对应的实际地址是 1000H，即指令"MOV A，#30H"的目标代码的第一个字节存放的地址是 1000H 单元。

2. 定义赋值伪指令 EQU

格式：字符名称　　　EQU　　操作数

该伪指令用来给字符名称赋值。在同一个源程序中，任何一个字符名称只能赋值一次。赋值以后，其值在整个源程序中的值是固定的，不可改变。对所赋值的字符名称必须先定义赋值后才能使用。其操作数可以是 8 位或 16 位的二进制数，也可以是事先定义的表达式。

例：BUF　　　EQU　　58H　　；字符名称 BUF 的值等于 58H
　　LOOP　　EQU　　2000H　；LOOP 为 2000H，作为 16 位地址

3. 定义数据地址赋值伪指令 DATA

格式：字符名称　　　DATA　　操作数

DATA 伪指令的功能和 EQU 伪指令相似，不同之处是 DATA 伪指令所定义的字符名称可先使用后定义，也可先定义后使用。在程序中它常用来定义数据地址。

4. 定义字节数据伪指令 DB

格式：[标号：]　　　DB　　数据表

该伪指令是用来定义若干字节数据从指定的地址单元开始存放在程序存储器中。数据表是由 8 位二进制数或由加单引号的字符组成，中间用逗号间隔，每行的最后一个数据不用逗号。

DB 伪指令确定数据表中第一个数据的单元地址有两种方法，一是由 ORG 伪指令规定首地址，二是由 DB 前一条指令的首地址加上该指令的长度。

例：　　　　ORG　　1050H
　　　TAB：DB 44H，24H，00H，81H
　　　　　　DB 24H，14H，00H，42H
　　　　　　DB 96H，40H，'C'，'g'

用 DB 定义的数据表的首地址是由 TAB 标号指出并由 ORG 伪指令规定的 1050H，数据表中的各数据依次存放在从 TAB 开始的存储单元中。

5. 定义双字节数据伪指令 DW

格式：[标号：]　　　DW　　数据表

该伪指令与 DB 伪指令的不同之处是，DW 定义的是双字节数据，而 DB 定义的是单字节数据，其他用法都相同。在汇编时，每个双字节的高 8 位数据要排在低地址单元，低 8 位数据排在高地址单元。

6. 定义预留空间伪指令 DS

格式：[标号:]　　DS　　操作数

该伪指令是用于告诉汇编程序，从指定的地址单元开始（如由标号指定首址），保留由操作数设定的字节数空间作为备用空间。要注意的是 DB、DW、DS 伪指令只能用于程序存储器，而不能用于数据存储器。

例：　　　　ORG　1200H
　　　　LOOP3：DS　0AH

以上伪指令经汇编后从 1200H 单元开始，保留 10 个字节的存储单元内容是空的，将空间预留出来。

7. 定义位地址赋值伪指令 BIT

格式：字符名称　　BIT　　位地址

该伪指令只能用于有位地址的位（片内 RAM 和 SFR 块中），把位地址赋予规定的字符名称，常用于位操作的程序中。

例：X0　BIT　00H
　　X1　BIT　01H

以上伪指令是把片内 RAM 块 20H 单元中位地址 00H 和 01H 的 2 个位定义为 X0 和 X1 的位名称，这是一种由用户通过伪指令 BIT 来定义的位名称。定义后，对这 2 个位的操作，可不用给出位地址而用此位名称代替。

8. 定义汇编结束伪指令 END

格式：[标号:]　　END

汇编结束伪指令 END 是用来告诉汇编程序，此源程序到此结束。在一个程序中，只允许出现一条 END 伪指令，而且必须安排在源程序的末尾。否则，汇编程序遇到 END 伪指令就结束，对 END 伪指令后面的所有语句都不进行汇编。通常在 END 前不用标号。

例：　　　⋮
　　　MOV　A，30H
　　　ADD　A，31H
　　　MOV　32H，A
　　　END

第二节　汇编语言源程序汇编

用汇编语言编写的源程序称为汇编语言源程序。但是单片机不能直接识别在汇编语言中出现的助记符、字母、数字、符号，需要通过汇编将其转换成用二进制代码表示的机器语言程序，才能够识别和执行。汇编通常由专门的汇编程序来进行，通过编译后自动得到对应于汇编源程序的机器语言目标程序，这个过程叫机器汇编。另外还可用人工汇编。

一、汇编程序的汇编过程

汇编过程是将汇编语言源程序翻译成目标程序的过程。机器汇编通常是在计算机上（与 MCS-51 单片机仿真器联机）通过编译程序实现汇编。汇编程序是两次扫描。第一次扫描是进行语法检查并建立该源程序使用的全部符号地址表。在这个表中，每个符号地址后面跟着一个对应的值。第一次扫描中若有错误，则显示出错信息，扫描完，显示出错数目，然后返回编辑状态，这时可对源程序进行修改。若没有错误，可进行第二次扫描，最后生成目标程序的机器码并得到对应于符号地址（即标号地址）的实际地址值。第二次扫描还产生相应的列表文件，此文件中有与每条源程序相对应的机器码、地址和编辑行号以及标号地址的实际地址等，可作为程序调试时使用。

二、人工汇编

由程序员根据 MCS-51 的指令集将汇编语言源程序的指令逐条人工翻译成机器码的过程叫人工汇编。人工汇编同样采用两次汇编方法。第一次汇编，首先查出各条指令的机器码，并根据初始地址和各条指令所占的字节数，确定每条指令所在的地址单元。第二次汇编，求出标号地址所代表的实际地址及相对应地址偏移量的具体补码值。

例： 对下列程序进行人工汇编

```
        ORG    1000H
START:  MOV    R7,#200
DLY1:   NOP
        NOP
        NOP
        DJNZ   R7,DLY1
        RET
```

第一次汇编查指令集，确定每条指令的机器码和字节数。通过 ORG 伪指令可依次确定各指令的首址。结果如下：

地址	指令码		
1000H	7F C8	ORG 1000H
1002H	00	START:MOV R7,#200
1003H	00	DLY1:NOP
1004H	00	NOP
1005H	DF 地址偏移量 rel	DJNZ R7,DLY1
1007H	22	RET

第二次汇编计算出转移指令中的地址偏移量 rel。

当"DJNZ   R7,DLY1"指令中的条件成立时，程序将发生转移，从执行这条指令后的当前地址转移到 DLY1 标号地址上。因此，地址偏移量 rel = 1002H - 1007H = -05H，补码表示的偏移量为 0FBH。将计算结果填入第一次汇编时待定的偏移量值处。

显然，人工汇编很麻烦而且容易出错，一般不采用。

第三节 汇编语言程序设计举例

汇编语言程序设计通常的步骤是：

（1）建立数学模型 根据课题要求，用适当的数学方法来描述和建立数学模型。

（2）确定算法，绘制程序流程图　算法是程序设计的基本依据。程序流程图是编程时的思路体现。

（3）编写源程序　合理选择和分配内存单元、工作寄存器。按模块结构具体编写源程序。

（4）汇编及调试程序　通过汇编生成目标程序，经过多次调试，对程序运行结果进行分析，不断修正源程序中的错误，最后得到正确结果，达到预期目的。

编写一个应用系统的汇编语言源程序，其程序结构一般有顺序结构、分支结构、循环结构、子程序结构等，如图 4-1 所示。下面主要介绍几种基本的程序设计方法。

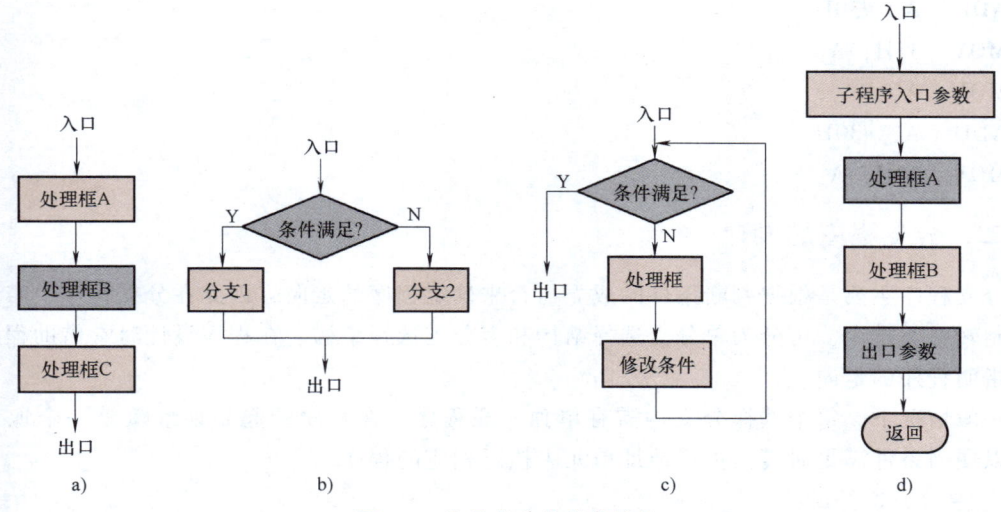

图 4-1　常见的几种程序结构

a）顺序结构　b）分支结构　c）循环结构　d）子程序结构

一、顺序程序的设计

顺序程序是各类结构化程序块中最简单的一种。它按程序执行的顺序依次编写，在执行程序过程中不使用转移指令，只是顺序执行。

例 4-1　已知被加数存放在片内 RAM 20H、21H 单元，低位字节在前，加数存放在 30H、31H 单元，低位字节在前，结果和存放在 20H、21H、22H 单元中，低位字节在前。

解：低位字节相加用 ADD 指令，高位字节相加用 ADDC 指令，要把低位字节相加后得到的 CY 加到高位上。

```
MOV     A,    20H      ;被加数低字节送 A
ADD     A,    30H      ;两低字节相加
MOV     20H,  A        ;两低字节相加的和存入 20H
MOV     A,    21H      ;被加数高字节送 A
ADDC    A,    31H      ;两高字节相加
MOV     21H,  A        ;两高字节相加的和存入 21H
MOV     A,    #00H     ;A 清 0
ADDC    A,    #00H     ;求高字节和的进位
```

```
MOV    22H, A        ;将高字节和的进位存入 22H
```

例 4-2 试用除法指令编程,将存于内部 RAM 30H 单元中的 8 位 BCD 码数转换成对应的 ASCII 码。此 BCD 数的高 4 位转换后存入 31H 单元中,低 4 位转换后存入 32H 单元中。

解:对应于 0~9 的十进制数的 ASCII 码是 30H~39H,其固定差值为 30H。将该 BCD 数除以 16 即使之右移 4 位,再将右移后的值加上 30H 即得到高 4 位 BCD 数的 ASCII 码。

```
MOV    A, 30H    ;取 30H 单元中的 BCD 码数
MOV    B, #16
DIV    AB
ADD    A, #30H
MOV    31H, A
MOV    A, B
ADD    A, #30H
MOV    32H, A
```

二、分支程序的设计

分支程序主要是根据判断条件的成立与否来确定程序的走向,因此在分支程序中需要使用控制转移类指令,可分为单分支选择结构和多分支选择结构。在程序设计时常借助程序框图来指明程序的走向。

一般情况下,每个选择分支均需有单独一段程序,在程序的起始地址赋予一个地址标号,以便当条件满足时转向指定地址单元去执行相应的程序。

1. 单分支选择结构

当程序的判断仅有两个出口时,两者选一,称为单分支选择结构。通常用条件判断指令来选择并确定程序的分支出口。这类单分支选择结构有三种典型的形式,如图 4-2 所示。

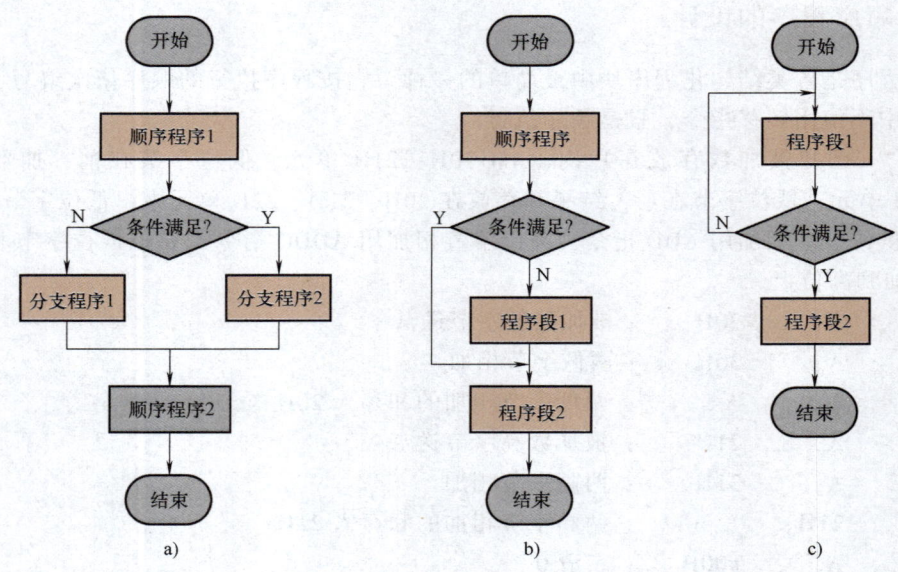

图 4-2 单分支选择结构形式

1）图 4-2a，当条件满足时执行分支程序 2，否则执行分支程序 1。
2）图 4-2b，当条件满足时跳过程序段 1，从程序段 2 执行，否则顺序执行程序段 1，再执行程序段 2。
3）图 4-2c，这是分支结构的一种特殊形式。当条件满足时，停止执行程序段 1。

例 4-3 设内部 RAM 40H 和 41H 单元中存放 2 个 8 位无符号二进制数，试编程找出其中的大数存入 30H 单元中。

解：
```
            MOV    A, 40H
            CJNE   A, 41H, LOOP    ; 取 2 个数进行比较
    LOOP:   JNC    LOOP1           ; 根据 CY 值，判断单分支出口
            MOV    A, 41H          ; 41H 单元中是大数
    LOOP1:  MOV    30H, A          ; 40H 单元中是大数
```

2. 多分支选择结构

当程序的判别部分有两个以上的出口流向时，称为多分支选择结构。一般有两种形式，如图 4-3 所示。

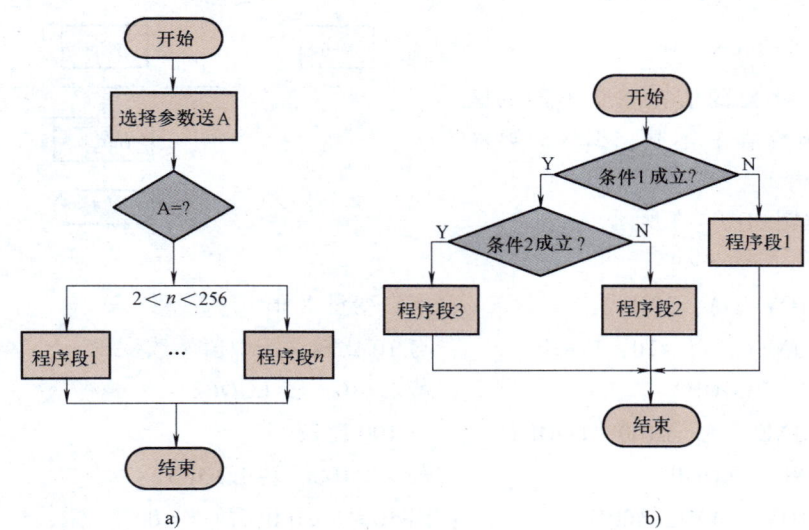

图 4-3 多分支选择结构形式

例 4-4 设内部 RAM 50H 和 51H 单元中存放 2 个 8 位有符号数，试编程找出其中的大数存入 60H 单元中。

解： 比较两个有符号数的方法有多种，这里采用的方法是先判断是同号还是异号，若是同号，再判其大小；若是异号，显然正数的那个大。

```
            MOV    A, 50H
            XRL    A, 51H
            JB     ACC.7, LOOP     ; 判是否异号，若是异号转 LOOP
            MOV    A, 50H
            CLR    C
            SUBB   A, 51H          ; 因是同号，直接比较其大小
```

```
        JC    LOOP1           ;若差为负数转 LOOP1
        MOV   60H, 50H         ;50H 单元中的数大
        SJMP  EXIT
LOOP1:  MOV   60H, 51H         ;51H 单元中的数大
        SJMP  EXIT
LOOP:   MOV   A, 50H
        JB    ACC.7, LOOP1     ;若 50H 单元中是负数转 LOOP1
        MOV   60H, 50H         ;50H 单元中是正数
EXIT:   SJMP  $
```

例 4-5 设变量 X 的值存放在内部 RAM 的 30H 单元中,编程求解下列函数式,将求得的函数值 Y 存入 40H 单元中。

$$Y = \begin{cases} X+1 & (X \geq 100) \\ 0 & (10 \leq X < 100) \\ X-1 & (X < 10) \end{cases}$$

解：自变量 X 的值在三个不同的区间所得到的函数值 Y 不同,编程时要注意区间的划分。

程序流程图如图 4-4 所示。

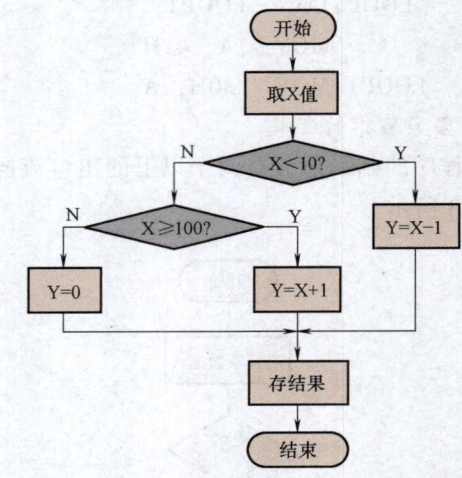

图 4-4 求函数值 Y 的程序流程图

程序如下:
```
        MOV   A, 30H           ;取自变量 X 值
        CJNE  A, #10, LOOP     ;与 10 比较,A 中值不改变
LOOP:   JC    LOOP2            ;若 X<10,转 LOOP2
        CJNE  A, #100, LOOP1   ;与 100 比较
LOOP1:  JNC   LOOP3            ;若 X≥100,转 LOOP3
        MOV   40H, #00H        ;因 10≤X<100,故 Y=0
        SJMP  EXIT
LOOP2:  DEC   A                ;因 X<10,故 Y=X-1
        MOV   40H, A
        SJMP  EXIT
LOOP3:  INC   A                ;因 X≥100,故 Y=X+1
        MOV   40H, A
EXIT:   SJMP  $
```

三、循环程序的设计

在程序设计中实际处理问题时,有时要求某些程序段多次重复执行,可采用循环结构来实现。循环结构可使程序简练易读,并大大节省存储空间。

1. 循环结构的组成

循环结构由四部分组成：初始化部分、循环处理部分、循环控制部分和结束部分。

循环结构组成图如图 4-5 所示。

（1）初始化部分　用来设置循环处理之前的初始状态，如循环次数的设置、变量初值的设置、地址指针的设置等。

（2）循环处理部分　又称为循环体，是重复执行的数据处理程序段，它是循环程序的核心部分。

（3）循环控制部分　这部分用来控制循环继续与否。在重复执行循环体的过程中，不断修改和判断循环控制变量，直到满足结束循环的条件为止。它通常由修改地址指针、修改控制变量和检测判断循环结束条件三部分组成。

（4）结束部分　这部分是对循环程序全部执行结束后的结果进行分析、处理和保存。

循环程序中的初始化部分和结束部分只执行一次，而循环体一般要执行多次。

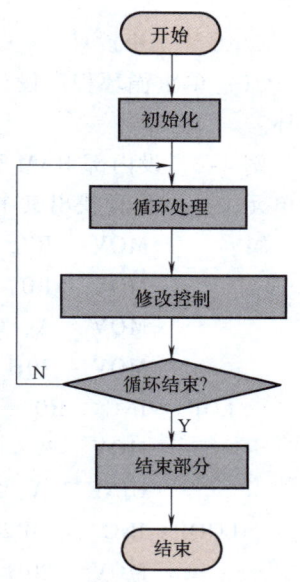

图 4-5　循环结构组成图

典型循环结构如图 4-6 所示。图 4-6a 为先处理后判断的结构，图 4-6b 为先判断后处理的结构。

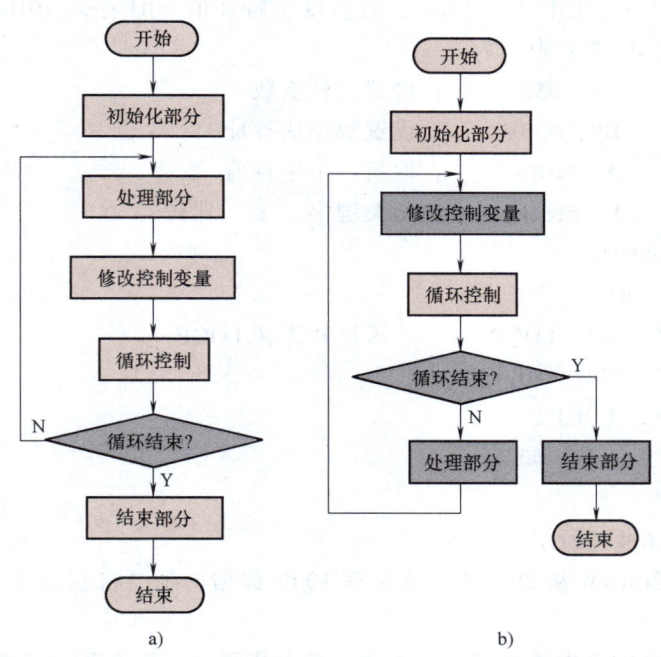

图 4-6　循环结构的两种典型形式
a）先处理后判断的结构　b）先判断后处理的结构

根据循环程序的结构不同也可分为单重循环和多重循环。对循环次数的控制有多种，若循环次数是已知的，可用循环次数计数器控制循环；若循环次数是未知的，可以按条件控制循环。

2. 循环程序设计

(1) 单重循环程序设计　在一个循环程序的循环体中不包含另外的循环结构称为单重循环。

例4-6　设内部RAM存有一无符号数数据块,长度为128B,在以30H单元为首址的连续单元中。试编程找出其中最小的数,并放在20H单元。

解：
```
        MOV    R7, #7FH      ;设置比较次数
        MOV    R0, #30H      ;设置数据块首址
        MOV    A, @R0        ;取第一个数
        MOV    20H, A        ;第一个数暂存于20H单元,作为最小数
LOP1:   INC    R0
        MOV    A, @R0        ;依次取下一个数
        CJNE   A, 20H, LOOP
LOOP:   JNC    LOP2          ;两数比较后,其中小的数放在20H单元
        MOV    20H, A
LOP2:   DJNZ   R7, LOP1      ;R7中内容为零则比较完
        SJMP   $
```

例4-7　设30H单元为首址的内部RAM中存有一个数表,长度为50B。要求顺序检索出一个关键字"$"(ASCII码为24H),若有则将特征值00H存入20H单元中,若无则将特征值0FFH存入20H单元中。

解：
```
        MOV    R7, #50       ;设置比较次数
        MOV    R0, #30H      ;设置数据块首址
LOOP:   MOV    A, @R0        ;取第一个字符值
        XRL    A, #24H       ;与关键字"$"比较
        JZ     LOOP1
        INC    R0
        DJNZ   R7, LOOP      ;若未比较完转LOOP
        MOV    20H, #0FFH
        SJMP   LOOP2
LOOP1:  MOV    20H, #00H
LOOP2:  SJMP   $
```

程序流程图如图4-7所示。

例4-8　设外部RAM从2000H首址起有100B数据,现要将它们移到2050H开始的数据块中。

解：由于要传送的数据块在传送后地址上有重叠部分,在传送时注意不要把还没有传送的数据覆盖掉。为此,可以从源数据区的高端开始传送。
```
        MOV    R7, #100      ;置传送长度
        MOV    DPTR, #2000H  ;置源数据区首址
        MOV    A, #63H
```

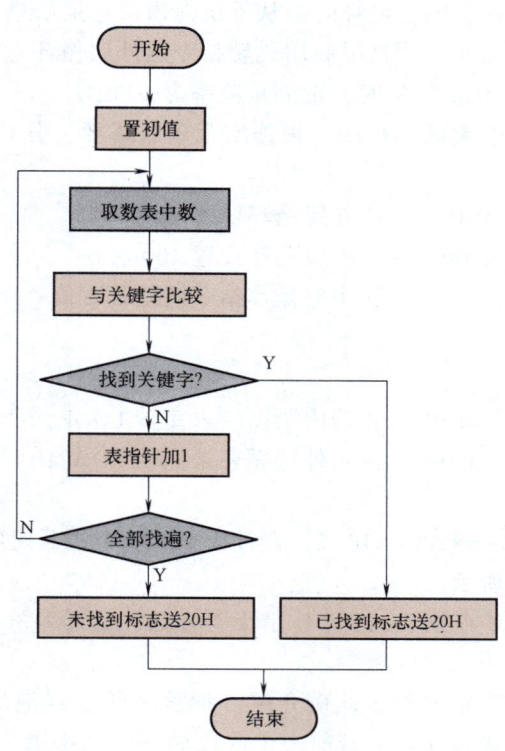

图 4-7 检索关键字 "$" 的程序流程图

```
        ADD    A, DPL        ;计算源数据区低 8 位末地址
        MOV    DPL, A        ;源数据区低 8 位末地址
LOOP:   MOVX   A, @DPTR      ;取出一个源数据
        PUSH   DPL           ;源地址低 8 位进栈保护
        PUSH   ACC           ;传送内容进栈保护
        MOV    A, DPL
        ADD    A, #50H       ;计算目的数据区低 8 位末地址
        MOV    DPL, A        ;目的数据区低 8 位末地址
        POP    ACC           ;恢复待传内容
        MOVX   @DPTR, A      ;传送一个数据
        POP    DPL           ;恢复源地址低 8 位
        DEC    DPL           ;下一个数的低 8 位源地址指针减 1
        DJNZ   R7, LOOP      ;若未传送完则循环
        SJMP   $
```

(2) 多重循环程序设计　一个循环程序的循环体中还包含一个或多个循环的结构，叫作双重循环或多重循环。

对于有些复杂问题，采用单循环往往不能满足要求，需要采用多重循环才能解决。当一个大循环中套一个小循环时，称为循环嵌套。MCS-51 单片机对循环嵌套重数没有限制。

多重循环结构必须层次分明，循环时是从外层向内层一层层进入，从内层向外层一层层退出，两循环之间不允许交叉。严格限制用跳转指令从外层循环直接进入内层循环体内。

例 4-9 用软件实现 10ms 的延时，设晶振频率为 12MHz。

解： 此例是最典型的双重循环程序，根据实际延时需要，分别对 R6 和 R7 预置初值以控制循环次数。

```
START: MOV    R6, #10      ; 外层循环设置 10 次
LOOP1: MOV    R7, #200     ; 内层循环设置 200 次
 LOOP: NOP                 ; 用空操作指令调整延时值
       NOP
       NOP
       DJNZ   R7, LOOP     ; 若内层循环未完转 LOOP
       DJNZ   R6, LOOP1    ; 若外层循环未完转 LOOP1
       RET
```

延时周期数为：1+(3+5×200)×10+2，合计为 10033 个机器周期，延时 10.033ms。

程序流程图如图 4-8 所示。

例 4-10 设内部 RAM 存放了 100 个字节无符号数，首址为 30H 单元。试编程将它们从小到大按顺序排列，存入原数据区域中。

解： 数据排序的方法有很多种，此例介绍一种著名的"冒泡法"程序。即依次将数据区中相邻两个单元的内容进行比较，若前一个数比后一个数小则不作交换，否则就要交换，同时置交换标志，并将循环控制变量减 1，以在下一轮比较时排除掉这轮已得到的最大数。凡比较中出现了交换，就要从头再比，直到一轮比较完不再发生交换才算结束。由于在比较过程中大数不断向上升（即向后面的单元移动），因此这种排序方法就被称为"冒泡法"。

"冒泡法"排序程序流程图如图 4-9 所示。

程序如下：

```
START: MOV    R0, #30H     ; 置数据块首址
       MOV    R7, #99      ; 置比较次数
       MOV    A, R7
       MOV    R6, A        ; 用 R6 控制实际比较次数
LOOP1: CLR    00H          ; 清除交换标志（00H 位地址中的值清 0）
LOOP2: MOV    A, @R0       ; 取第一个数
       MOV    R2, A        ; 暂存于 R2 中
       INC    R0
       MOV    A, @R0       ; 取下一个数
       CLR    C
       SUBB   A, R2        ; 比较两个数大小
       JNC    LOOP         ; 若前面数小，则不交换并转 LOOP
       SETB   00H          ; 若前面数大，置交换标志并进行交换
       MOV    A, R2
       XCH    A, @R0       ; 前一个数交换到后一个数单元中
```

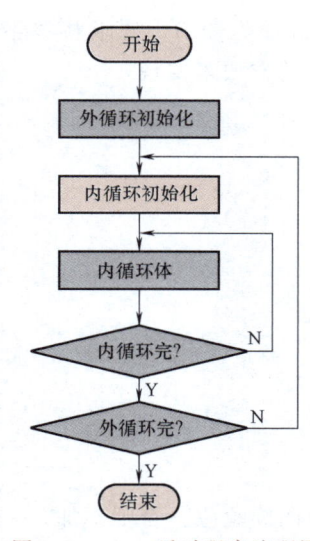

图 4-8　10ms 延时程序流程图

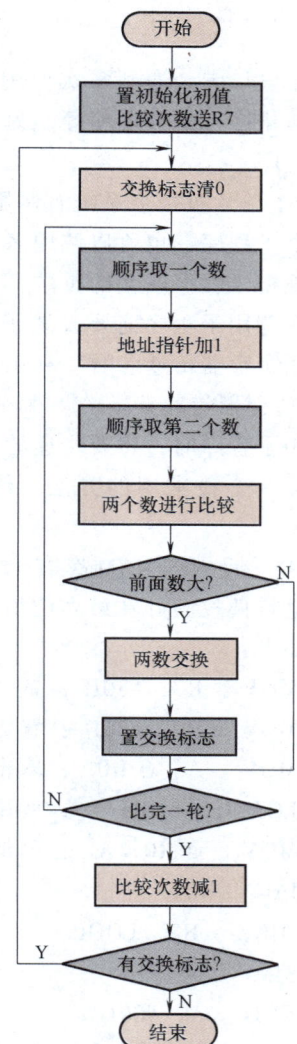

图 4-9　"冒泡法"排序程序流程图

```
         MOV    R2，A
         DEC    R0
         XCH    A，@R0        ;后一个数交换到前一个数单元中
         INC    R0
LOOP：   DJNZ   R7，LOOP2     ;一轮未比完转 LOOP2
         DEC    R6           ;比较次数减 1
         MOV    A，R6
         MOV    R7，A         ;循环次数减 1
         MOV    R0，#30H
         JB     00H，LOOP1    ;若有交换标志继续比较
         SJMP   $
```

四、子程序设计

在程序设计中会遇到多次使用同一个程序段的情况,如软件延时、代码转换、数制转换、检索与排序、函数运算等。为了简化程序设计,可以将这些相对独立的多次使用的程序段用作子程序。

MCS-51 单片机指令系统有调用子程序的指令和子程序返回指令。一个主程序可以多次调用同一个子程序,也可以调用多个子程序。子程序也可以调用其他子程序,这叫子程序嵌套。没有规定子程序嵌套的重数,它只受堆栈空间的限制。

一般在调用子程序前要设置子程序的入口参数和出口参数。其参数传递方法通常有三种:即利用寄存器传递参数、利用寄存器间接寻址传递参数、利用堆栈传递参数。

1. 用寄存器传递参数的子程序及其调用程序的设计

在调用子程序时,将要传递的参数存放在工作寄存器或累加器 A 中以便传递给子程序或主程序。这是最常用的方法,优点是程序设计简单、运行速度较快,缺点是传递参数较少。

例 4-11 设内部 RAM 存有 128B 的 ASCII 码字符串,首址为 30H。要求将该字符串中每个字符进行偶校验并在最高位加偶校验位。试以调用程序的方法来实现。

程序如下:

```
        MOV    R7, #80H    ;置数据块长度
        MOV    R0, #30H    ;置数据块首址指针
LOOP:   MOV    A, @R0      ;取未加偶校验位的 ASCII 码
        LCALL  SUB1        ;调用加偶校验位的子程序
        MOV    @R0, A      ;已加偶校验位的 ASCII 码回送
        INC    R0
        DJNZ   R7, LOOP
        SJMP   $
SUB1:   ADD    A, #00H
        JNB    P, EXIT     ;判原字符 P=1 否?若是则加偶校验位,否则不加
        ORL    A, #80H
EXIT:   RET
```

2. 用寄存器间接寻址方法传递参数的子程序及其调用程序的设计

由于数据通常存放在数据存储器中,故可用数据地址指针来指出数据的位置。如果参数在内部 RAM 中,可用 R0 或 R1 作指针;如果参数在外部 RAM 中,也可视寻址的空间用 R0、R1 或 DPTR 作指针,采用寄存器间接寻址的方法来传递参数。这种方法可实现数据长度可变的运算,并大大节省了参数传递中的工作量。

例 4-12 设内部 RAM 中存有 3B 的 BCD 码被减数和减数,它们的首址分别为 30H 和 40H,由低位到高位存放。要求将差值存入被减数单元中。

程序如下:

```
        MOV    R0, #30H    ;置被减数低字节首址指针
        MOV    R1, #40H    ;置减数低字节首址指针
```

```
            MOV     R7, #03H    ；置 BCD 码字节长度
            LCALL   SUB2
            SJMP    $
    SUB2：  CLR     C
    LOOP：  MOV     A, #9AH
            SUBB    A, @R1      ；减数对 10 取补
            ADD     A, @R0      ；采用补数后，将减法转换成加法
            DA      A
            MOV     @R0, A      ；送差值到被减数对应字节单元中
            INC     R0
            INC     R1
            CPL     C           ；转换成借位，以便进行下一字节运算
            DJNZ    R7, LOOP
            RET
            END
```

例 4-13 设内部 RAM 中存有一 ASCII 码字符串，长度不超过 127B，起始地址放在调用程序的 R0 中，字符串结束标志为"#"（ASCII 码值为 23H），试设计一个确定 ASCII 码字符串长度的子程序。要求将求得的字符串长度的值放入 R1 为地址指针的内部 RAM 单元中，作为出口参数。

解： 这个子程序的入口参数是字符串的起始存放地址，它通过调用程序中的 R0 给出。确定字符串长度的方法是从字符串的第一个字符开始依次与结束标志"#"比较；并统计比较的次数，直到遇到"#"结束。最后统计的值就是该字符串的长度。

程序如下：

```
    SUB：  MOV    R7, #00H     ；设 R7 为统计字符串长度的计数器
    LOOP： MOV    A, #23H
           CLR    C
           SUBB   A, @R0       ；取一个字符与"#"比较
           JZ     LOP1         ；若该字符是"#"，转 LOP1
           INC    R0
           INC    R7           ；统计字符串长度
           SJMP   LOOP
    LOP1： MOV    A, R7
           MOV    @R1, A
           RET
```

3. 利用堆栈传递参数的子程序及其调用程序设计

堆栈是一个特殊的存储区域，对其操作遵循"先进后出"的原则。由于使用堆栈，其操作实质是间接寻址，应特别注意作为间址指针的堆栈指针 SP 的值。在单片机复位时 SP 的初值为 07H，默认栈底是 08H 单元。由于 00H~1FH 是工作寄存器区，20H~2FH 是内部 RAM 位寻址区，所以实际使用时，SP 的初值常设置为 2FH 或 2FH 以上。使用堆栈来传递

参数，是一种特殊的方法。这种方法传递参数量大，且不必为传递这些参数分配存储单元。

调用前可把子程序的入口参数压入堆栈，被调用的子程序在执行中需要间接访问堆栈获取其参数，并把运算结果的出口参数送回堆栈，调用程序再通过出栈操作获取子程序的出口参数。值得注意的是，子程序中 PUSH 指令和 POP 指令必须成对使用，否则会造成不能正确返回调用程序的错误。

例 4-14 设在堆栈的栈顶单元中存有一个十六进制数，请编写子程序将它转换成对应的 ASCII 码值，并送回原堆栈栈顶单元中。

解：因子程序的入口参数放在栈顶单元中，当调用此子程序时，要将调用程序的断点地址压栈保护，以便该子程序返回时恢复断点运行。因此，为了正确得到入口参数，先要将 SP 内容减 2，找到原栈顶地址，取出参数中的十六进制数，再通过计算求得对应的 ASCII 码值。一个十六进制数转换为它的 ASCII 码值有个规律，即 0~9 的数各自加上 30H 值，A~F 的数则要加 37H。

子程序如下：

```
START: DEC   SP
       DEC   SP        ；SP 指向放参数的栈顶
       POP   ACC       ；取入口参数（十六进制数）送给累加器 A
       MOV   R2, A     ；暂存于 R2 中
       CLR   C
       SUBB  A, #10    ；通过减法后的 CY 值判断此十六进制数是否大于 10
       MOV   A, R2
       JC    LOOP      ；若此参数不大于 10，转 LOOP
       ADD   A, #07H   ；A~F 的数先加上 07H，再加 30H
LOOP:  ADD   A, #30H   ；0~9 的数加上 30H
       PUSH  ACC       ；求得的 ASCII 码值压栈，送回原堆栈栈顶中
       INC   SP
       INC   SP        ；恢复 SP 值，使它指向断点地址
       RET
```

例 4-15 有 10 个字节的无符号数自栈顶起依次存放在堆栈中。请编程求出它们的和，并存入栈顶的相邻两个单元中，先放低字节数后放高字节数。

子程序如下：

```
START: SETB  RS0       ；设置工作寄存器区为 3 区
       SETB  RS1       ；目的是保护调用程序中用到的 R0~R7 内容不改变
       MOV   R7, #10   ；设置字节长度
       MOV   R2, #0    ；R2、R3 分别放和的低字节和高字节值，先清 0
       MOV   R3, #0
       CLR   C         ；求和之前清进位标志
       POP   30H       ；弹出断点地址，因调用该子程序时，需将断点地址压栈
       POP   31H       ；此 16 位断点地址暂存于 30H、31H 单元中
LOOP:  POP   ACC       ；取数
```

```
        ADD    A，R2      ；求和，R2 中放低字节，若有进位，R3 中值加 1
        MOV    R2，A
        CLR    A
        ADDC   A，R3      ；求和，R3 中放高字节
        MOV    R3，A
        DJNZ   R7，LOOP
        PUSH   1BH        ；存和的高字节（R3 中的值压栈）
        PUSH   1AH        ；存和的低字节（R2 中的值压栈）
        PUSH   31H        ；压入断点地址
        PUSH   30H
        RET
```

五、查表程序设计

在单片机程序设计中，查表程序是一种常用程序，它广泛用于 LED 显示控制中查字段码表、键盘扫描控制中查键值表、代码转换中查 ASCII 码表等程序中。

所谓查表，就是把事先设计的数据按一定顺序编制成表格，存放在程序存储器中，由查表程序查出所需要的表格中的数据。

MCS-51 单片机指令系统中有两条查表指令：

1）用 "MOVC A，@A+DPTR" 指令查表。DPTR 中放数表的首地址，A 中放所查表中数据距表首地址的偏移量。由于 DPTR 是 16 位地址指针，可在 64KB 范围内查找程序存储器中所放的数表内容。

2）用 "MOVC A，@A+PC" 指令查表。这条指令与上一条指令的不同之处是，基址寄存器换成了 PC 程序计数器。由于 PC 没有物理地址，不能事先给 PC 赋值。PC 中的值由程序执行完该指令时根据 PC 的当前值所定（即 PC 指向下一条指令时的地址值）。所以这条指令查表的范围仅限于一页（即 256B）。

数表中的数据可用伪指令 DB 或 DW 定义，汇编时会将此数表中的数据作为目标代码放在自表首地址开始的一个连续的 ROM 区域中。

例 4-16 设在内部 RAM 30H 单元中存有一位十六进制数，试通过查表的方法把它转换为 ASCII 码，并存入 40H 单元中。

解：十六进制数字 0~9 所对应的 ASCII 码值为 30H~39H，A~F 所对应的 ASCII 码值为 41H~46H，将这些 ASCII 码值放入数表中，表首地址用标号地址 TAB 表示。

程序如下：

```
START： PUSH    PSW              ；将 PSW 压栈保护
        PUSH    ACC              ；将 A 压栈保护
        MOV     A，30H            ；取该十六进制数
        MOV     DPTR，#TAB        ；置数表首地址
        MOVC    A，@A+DPTR        ；读数表中 ASCII 码
        MOV     40H，A            ；存入查表后的 ASCII 码
        POP     ACC              ；恢复 A 中的值
```

```
            POP    PSW              ;恢复 PSW 中的值
            RET
   TAB:     DB  30H,31H,32H,33H,34H,35H,36H,37H
            DB  38H,39H,41H,42H,43H,44H,45H,46H
            END
```

例 4-17 设 a、b 为小于 10 的正整数。试编程计算 $C = a^2 + b^2$ 的函数值,并存入 30H 中。a、b 的值已存放在 40H、41H 单元中。

解: 可利用查表程序读取二次方表,再计算两个二次方数之和。

程序如下:

```
            MOV    A,40H            ;读入 a 的值
            ACALL  SUB3             ;查表得 a² 的值
            MOV    R2,A             ;暂存 R2 中
            MOV    A,41H            ;读入 b 的值
            ACALL  SUB3             ;查表得 b² 的值
            ADD    A,R2             ;求 a²+b² 的值
            MOV    30H,A            ;和存入 30H 单元
            SJMP   $
   SUB3:    INC    A                ;因查表指令的 PC 当前值距表首地址有 1 个字节
            MOVC   A,@A+PC
            RET
            DB   00H,01H,04H,09H,10H,19H,24H,31H,40H,51H
```

六、散转程序设计

在单片机实际应用中,经常遇到根据某一输入变量或运算结果转向不同的处理程序入口的情况。

MCS-51 单片机指令系统中的散转指令"JMP @A+DPTR"就是由基址值 DPTR 和变址值 A 之和决定程序的转向地址,可以很方便地实现多路分支程序的处理。

例 4-18 试根据 30H 单元中的值设计一段转 256 路分支的子程序。

解: 30H 单元中的值决定了转移到分支程序入口的地址,这些入口分别为 0~255 之间的数。

程序如下:

```
   START:   MOV    A,30H            ;读取转口参数
            CLR    C
            RLC    A                ;由于各分支入口地址相距是偶数字节
            MOV    DPTR,#TAB
            JNC    LOOP             ;若是前 128 个分支入口,转 LOOP
            INC    DPH              ;若是后 128 个分支入口,高 8 位地址加 1
   LOOP:    JMP    @A+DPTR          ;散转到相应入口
            SJMP   $
```

```
TAB: AJMP    LOOP0      ;转到分支程序 0 入口
     AJMP    LOOP1      ;转到分支程序 1 入口
              ⋮
     AJMP    LOOP255    ;转到分支程序 255 入口
     AJMP    $
LOOP0:  ……              ;分支 0 处理程序
     SJMP    $
LOOP1:  ……              ;分支 1 处理程序
     SJMP    $
              ⋮
LOOP255: ……             ;分支 255 处理程序
     SJMP    $
```

思考题与习题

4-1 什么叫伪指令？伪指令与指令有什么区别？

4-2 循环程序由哪几部分构成？

4-3 什么是子程序？对子程序设计有什么要求？

4-4 试对下列程序进行人工汇编并说明此程序的功能。

```
        ORG     1000H
ACDL:   MOV     R0, #25H
        MOV     R1, #2BH
        MOV     R2, #06H
        CLR     C
        CLR     A
LOOP:   MOV     A, @R0
        ADDC    A, @R1
        DEC     R0
        DEC     R1
        DJNZ    R2, LOOP
        SJMP    $
        END
```

4-5 从内部 RAM 的 20H 单元开始，有 15 个数据。试编一程序，把其中的正数、负数分别送到 41H 和 61H 开始的存储单元，并分别将正数、负数的个数送 40H 和 60H 单元。

4-6 设内部 RAM 的 30H 和 31H 单元中有两个带符号数，求出其中的大数存放在 32H 单元中。

4-7 试编制实现 ASCII 码转换为十进制数的程序。在 8032 单片机内 RAM 的 40H 单元中存放一个代码。若此代码为十进制数的 ASCII 码，则将其相应的十进制数送片内 RAM 的 50H 单元；否则将该单元置成 0FFH。

4-8 试编程将存放在 8032 单片机内部 RAM 中首址为 20H、长度为 50H 的数据块，传送到片外 RAM 以 20H 为首地址的连续单元中。

4-9 设一字符串存放在 8032 单片机内部 RAM 以 20H 为首址的连续单元中，字符串以回车符（0DH）结束。要求统计该字符串中字符 C（'C'=43H）的个数，并将其存入外部 RAM 的 40H 单元中。试编写实现上述要求的程序。

4-10 设有一长度为 20H 的字符串，它存放在片外 RAM 1000H 为首地址的连续单元中。试编制将其中数字与字符分开并将它们分别送到片内 RAM 以 30H 和 50H 为首地址的连续单元中的程序。

4-11 试编程将片内 RAM 区 DATA1 单元开始的 20H 个单字节数据依次与 DATA2 单元为起始地址的 20H 个单字节数据进行交换。

4-12 试编程将片外 RAM 区 DATA1 单元开始的 50 个单字节数逐一移至 DATA2 单元开始的存储区中。

4-13 设片内 RAM 的 20H~4FH 单元中有若干个无符号数，试编程求出其中的最大值及最大值所在单元地址，将最大值存入片内 RAM 的 50H 单元，最大值所在单元地址存入片内 RAM 的 51H 单元。

4-14 设片外 RAM 从 1000H 单元开始存放 100 个无符号 8 位二进制数。试编程将它们从大到小依次存入片内 RAM 从 10H 开始的单元中。

4-15 设有两个 4B 的 BCD 数：X = 24350809，Y = 12450379。X 从片内 RAM 的 25H 单元开始存放，Y 从片内 RAM 的 35H 单元开始存放，求两数的和并存放在 X 所在的单元中。设数据在内存中按照低字节在前、高字节在后的顺序存放。

4-16 设晶振频率为 6MHz，试编一能延时 20ms 的子程序。

4-17 利用查表技术将累加器 A 中的一位 BCD 码转换为相应的十进制数的七段码，结果仍放在 A 中（设显示管 0~9 的七段码分别是：40H，79H，24H，30H，19H，12H，02H，78H，00H，1BH）。

4-18 试编一采用查表法求 1~20 的二次方数的子程序。要求：X 在累加器 A 中，1≤X≤20，二次方数高位存放在 R6 中，低位存放在 R7 中。

科学家精神

"两弹一星"功勋科学家：
孙家栋

第五章

MCS-51单片机中断系统

前面的章节介绍了 MCS-51 单片机基本的硬件结构、程序设计语言与设计方法等内容。单片机的工作都是按照预先设计好的程序进行的。在工业控制中，经常会出现许多复杂的情况，比如掉电故障、外部器件要求工作或工作结束等。这些情况的发生时间是不能够预知的，而这些情况一旦发生，又必须进行处理，即要求 CPU 暂停当前的工作，转而去处理这些紧急事件。处理完以后，再回到原来被中断的地方，继续原来的工作。这一过程的实现需要依靠单片机的中断技术。

所谓中断，就是指计算机在执行程序的过程中，由于计算机系统内、外的某种原因使其暂时中止原程序的执行而转去为该突发事件服务，在处理完成后再返回原程序继续执行的过程。

中断的处理要调用中断服务程序，它与子程序的调用不同，主要区别在于中断的发生是随机的，CPU 对中断服务程序的调用是在检测到中断请求信号后自动完成，而不像子程序的调用是由编程人员事先安排子程序调用语句来实现。因此中断又可定义为 CPU 自动执行中断服务程序并返回原程序执行的过程。

在计算机中引入中断有以下优点：

（1）可以提高 CPU 的工作效率 计算机有了中断功能以后，CPU 和外设就可以同步工作。CPU 启动外设后就可以继续执行原程序，而外设完成指定的操作后可以向 CPU 发出中断请求，CPU 暂时中止原程序的执行而为外设服务，完成后继续执行原程序。而外设在接收到新的命令或数据后就可以继续与 CPU 并行工作。这样 CPU 不仅可以与多个外设并行工作，而且减少了不必要的等待和查询时间，从而大大提高了 CPU 的工作效率。

（2）便于实时处理 有了中断功能后，实时测控现场的各个参数、信息，在任何时刻都可以向 CPU 发出中断申请，要求 CPU 及时处理，这样 CPU 就可以在最短的时间内处理瞬息万变的现场情况。

（3）便于故障的及时发现，提高系统的可靠性 计算机运行过程中的各种异常情况，如电源掉电、运算出错等故障可以自行诊断，自己解决而不必停机检查。

中断技术是计算机中一项很重要的技术,是现代计算机必须具备的功能,有了中断系统,能使计算机的功能更强,效率更高,更加方便灵活。中断系统则是指能够实现中断功能的硬件电路和软件程序的总和。本章将介绍 MCS-51 单片机的中断系统、响应处理过程及其应用。

第一节　中断系统的结构

MCS-51 中断系统的结构如图 5-1 所示。与中断系统工作有关的特殊功能寄存器,有中断允许寄存器 IE,中断优先级控制寄存器 IP,定时器/计数器控制寄存器 TCON、T2CON 与串行口控制寄存器 SCON 等。

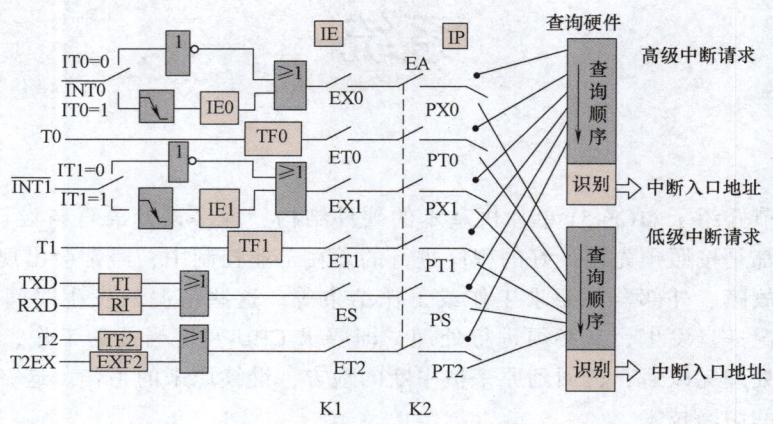

图 5-1　MCS-51 中断系统结构示意图

能发出中断请求的各种来源统称为中断源。外设、现场信息、故障以及定时控制用的实时时钟等都是中断源。每个中断源都有相应的中断入口地址,也称中断矢量。

中断源的中断请求是否会得到 CPU 的响应,要受中断允许寄存器 IE 各位的控制,在有多个中断源时,响应的优先级分别由 IP 各位来确定;同一优先级内的各个中断源同时请求中断时,就由内部的硬件查询逻辑来确定响应次序。

MCS-51 中断系统有 6 个中断源(51 子系列只有 5 个)。可分为 2 个中断优先级,即高优先级与低优先级,从而可实现二级中断嵌套。每一个中断源的优先级可用程序设定。

一、中断请求源与中断优先级别

1. 中断请求源

MCS-51 的 6 个中断源,分别是外部中断 0、1,定时器/计数器 0、1、2 溢出中断和串行接口中断。

(1) 外部中断 0、1　输入/输出设备的中断请求,掉电、设备故障的中断请求等都可以作为外部中断源,从引脚 $\overline{INT0}$(P3.2)或 $\overline{INT1}$(P3.3)输入,分别称之为外部中断 0 与外部中断 1。

外部中断请求 $\overline{INT0}$ 或 $\overline{INT1}$ 有两种触发方式:电平触发及边沿触发(又称跳变触发、

脉冲下降沿触发）。由定时控制寄存器 TCON 中的 IT0 位及 IT1 位选择。

在电平方式下，CPU 在每个机器周期的 S5P2 时刻都要采样 $\overline{INT0}$（P3.2）或 $\overline{INT1}$（P3.3）引脚的输入电平，若采样到低电平，则认为是有中断请求，也即低电平有效。

在边沿触发方式下，CPU 也在每个机器周期的 S5P2 时刻采样 $\overline{INT0}$（P3.2）或 $\overline{INT1}$（P3.3）引脚的输入电平，若在两次采样中，前一个机器周期采样信号为高电平，后一个机器周期采样到低电平，也即采样到一个下降沿（也称负跳变），则认为是有效的中断请求信号。为了保证检测到负跳变，引脚上的高电平与低电平至少应各自保持一个机器周期。

（2）定时器/计数器 0、1、2 溢出中断 MCS-51 有 3 个定时器/计数器，分别称为定时器/计数器 0（T0）、定时器/计数器 1（T1）和定时器/计数器 2（T2）。它们既可作为定时器用，又可作为计数器用，可编程设定。当作为定时器使用时，其中断信号取自内部定时时钟；当作为计数器使用时，其中断请求信号取自 T0（P3.4）、T1（P3.5）和 T2（P1.0）、T2EX（P1.1）引脚。启动 T0、T1 或 T2 后，每来一个时钟脉冲或在引脚上每检测到一个脉冲信号，计数器就加 1 一次，当计数器的值由全 1 变为全 0 时或当 T2EX 引脚有负跳变产生时（必须 EXEN2=1）就会向 CPU 申请中断。对于定时器/计数器 2 的中断请求，有溢出中断和定时器/计数器 2 外部中断两种方式。

（3）串行接口中断 串行接口的中断请求由发送或接收所引起，因而分为发送中断与接收中断。每当串行口发送或接收完一帧串行数据时，就产生一个中断请求。串行口的中断请求标志由串行口控制寄存器 SCON 的 D0 和 D1 位来设置。关于串行口及其控制寄存器 SCON 将在第七章详细介绍。

定时器/计数器 0、1、2 溢出中断与串行接口中断均属于内部中断。

2. 中断优先级别

MCS-51 单片机有两个中断优先级，每个中断源都可以通过编程确定为高优先级中断或低优先级中断，高优先级的优先权高。同一优先级别中的中断源不止一个，所以也有中断优先权排队问题。

中断优先级由中断优先级控制寄存器 IP 控制。该寄存器的字节地址为 B8H，其位地址为 B8H~BDH。最高位和次高位没有定义，无位地址，也不能使用。IP 的格式如下：

	D7	D6	D5	D4	D3	D2	D1	D0
IP	—	—	PT2	PS	PT1	PX1	PT0	PX0
位地址			BDH	BCH	BBH	BAH	B9H	B8H

IP 中的每一位都可以由软件来置 1 或清 0，且 1 代表高优先级，0 代表低优先级。

1）定时器/计数器 2 中断优先级选择位 PT2，若 PT2=1，定时器/计数器 2 确定为高优先级，PT2=0 时为低优先级。

2）串行接口中断优先级选择位 PS，若 PS=1，串行接口中断确定为高优先级，PS=0 时为低优先级。

3）定时器/计数器 1 中断优先级选择位 PT1，若 PT1=1 时定时器/计数器 1 中断确定为高优先级，则 PT1=0 时为低优先级。

4）外部中断 1 中断优先级选择位 PX1，若 PX1=1 时外部中断 1 为高优先级，则 PX1=

0时为低优先级。

5) 定时器/计数器0中断优先级选择PT0,若PT0=1时定时器/计数器0中断确定为高优先级,则PT0=0时为低优先级。

6) 外部中断0优先级选择位PX0,若PX0=1时外部中断0为高优先级,则PX0=0时为低优先级。

同一优先级中的中断源优先权排队由中断系统的硬件确定,用户无法自行安排。优先权硬件排队顺序见表5-1。

表5-1 优先权硬件排队顺序

中 断 源	中断入口地址	同级内优先权排列
外部中断0	0003H	最高
定时器/计数器0中断	000BH	↓
外部中断1	0013H	
定时器/计数器1中断	001BH	
串行接口中断	0023H	↓
定时器/计数器2中断	002BH	最低

MCS-51单片机的中断优先权有三条原则:

1) 正在进行的中断过程不能被新的同级或低优先级的中断请求所中断,一直到该中断服务程序结束,返回了主程序且执行了主程序中的一条指令后,CPU才响应新的中断请求。

2) 正在进行的低优先级中断服务程序能被高优先级中断请求所中断,实现二级中断嵌套。

为了实现上述两条规则,中断系统中有两个未提供用户使用的优先级状态触发器(图5-1中未标出),其中一个置1表示正在执行高优先级的中断服务程序,它将屏蔽后来的所有中断请求;另一个置1表示正在执行低优先级的中断服务程序,它将屏蔽同一优先级的后来的中断请求。

3) CPU同时接收到几个中断请求时,首先响应优先权最高的中断请求。

二、中断的控制

在MCS-51单片机中,中断请求信号方式的控制、中断请求信号的锁存、中断源优先级控制等都是由相关专用寄存器实现的。这些寄存器都属于特殊功能寄存器。除了前面介绍的中断优先级控制寄存器IP外,其他还有:

1. 定时控制寄存器TCON

该寄存器字节地址为88H,是可位寻址的特殊功能寄存器,其位地址为88H~8FH。定时控制寄存器TCON与中断源有关的位如下:

	D7	D6	D5	D4	D3	D2	D1	D0
TCON	TF1		TF0		IE1	IT1	IE0	IT0
位地址	8FH		8DH		8BH	8AH	89H	88H

IT0/IT1:外部中断信号方式控制位。当IT0(IT1)=0时 $\overline{INT0}$($\overline{INT1}$)为电平触发方式,此方式下,无中断请求标志位,低电平中断申请有效,CPU响应中断后要采取措施用

软件和外电路硬件撤销中断请求信号，使 $\overline{INT0}$ 或 $\overline{INT1}$ 恢复高电平；当 IT0（IT1）= 1 时为边沿触发方式。

IE0/IE1：外部中断请求标志位。当 CPU 采样到 $\overline{INT0}$ 或 $\overline{INT1}$ 引脚上出现负跳变时，该负跳变经边沿检测器使 IE0（TCON.1）或 IE1（TCON.3）置 1，向 CPU 申请中断。CPU 响应中断后由硬件自动清除 IE0、IE1。CPU 在每个机器周期采样 $\overline{INT0}$、$\overline{INT1}$。

TF0/TF1：定时器/计数器 0、1 溢出中断标志位。当定时器/计数器 0 或定时器/计数器 1 计数溢出时，由硬件将 TF0/TF1 置 1，向 CPU 申请中断。CPU 响应中断后由硬件自动清除 TF0、TF1。

2. 串行口控制寄存器 SCON

该特殊功能寄存器字节地址为 98H，可位寻址，其位地址为 98H~9FH。串行口控制寄存器 SCON 与中断有关的位只有 D0 和 D1。

	D7	D6	D5	D4	D3	D2	D1	D0
SCON							TI	RI
位地址							99H	98H

串行接口发送了一帧信息，便由硬件置 TI=1，向 CPU 申请中断。串行接口接收了一帧信息，便由硬件置 RI=1，向 CPU 申请中断。CPU 响应中断后必须用软件清除 TI 和 RI。进入中断入口 0023H 后，在中断服务程序中要判断是 RI 还是 TI 申请中断或是两者都有，编程时要分别处理。

3. 定时器/计数器 2 控制寄存器 T2CON

该特殊功能寄存器字节地址为 C8H，可位寻址，其位地址为 C8H~CFH。定时器/计数器 2 控制寄存器 T2CON 与中断有关的位只有 D6 和 D7。

	D7	D6	D5	D4	D3	D2	D1	D0
T2CON	TF2	EXF2						
位地址	CFH	CEH						

在外部中断方式下，当 T2EX 引脚的负跳变有效时，定时器/计数器 2 的硬件置 EXF2（T2CON.6）= 1，向 CPU 申请中断。定时器/计数器 2 计数溢出时，由硬件置 TF2（T2CON.7）= 1，向 CPU 申请中断，这是定时器/计数器 2 的溢出中断。

对于定时器/计数器 2 的外部中断，CPU 响应中断后硬件不清除 EXF2，必须用软件来清 0。对于定时器/计数器 2 的溢出中断，CPU 响应中断后要用软件来清除 TF2。在波特率发生器方式下，定时器/计数器 2 只有外部中断一种方式。

如上所述，除了外部中断电平触发方式外，其他各个中断实际上是由标志位 IE0、IE1、TF0、TF1、TI、RI、TF2、EXF2 置位引起的。这些标志位除了由相应的硬件置位外，还可以由软件置位，因此，如果有需要，可以用程序安排产生中断，即软件中断。

4. 中断允许控制寄存器 IE

由于 MCS-51 有多个中断源，为了便于用户灵活使用，在每一个中断请求信号的通路中还设置了一个中断屏蔽触发器，在图 5-1 中该触发器用 K1 表示。K1 合上，中断请求信号才能进入 CPU，这称为接口电路中断允许或中断开放；否则，即使中断标志位置 1，CPU 也不响应中断，这称为接口电路中断屏蔽或中断禁止。在 CPU 内部还设置了一个中断允许触发器，图 5-1 中用 K2 表示。只有在 CPU 中断允许（K2 合上）的情况下，CPU 才会响应中断。如果 CPU 中断屏蔽（K2 打开），CPU 一律不响应中断，即中断系统停止工作。K2 用 EA 标志位设置。

中断屏蔽触发器（K1）与中断允许触发器（K2）由中断允许控制寄存器 IE 控制工作。它的字节地址为 A8H，可位寻址，位地址有 A8H~ADH 和 AFH。IE 的格式如下：

	D7	D6	D5	D4	D3	D2	D1	D0
IE	EA	—	ET2	ES	ET1	EX1	ET0	EX0
位地址	AFH		ADH	ACH	ABH	AAH	A9H	A8H

IE 的每一位（除 D6 位外，因 D6 位没有定义，无位地址）都可以由软件置 1 或清 0。且 1 代表中断允许，0 代表中断屏蔽。

1) CPU 中断允许位 EA，EA=1 时 CPU 中断允许，EA=0 时 CPU 屏蔽一切中断请求。

2) 定时器/计数器 2 中断允许位 ET2，ET2=1 时允许定时器/计数器 2 申请中断，ET2=0 时禁止定时器/计数器 2 申请中断。

3) 串行接口中断允许位 ES，ES=1 时允许串行接口中断，ES=0 时禁止串行接口申请中断。

4) 定时器/计数器 1 中断允许位 ET1，ET1=1 时允许定时器/计数器 1 申请中断，ET1=0 时禁止定时器/计数器 1 中断。

5) 外部中断 1 中断允许位 EX1，EX1=1 时允许外部中断 1 申请中断，EX1=0 时禁止中断。

6) 定时器/计数器 0 中断允许位 ET0，ET0=1 时允许定时器/计数器 0 申请中断，ET0=0 时禁止中断。

7) 外部中断 0 中断允许位 EX0，EX0=1 时允许外部中断 0 申请中断，EX0=0 时禁止中断。

MCS-51 复位以后，IE 被清 0。

总之，MCS-51 单片机要对中断源发出的请求进行处理，必须根据实际要求在程序设计中对上述中断控制寄存器进行必要的设置。

第二节　中断的响应

一、中断响应的条件

CPU 响应中断的基本条件有以下几个：

1) 有中断源提出中断请求。

2) 中断总允许位 EA=1，即 CPU 开放中断。

3) 申请中断的中断源的中断允许位为 1，即没有被屏蔽。

MCS-51 的 CPU 在每个机器周期的 S5P2 期间顺序采样各中断请求标志位，如有置位，只要以上条件满足，且下列三种情况都不存在，那么，在下一周期的 S1 期间 CPU 响应中断。否则，采样的结果被取消。这三种情况是：

1) CPU 正在处理同级或高级优先级的中断。

2）现行的机器周期不是所执行指令的最后一个机器周期。

3）正在执行的指令是 RETI 或访问 IE、IP 指令。CPU 在执行 RETI 或访问 IE、IP 的指令后，至少需要再执行一条其他指令后才会响应中断请求。

二、中断的响应

1. 中断响应的过程

CPU 响应中断后，由硬件执行如下功能：

1）根据中断请求源的优先级高低，使相应的优先级状态触发器置 1。

2）保留断点，即把程序计数器 PC 的内容（即断点地址）推入堆栈保存。

3）清相应的中断请求标志位 IE0、IE1、TF0、TF1。

4）把被响应的中断入口地址送入 PC，从而转入相应的中断服务程序入口。

各中断服务程序的入口地址见表 5-1。

2. 中断响应时间

从检测到中断申请到转去执行中断服务程序所需的时间称为中断响应时间。由于 CPU 不是在任何情况下都对中断请求予以响应，在检测到中断请求信号时，还有可能正在执行其他不同的指令，因此中断响应的时间不是固定不变的。理想的情况是检测到中断申请到来的机器周期是当前正在执行指令的最后一个机器周期，且不是 RETI、访问 IE、IP 的指令，接着用 2 个机器周期的时间转去中断入口地址，这样共需要 3 个机器周期。

如果中断到来时的机器周期正好是访问 IE、IP 的指令或 RETI 指令（该类指令的执行时间为 2 个机器周期）的第一个周期，而接下来的一条指令是 MUL 或 DIV 指令（4 个机器周期），然后加上执行转去中断入口地址的 2 个机器周期，这样共需要 8 个机器周期。

因此，一般情况下中断响应时间在 3~8 个机器周期之间。当然如果中断到来时是在同级或高级中断服务程序中，则响应时间就无法估算了。

三、复位状态

CPU 响应中断请求后，在中断返回（执行 RETI）前，必须撤除请求，将中断标志位清除，回复到原始的状态，否则会错误地再一次引起中断响应。

如前所述，对于定时器/计数器 0、1 的中断请求及边沿触发方式的外部中断 0、1，CPU 在响应中断后用硬件清除了相应的中断请求标志 TF0、TF1、IE0、IE1，即自动撤除了中断请求。

对于串行接口中断及定时器/计数器 2 中断，CPU 响应中断后没有用硬件清除中断标志位，必须由用户编制的中断服务程序来清除相应的中断标志。如用位操作指令"CLR TF2"清除 TF2，用指令"CLR EXF2"清除 EXF2 等。

对于电平触发的外部中断，由于 CPU 对 $\overline{INT0}$、$\overline{INT1}$ 引脚没有控制作用，也没有相应的中断请求标志位，因此需要外接电路来撤除中断请求信号。图 5-2 是可行的方案之一。

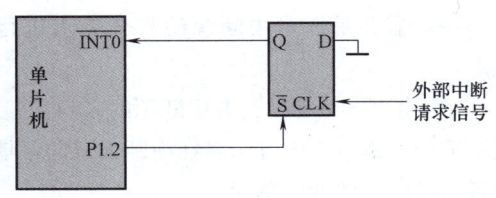

图 5-2 外部中断撤除电路

外部中断请求信号通过 D 触发器加到单片机 $\overline{INT0}$、$\overline{INT1}$ 引脚上。当外部中断信号使 D 触发器的 CLK 端发生正跳变时，由于 D 端接地，Q 端输出 0，向单片机发出中断请求。CPU 响应中断后，利用一根口线如 P1.2 作应答线，在中断服务程序中用两条指令：

  如 CLR P1.2
     SETB P1.2

来撤销中断请求。第一条指令使 P1.2 为低电平，由于 P1.2 与直接置 1 端 $\overline{S}$ 相连，故 D 触发器 Q=1，撤销了中断请求信号。第二条指令将 P1.2 变成 1，从而 $\overline{S}=1$，使以后产生的新的外部中断请求信号又能向单片机申请中断。

四、程序的初始化及中断服务程序

1. 程序初始化的概念及步骤

所谓中断系统程序初始化，就是指用户对中断控制的相关特殊寄存器中的各有关控制位进行赋值。其步骤如下：

1）置位相应中断的中断允许标志及 EA。
2）设定所用中断源的中断优先级。
3）对外部中断应设定中断请求信号形式（电平触发/边沿触发）。对于定时/计数中断应设置工作方式（定时/计数）。

比如：编程设定 $\overline{INT1}$ 为低电平触发的高优先级中断源。

  CLR IT1   或者用字节操作指令 MOV IP， #04H
  SETB EX1   MOV TCON，#04H
  SETB PX1   MOV IE， #84H
  SETB EA

2. 中断服务程序

CPU 响应中断后即转至中断服务程序的入口。从中断服务程序的第一条指令开始到返回指令，这个过程称为中断处理，或称中断服务。不同的中断源服务的内容及要求各不相同，其处理过程也就有所区别。一般情况下，中断处理包括两部分内容：一是保护现场，二是为中断源服务。

现场通常有 PSW、工作寄存器、专用寄存器等。如果在中断服务程序中要用这些寄存器，则在进入中断服务之前应将它们的内容压栈保护起来；同时在中断响应结束前，应将它们出栈恢复现场。

中断服务是针对中断源的具体要求进行处理的。用户在编写中断服务程序时应注意以下几点：

1）由表 5-1 可见，各中断源的入口向量地址之间只相隔 8 个单元，一般中断服务程序是容纳不下的。最常用的方法是在中断入口向量地址单元处存放一条无条件转移指令，而转至程序设计者安排的其他地址单元。

2）若要在执行当前中断程序时禁止更高优先级中断，可在中断服务程序中应用软件关闭 CPU 中断，或屏蔽更高级中断源的中断，在中断返回前再开放中断。

3）在保护现场和恢复现场时，为了不使现场信息受到破坏，一般在此情况下应关闭 CPU 中断，使 CPU 暂不响应新的中断请求。这样就要求在编写中断服务程序时，应注意在保护现场之前要关中断,在保护现场之后若允许高优先级中断,则应开中断。同样,在恢复现场之前应关中断,恢复之后再开中断。

4) 中断服务程序的最后一条指令必须是中断返回指令 RETI。CPU 执行该指令时,先将相应的优先级状态触发器清 0,然后从堆栈中弹出栈顶的两个字节到 PC,从而返回到断点处。

保护现场及恢复现场的工作必须由用户设计的中断服务程序处理,有些中断请求的撤除也要由中断服务程序来实现。

中断处理的流程如图 5-3 所示。在以后的章节中,将结合有关实例进一步介绍有关中断系统的应用。

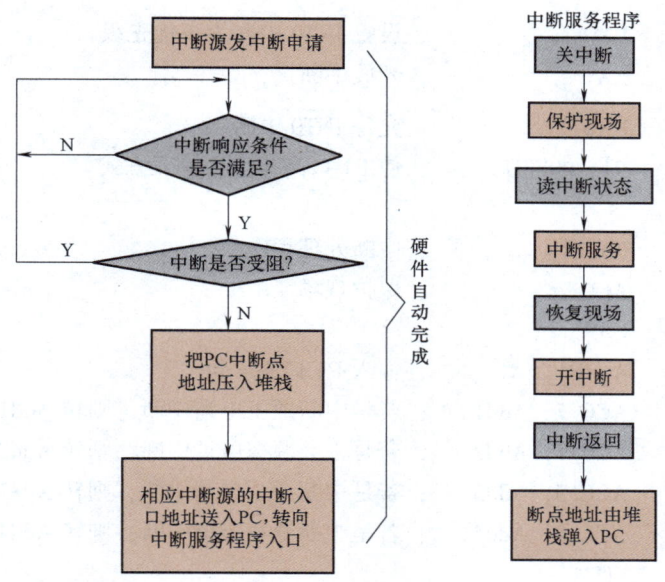

图 5-3 中断处理流程图

五、外部多个中断源的扩展

MCS-51 单片机仅提供了两个外部中断源 $\overline{INT0}$ 和 $\overline{INT1}$,在实际控制系统中可能需要多个外部中断源,因此有必要对外部中断源进行扩展。外部中断源扩展的方法很灵活,可以利用下一章要介绍的定时器/计数器来扩展,也可以用向量中断扩充法,这两种方法读者可查阅有关文献。这里介绍一种中断和软件查询结合的方法。

如图 5-4 所示,四个外部中断源通过一个或非门电路产生对 8032 单片机的中断请求信号 $\overline{INT0}$。无论哪个外部中断源提出中断请求,都会使 $\overline{INT0}$ 引脚变为低电平,从而向 8032 单片机申请中断。然而,究竟是哪个外部中断源引起的中断,可在进入 0003H 中断服务程序入口后通过软件查询 P1.7~P1.4 引脚上的电平获知。

假定这四个外部中断源的中断优先权由高到低为

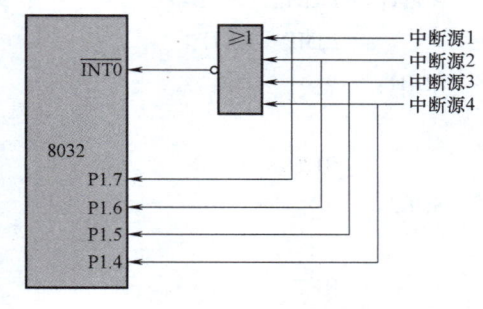

图 5-4 采用中断、查询结合的方式扩展中断源

1→2→3→4，它们对应的中断服务程序入口地址分别为 Add1、Add2、Add3、Add4。其程序如下：

```
            ORG     0000H
            LJMP    MAIN            ;转主程序
            ORG     0003H
            LJMP    INTCX           ;转中断服务程序
            ORG     0100H
MAIN：      MOV     SP, #40H        ;设置堆栈指针
            CLR     IT0             ;设置 INT0 为低电平触发方式
            SETB    PX0             ;设置 INT0 中断为高优先级
            SETB    EA              ;开放中断
            SETB    EX0             ;允许 INT0 中断
            MOV     P1, #0F0H       ;使 P1 口高 4 位为输入方式
            SJMP    $
            ORG     0200H           ;中断处理程序
INTCX：     PUSH    ACC             ;保护现场
            PUSH    PSW
            MOV     A, P1           ;输入 P1 口高 4 位
            JB      ACC.7, Add1     ;若是中断源 1 申请中断，则转 Add1
LOOP1：     JB      ACC.6, Add2     ;若是中断源 2 申请中断，则转 Add2
LOOP2：     JB      ACC.5, Add3     ;若是中断源 3 申请中断，则转 Add3
LOOP3：     JB      ACC.4, Add4     ;若是中断源 4 申请中断，则转 Add4
            SJMP    EXIT
Add1：      LCALL   SUB1            ;调中断源 1 服务程序
            LJMP    LOOP1
Add2：      LCALL   SUB2            ;调中断源 2 服务程序
            LJMP    LOOP2
Add3：      LCALL   SUB3            ;调中断源 3 服务程序
            LJMP    LOOP3
Add4：      LCALL   SUB4            ;调中断源 4 服务程序
            LJMP    EXIT
SUB1：      ……
             ⋮
            RET
SUB2：      ……
             ⋮
            RET
SUB3：      ……
             ⋮
```

```
        RET
SUB4：  ……
          ⋮
        RET
EXIT：  POP   PSW
        POP   ACC
        RETI
```

六、单步操作的实现

在上机调试各类程序时，常采用单步操作，即每按一次单步执行键，则执行一条指令，以便于用户查找程序中的错误。

如前所述，MCS-51 单片机的中断系统的某个中断正在服务时，CPU 是不会响应与它级别相同的中断申请的。只有在执行了 RETI 指令后（即服务结束），还要再执行一条指令，这个中断请求才会得到响应。利用这个特点，可以实现单步操作。

图 5-5 所示是一种利用 8032 单片机的 $\overline{INT0}$ 实现单步操作的硬件电路。

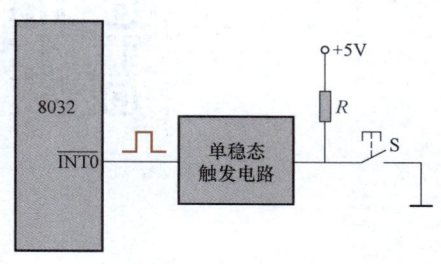

图 5-5　MCS-51 单片机的单步操作电路

其主程序如下：

```
SETB    PX0        ;设置 INT0 为高优先级中断
CLR     IT0        ;设置 INT0 为低电平触发方式
SETB    EA
SETB    EX0
  ⋮
```

中断服务子程序如下：

```
WAIT1： JNB   P3.2,   WAIT1    ;在 INT0 变为高电平前原地等待
WAIT2： JB    P3.2,   WAIT2    ;在 INT0 变为低电平前原地等待
        RETI
```

当按键 S 每闭合一次，$\overline{INT0}$ 端就出现一个脉冲（由低到高，再到低），中断服务程序顺序执行，等待到 RETI 指令后，返回主程序，接着执行一条主程序的指令，又进入外部中断 0 的服务程序，以等待 $\overline{INT0}$ 端出现下一个正脉冲，这样 $\overline{INT0}$ 端每出现一次正脉冲，主程序就执行一条指令，即实现了单步操作的目的。

思考题与习题

5-1　MCS-51 单片机的中断系统由哪些功能部件组成？分别有什么作用？

5-2　MCS-51 单片机有几个中断源？各中断标志是如何产生的？它们又是如何清 0 的？CPU 响应中断时，它们的中断向量地址分别是多少？

5-3 MCS-51 单片机的中断系统中有几个优先级？如何设定？

5-4 CPU 响应中断有哪些条件？在什么情况下中断响应会受阻？

5-5 简述 MCS-51 中断响应的过程。

5-6 MCS-51 中断响应时间是否固定不变？为什么？

5-7 MCS-51 中若要扩展 8 个中断源，可采用哪些方法？如何确定优先级？

5-8 8031 芯片的 $\overline{INT0}$、$\overline{INT1}$ 引脚分别输入压力超限、温度超限中断请求信号，定时器/计数器 0 作定时检测的实时时钟，用户规定的中断优先权排队次序为：压力超限→温度超限→定时检测。

要求确定 IE、IP 的内容，以实现上述要求。

科学家精神

"两弹一星"功勋科学家：
杨嘉墀

第六章

MCS-51单片机定时器/计数器

定时器/计数器是 MCS-51 单片机的重要功能模块之一。在检测、控制及智能仪器等应用中，常用定时器作实时时钟，实现定时检测、定时控制；还可用定时器产生毫秒宽的脉冲，驱动步进电动机一类的电气机械。计数器主要用于外部事件的计数。MCS-51 单片机内有 3 个定时器/计数器 T0、T1 和 T2；本章主要介绍 MCS-51 单片机定时器/计数器的结构、原理、工作方式及应用。

第一节 定时器/计数器的结构和工作方式

一、定时器/计数器 0、1 的结构

MCS-51 单片机内部设有 3 个 16 位可编程的定时器/计数器，简称定时器 0、定时器 1 和定时器 2，分别用 T0、T1 和 T2 表示。它们的工作方式、定时时间、量程、启动方式等均可以通过程序来设置和改变。MCS-51 单片机内部定时器/计数器 0、1 的逻辑结构如图 6-1 所示。它由两个特殊功能寄存器 TCON 和 TMOD 及 T0、T1 组成。其中 TMOD 为方式控制寄

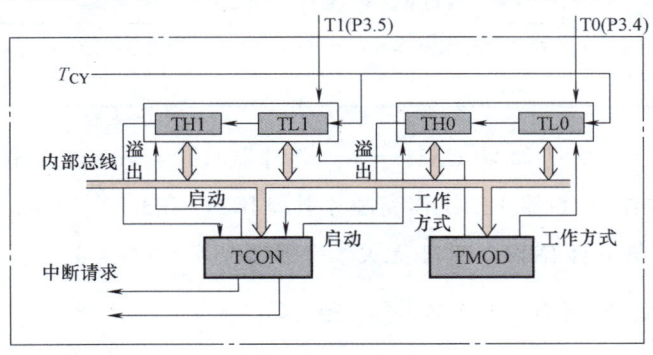

图 6-1 定时器/计数器 0、1 的逻辑结构

存器，主要用来设置定时器/计数器的操作模式；TCON 为控制寄存器，主要用来控制定时器 0 和 1 的启动与停止及定时器 0 和 1 的溢出标志。

定时器/计数器 0、1 的核心是 16 位加法计数器，可以分成 2 个独立的 8 位计数器，图中用特殊功能寄存器 TH0、TL0、TH1、TL1 表示。它们用于存定时或计数的初值，且都是一个加 1 的计数器。TH0、TL0 是定时器/计数器 0 加法计数器的高 8 位和低 8 位，TH1、TL1 是定时器/计数器 1 加法计数器的高 8 位和低 8 位。

作计数器用时，加法计数器对芯片引脚 T0（P3.4）或 T1（P3.5）上输入的脉冲计数。每输入一个脉冲，加法计数器增加 1。加法计数溢出可向 CPU 发出中断请求信号。

作定时器用时，加法计数器对内部机器周期脉冲 T_{CY} 计数。由于机器周期是定值，所以对 T_{CY} 的计数也就是定时，如 $T_{CY}=1\mu s$，计数值 100，相当于定时 $100\mu s$。

加法计数器的初值可以由程序设定，设定的初值不同，计数值或定时时间就不同。在定时器/计数器的工作过程中，加法计数器的内容可用程序读回 CPU。

二、定时器/计数器 0、1 方式控制寄存器 TMOD

定时器方式控制寄存器 TMOD 是一个专用寄存器，它的地址为 89H，它不能按位寻址（无位地址），只能采用字节传送指令设置其内容。TMOD 用来选择定时器/计数器 0、1 的工作方式，低 4 位用于定时器/计数器 0，高 4 位用于定时器/计数器 1。其值可由程序设定。TMOD 格式如下：

D7	D6	D5	D4	D3	D2	D1	D0
GATE	C/$\overline{T}$	M1	M0	GATE	C/$\overline{T}$	M1	M0
定时器/计数器 1				定时器/计数器 0			

（1）定时器/计数器功能选择位 C/$\overline{T}$　C/$\overline{T}$ = 1 为计数器方式，C/$\overline{T}$ = 0 为定时器方式。

（2）定时器/计数器工作方式选择位 M1、M0　定时器/计数器 4 种工作方式的选择由 M1、M0 的值决定，见表 6-1。

表 6-1　定时器/计数器 4 种工作方式的选择

M1	M0	工　作　方　式
0	0	方式 0：13 位定时器/计数器
0	1	方式 1：16 位定时器/计数器
1	0	方式 2：具有自动重装初值的 8 位定时器/计数器
1	1	方式 3：只对定时器/计数器 0 有效，分为两个 8 位定时器/计数器，定时器/计数器 1 在此方式不工作

（3）门控制位 GATE　如果 GATE = 1，定时器/计数器 0 的工作受芯片引脚 $\overline{INT0}$（P3.2）控制，定时器/计数器 1 的工作受芯片引脚 $\overline{INT1}$（P3.3）控制；如果 GATE = 0，定时器/计数器的工作与引脚 $\overline{INT0}$、$\overline{INT1}$ 无关。一般情况下 GATE = 0。

三、定时器/计数器 0、1 控制寄存器 TCON

定时器/计数器 0、1 控制寄存器 TCON 既参与中断控制，又参与定时控制，它的地址为

88H，各位可以位寻址。上一章已经介绍，TCON 的低 4 位控制外部中断，与定时器/计数器是无关的，TCON 的高 4 位用于控制定时器 0、1 的运行。TCON 格式如下：

D7	D6	D5	D4	D3	D2	D1	D0
TF1	TR1	TF0	TR0	IE1	IT1	IE0	IT0

（1）定时器/计数器 1 运行控制位 TR1（TCON.6）　当 TR1＝1 且 GATE＝0 或 TR1＝1、GATE＝1 且 $\overline{INT1}$ 引脚为高电平时，定时器/计数器 1 工作，TR1＝0 则停止工作。TR1 由软件置 1 或清 0。

（2）定时器/计数器溢出中断标志 TF1（TCON.7）　当定时器/计数器 1 溢出时由硬件自动置 TF1＝1，在中断允许的条件下，便向 CPU 发出定时器/计数器 1 的中断请求信号，CPU 响应后 TF1 由硬件自动清 0。在中断屏蔽条件下，TF1 可作查询测试用。

TF1 也可以用程序置位或清 0，例如执行指令"SETB　TF1"后 TF＝1。这就是说，定时器/计数器 1 的中断请求还能用程序安排产生，这称为软件定时中断。

在定时器/计数器 1 工作时，CPU 可以随时查询 TF1 的状态。

（3）定时器/计数器 0 运行控制位 TR0（TCON.4）　TR0 的功能与 TR1 相仿。

（4）定时器/计数器 0 溢出中断标志 TF0（TCON.5）　TF0 的功能与 TF1 相仿。

四、定时器/计数器 0、1 的工作方式

1. 工作方式 0

当 M1＝0、M0＝0 时，定时器/计数器设定为工作方式 0，构成 13 位定时器/计数器。图 6-2 是定时器/计数器 0 在工作方式 0 的结构图（如果把标号 0 改为 1，就是定时器/计数器 1 在方式 0 的结构图）。TH0 是高 8 位加法计数器，TL0 是低 5 位加法计数器（只用 5 位，其高 3 位未用）。TL0 加法计数溢出时向 TH0 进位，TH0 加法计数溢出时 TF0＝1。

可用程序将 0~8191（$2^{13}-1$）的某一数送入 TH0、TL0 作为初值。TH0、TL0 从初值开始加法计数，直至溢出，所以设定的初值不同，定时时间或计数值也不同。需要注意的是：在这种方式下，加法计数器 TH0 溢出后，必须用程序重新对 TH0、TL0 设定初值，否则下一次 TH0、TL0 将从 0 开始加法计数。

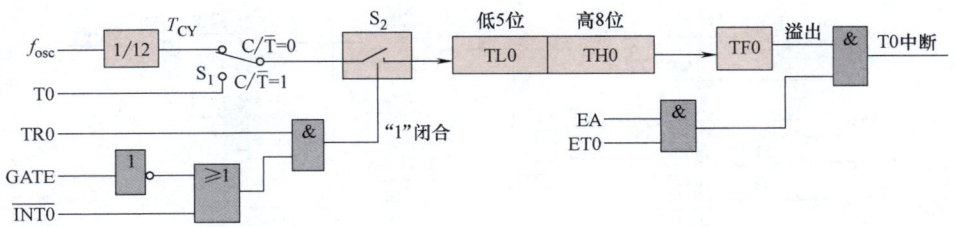

图 6-2　定时器/计数器 0 在工作方式 0 的结构图

如果 C/$\overline{T}$＝1，图中电子开关 S_1 打在下端，定时器/计数器工作在计数器状态，加法计数器对 T0 引脚上的外部输入脉冲计数。计数值由式

$$N = 8192 - X$$

决定，X 是 TH0、TL0 的初值。X＝8191 时为最小计数值 1，X＝0 时为最大计数值 8192，即

计数范围为 1~8192。

定时器/计数器 0 在每个机器周期的 S5P2 期间采样 T0 脚，若采样结果表明上一周期为高电平、下一周期为低电平，则 TL0 加 1。新的计数值在检测到负跳变后的 S3P1 期间置入加法计数器。由于需要两个机器周期才能识别高电平到低电平的跳变，所以外部计数脉冲的频率应小于 $f_{osc}/24$，且高电平与低电平的延续时间均不得小于 1 个机器周期。

$C/\overline{T}=0$ 时为定时器方式，电子开关 S_1 打在上端。加法计数器对机器周期脉冲 T_{CY} 计数，每个机器周期 TL0 加 1。定时时间由公式

$$T=(8192-X)T_{CY}$$

决定。如果振荡频率 $f_{osc}=12\text{MHz}$，即 $T_{CY}=1\mu s$，则定时范围为 $1 \sim 8192 \mu s$。

定时器/计数器 0 的启动或停止由 TR0 控制。一般设置 GATE=0，此时只要用软件置 TR0=1，电子开关 S_2 闭合，定时器/计数器 0 就开始运行工作；置 TR0=0，S_2 打开，定时器/计数器 0 停止工作。

GATE=1 为门控方式。此时，仅当 TR0=1 且 $\overline{INT0}$ 引脚上出现高电平时 S_2 才闭合，定时器/计数器 0 运行工作。如果 $\overline{INT0}$ 上出现低电平则停止工作。所以，门控方式可用来测量 $\overline{INT0}$ 引脚上出现的正脉冲的宽度。

2. 工作方式 1

当 M1=0、M0=1 时，定时器/计数器设定为工作方式 1，构成 16 位定时器/计数器。TH0、TL0 都是 8 位加法计数器。其他与工作方式 0 相同。

在工作方式 1 时，计数器的计数值由

$$N=65536-X$$

决定。计数范围为 1~65536（2^{16}）。定时器的定时时间由公式

$$T=(65536-X)T_{CY}$$

决定。如果振荡频率 $f_{osc}=12\text{MHz}$，即 $T_{CY}=1\mu s$，则定时范围为 $1 \sim 65536 \mu s$。

3. 工作方式 2

当 M1=1、M0=0 时，定时器/计数器设定为工作方式 2，方式 2 是自动重新装入初值（自动重装载）的 8 位定时器/计数器，结构如图 6-3 所示。

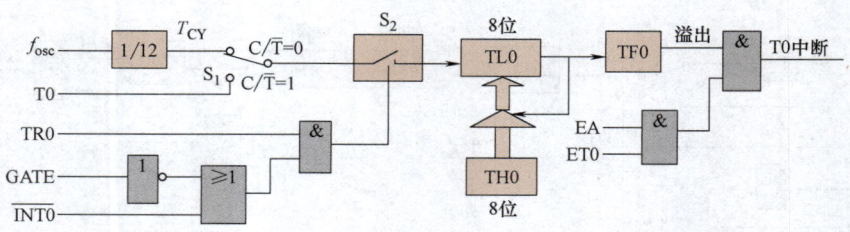

图 6-3 定时器/计数器 0 在工作方式 2 的结构图

图中，TL0 作为 8 位加法计数器使用，TH0 作为初值寄存器用。TH0、TL0 的初值都由软件预置。TL0 计数溢出时，不仅置位 TF0，而且发出重装载信号，使三态门打开，将 TH0 中初值自动送入 TL0，使 TL0 从初值开始重新计数，重新装入初值后，TH0 的内容保持不变。工作方式 2 的计数范围为 1~256，定时范围为 $1 \sim 256 \mu s$（$f_{osc}=12\text{MHz}$ 时）。

工作方式2特别适用于定时控制。例如要求每隔200μs产生一个定时控制信号,则在 $f_{osc}=12\text{MHz}$ 的条件下,TH0、TL0 的初值都置 38H,$C/\overline{T}=0$,M1=1,M0=0 即可。

4. 工作方式3

当 M1=1、M0=1 时,定时器/计数器设定为工作方式3,方式3仅对定时器/计数器0有意义。如把定时器/计数器1设置为工作方式3,相当于 TR1=0,即定时器/计数器1实际将停止工作。

定时器/计数器0在工作方式3的结构如图6-4所示。TL0、TH0 成为两个独立的8位加法计数器。TL0 使用定时器/计数器0的状态控制位 $C/\overline{T}$、GATE、TR0 及引脚 $\overline{INT0}$,它的工作情况与方式0、方式1类似,仅计数范围为 1~256,定时范围为 1~256μs($f_{osc}=12\text{MHz}$ 时)。TH0 只能作为非门控方式的8位定时器,它借用了定时器/计数器1的控制位 TR1、TF1。

定时器/计数器0采用工作方式3后,8032/8052/8752 就具有4个定时器/计数器,即8位定时器/计数器 TL0,8位定时器 TH0,16位定时器/计数器1(TH1、TL1)和16位定时器/计数器2(TH2、TL2)。定时器/计数器1虽然还可以选择为方式0、方式1或方式2,但由于 TR1 和 TF1 被 TH0 借用,不能产生溢出中断请求,所以只用作串行口的波特率发生器(通常工作在方式2)。

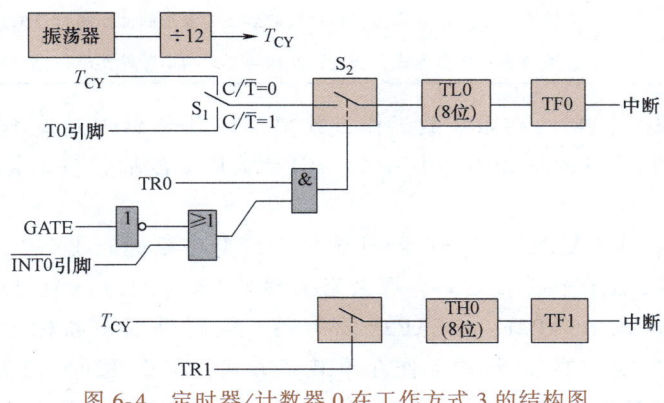

图6-4 定时器/计数器0在工作方式3的结构图

五、定时器/计数器2

8032/8052/8752 芯片中的定时器/计数器2可以设置成定时器,也可以设置成外部事件计数器,或用作串行口波特率发生器。它有三种工作方式:16位自动重装载定时器/计数器方式、捕捉方式和串行口波特率发生器方式。下面介绍其结构及各工作方式。

1. 结构

定时器/计数器2由特殊功能寄存器 TH2、TL2、RCAP2H、RCAP2L(也可写作 RLDH、RLDL)组成,如图6-5及图6-6所示。

TH2、TL2 构成16位加法计数器。TL2 为低8位,TH2 为高8位。RCAP2H、RCAP2L 构成16位寄存器,在自动重装载方式中,RCAP2H、RCAP2L 作为16位初值寄存器,在捕捉方式中,当引脚 T2EX(P1.1)上出现负跳变时,把 TH2、TL2 的当前值捕捉到

RCAP2H、RCAP2L 中去。

定时器/计数器 2 的工作由控制寄存器 T2CON 控制。其字节地址为 C8H，可按位寻址位地址 C8H~CFH。T2CON 的格式如下：

	D7	D6	D5	D4	D3	D2	D1	D0
	TF2	EXF2	RCLK	TCLK	EXEN2	TR2	C/$\overline{T2}$	CP/$\overline{RL2}$

（1）定时器/计数器功能选择位 C/$\overline{T2}$　C/$\overline{T2}$=1 时选择计数器方式，C/$\overline{T2}$=0 时选择定时器方式。

（2）运行控制位 TR2　TR2=1 时定时器/计数器 2 运行工作，TR2=0 时停止工作。

（3）工作方式　工作方式由捕捉/重装载标志 CP/$\overline{RL2}$、串行接口发送时钟标志 TCLK、串行接口接收时钟标志 RCLK 决定，见表 6-2。

表 6-2　定时器/计数器 2 的工作方式选择

RCLK	TCLK	CP/$\overline{RL2}$	工 作 方 式
0	0	0	16 位重装载方式，定时器/计数器 1 的溢出脉冲作串行口的发送、接收时钟
0	0	1	16 位捕捉方式，定时器/计数器 1 的溢出脉冲作串行口的发送、接收时钟
0	1	×	波特率发生器方式，定时器/计数器 2 的溢出脉冲作串行口的发送时钟
1	0	×	波特率发生器方式，定时器/计数器 2 的溢出脉冲作串行口的接收时钟
1	1	×	波特率发生器方式，定时器/计数器 2 的溢出脉冲作串行口的发送、接收时钟

（4）溢出中断标志 TF2　在重装载工作方式中，T2 用作定时器或计数器，当加法计数溢出时，由硬件置 TF2=1，向 CPU 申请中断。CPU 响应中断后，TF2 未被硬件清除，必须用程序清 0。

（5）外部允许标志 EXEN2 与定时器/计数器 2 外部中断标志 EXF2　在 EXEN2=1 时，如果定时器/计数器 2 工作在捕捉方式，那么当引脚 T2EX（P1.1）上出现负跳变时，TH2、TL2 的当前值自动送入 RCAP2H、RCAP2L 寄存器，同时外部中断标志 EXF2 被置 1，向 CPU 申请中断；如果定时器/计数器工作在重装载方式，那么 T2EX 的负跳变将 RCAP2H、RCAP2L 的内容自动装入 TH2、TL2，同时 EXF2=1，申请中断。CPU 响应中断后，EXF2 未被硬件清除，必须用程序清 0。

EXEN2=0 时，T2EX 引脚上电平的变化对定时器/计数器 2 没有影响。

2. 定时器/计数器 2 自动重装载工作方式

RCLK=0、TCLK=0、CP/$\overline{RL2}$=0 使定时器/计数器 2 处于自动重装载工作方式，其结构如图 6-5 所示。

TH2、TL2 构成 16 位加法计数器。RCAP2H、RCAP2L 构成 16 位初值寄存器，因为 CP/$\overline{RL2}$=0 封锁了三态门 2、4，打开了与门 8，当加法计数器计数溢出时，溢出信号（高电平 1）经或门 7、与门 8 打开了三态门 1、3，将 RCAP2H、RCAP2L 中预置的初值分别送入 TH2 和 TH1 中，即重新装载计数初值。同时，中断标志 TF2=1，向 CPU 申请中断。

如 TR2=0 将封锁与门 10，定时器/计数器 2 停止工作。

C/$\overline{T2}$=0、TR2=1 为定时器方式，机器周期脉冲 T_{CY} 送入加法计数器计数。f_{osc}=12MHz

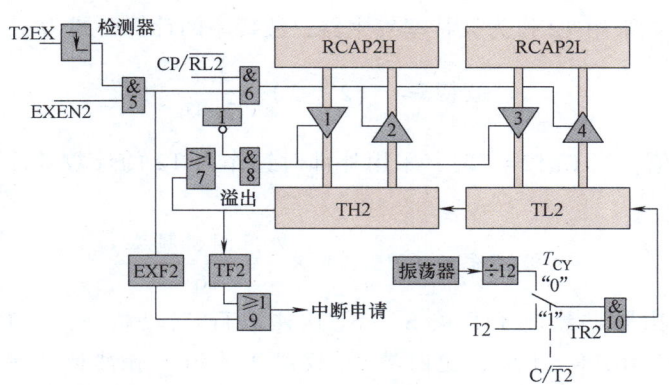

图 6-5 定时器/计数器 2 自动重装载及捕捉方式结构图

时，定时范围为 1~65536μs。$C/\overline{T2}=1$、TR2=1 为计数器方式，加法计数器对 T2（P1.0）引脚上的外部脉冲计数，计数范围为 1~65536。

当 EXEN2=1 时，如果 T2EX 引脚上电平无变化，定时器/计数器 2 的工作与上述相同。如果 T2EX 上出现"1"到"0"的负跳变，跳变检测器将输出高电平，经门 5、7、8，高电平打开三态门，将 RCAP2H、RCAP2L 中预置的初值送入 TH2、TL2，使定时器/计数器 2 提前开始新的计数周期。同时，置定时器/计数器 2 外部中断标志 EXF2=1，向 CPU 发出中断请求信号。

3. 定时器/计数器 2 的捕捉工作方式

当 RCLK=0、TCLK=0、$CP/\overline{RL2}=1$ 时，定时器/计数器 2 为捕捉工作方式。在图 6-5 中，$CP/\overline{RL2}=1$ 经倒相后封锁了三态门 1、3。

如果 EXEN2=0，经与门 5、6，低电平封锁了三态门 2、4，这时 RCAP2H、RCAP2L 不起作用，定时器/计数器 2 的工作与定时器/计数器 0、1 的工作方式 1 相同。即：$C/\overline{T2}=0$ 时为 16 位定时器，$C/\overline{T2}=1$ 时为 16 位计数器，计数溢出时 TF2=1，发出中断请求信号。定时器/计数器 2 的初值必须由程序重新设定。

在 EXEN2=1 时有一个附加功能，T2EX 引脚上的负跳变经检测器成为高电平，并经与门 5、6 打开三态门 2、4，将 TH2、TL2 的当前值捕捉到 RCAP2H、RCAP2L 寄存器，供编程读出，同时置 EXF2=1，发出中断请求。

4. 波特率发生器工作方式

T2CON 寄存器中的 RCLK 或 TCLK 被置 1，定时器/计数器 2 成为波特率发生器工作方式，结构如图 6-6 所示。

TH2、TL2 为 16 位加法计数器，RCAP2H、RCAP2L 为 16 位初值寄存器。$C/\overline{T2}=1$ 时 TH2、TL2 对 T2（P1.0）引脚上的外部脉冲加法计数。$C/\overline{T2}=0$ 时 TH2、TL2 对时钟脉冲（频率为 $f_{osc}/2$）加法计数，而不是对机器周期脉冲 T_{CY}（频率为 $f_{osc}/12$）计数，这一点要特别注意。TH2/TL2 计数溢出时 RCAP2H、RCAP2L 中预置的初值自动送入 TH2、TL2，使 TH2、TL2 从初值开始重新计数，因此，溢出脉冲是连续产生的周期脉冲。

溢出脉冲经 16 分频后作为串行口的发送脉冲或接收脉冲。

当 $C/\overline{T2}=0$ 时，采用 T2 作为波特率发生器，波特率的计算公式为

$$波特率 = (2^{16}-X) \times \frac{f_{osc}}{2\times 16}$$

式中，X 为时间初值。当 $C/\overline{T2}=1$ 时，采用外部时钟作为 T2 的计数脉冲，波特率的计算公式为

$$波特率 = (2^{16}-X) \times \frac{外部时钟频率}{16}$$

图 6-6 中，溢出脉冲经电子开关 S_2、S_3 送往串行口。S_2、S_3 由 T2CON 寄存器中的 RCLK、TCLK 控制。RCLK = 1 时，定时器/计数器 2 的溢出脉冲形成串行口的接收脉冲；RCLK = 0 时，定时器/计数器 1 的溢出脉冲形成串行口的接收脉冲。同样，TCLK = 1 时，定时器/计数器 2 的溢出脉冲形成串行口的发送脉冲；TCLK = 0 时，定时器/计数器 1 的溢出脉冲形成串行口的发送脉冲。

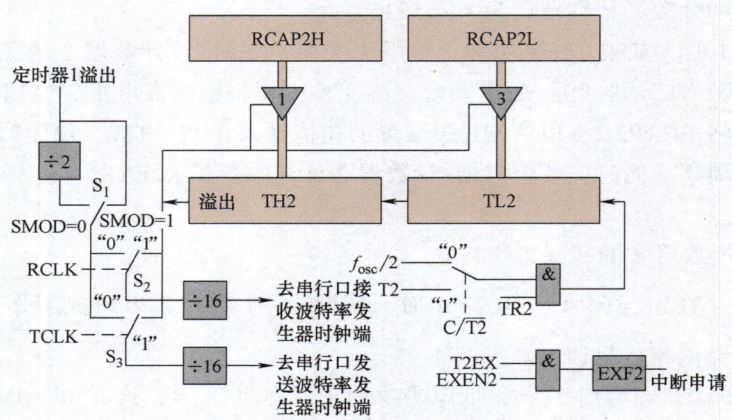

图 6-6　定时器/计数器 2 波特率发生器结构图

定时器/计数器 2 处于波特率工作方式时，TH2 的溢出并不使 TF2 置位，因而不产生中断请求。EXEN2 = 1 时也不会发生重装载或捕捉的操作。所以，利用 EXEN2 = 1 及 T2EX 引脚可得到一个附加的外部中断源。T2EX 为附加的外部中断输入脚，EXEN2 起允许中断或禁止中断的作用。当 EXEN2 = 1 时，若 T2EX 引脚上出现负跳变，则硬件置 EXF2 = 1，向 CPU 申请中断。

在波特率发生器工作方式下，如果定时器/计数器 2 正在工作，CPU 是不能访问 TH2、TL2 的。对于 RCAP2H、RCAP2L，CPU 也只能读入其内容而不能改写。如果要改写 RCAP2H、RCAP2L 的内容，应先停止定时器/计数器 2 的工作。

第二节　定时器/计数器的编程应用举例

一、定时器/计数器的初始化

由于定时器/计数器的功能是由软件来设置的，所以一般在使用定时器/计数器前均要对

其进行初始化。

1. 初始化的步骤

（1）确定工作方式、操作模式、启动控制方式 写入 TMOD 寄存器。

（2）设定定时器或计数器的初值 可直接将初值送入 TH0、TL0 或 TH1、TL1 或 RCAP2H、RCAP2L 中，16 位计数初值必须分两次写入对应的计数器。

（3）中断方式和查询方式的选择 采用中断方式时，将 IE 寄存器对应的中断允许位置 1；采用查询方式时，将 IE 寄存器对应的中断允许位清 0，进行中断屏蔽。

（4）启动定时器工作 可使用"SETB TR0"、"SETB TR1"和"SETB TR2"指令启动。对于 T0 和 T1 而言，根据 GATE 的设置有两种启动方式，即 GATE 位清 0 时，以上指令执行后，定时器即可开始工作；若 GATE 设置为 1 时，还必须由外部中断引脚 $\overline{INT0}$ 或 $\overline{INT1}$ 共同控制，只有当 $\overline{INT0}$ 或 $\overline{INT1}$ 引脚为高时，以上指令执行后定时器才可启动工作。定时器一旦启动就按规定的方式进行定时或计数。

2. 计数初值的计算

定时或计数方式下计数初值如何确定，定时器选择不同的工作方式，不同的工作方式其计数值均不同。若设最大计数数值为 M，各工作方式下的 M 值为

对 T0 和 T1

方式 0： $M = 2^{13} = 8192$

方式 1： $M = 2^{16} = 65536$

方式 2： $M = 2^8 = 256$

方式 3： $M = 256$，定时器 T0 分成 2 个独立的 8 位计数器，所以 TH0、TL0 的 M 均为 256。

对 T2

$$M = 2^{16} = 65536$$

因为 MCS-51 的 3 个定时器均为加 1 计数器，当加到溢出时，将 TF0、TF1 或 TF2 位置 1，可发出溢出中断请求，因此计数器初值 X 的计算公式为

$$X = M - 计数值$$

式中的 M 由操作模式确定，不同的操作模式计数器的字长不相同，故 M 值也不相同，而式中的计数值与定时器的工作方式有关。

（1）计数工作方式时 计数工作方式时，计数脉冲经引脚 T0、T1 或 T2 由外部引入，是对外部进行计数，因此计数值根据要求确定。其计数初值：$X = M - 计数值$。

（2）定时工作方式时 定时工作方式时，当计数脉冲由内部时钟供给时，是对机器周期进行计数，故计数脉冲频率为 $f_{cont} = f_{osc} \times 1/12$，计数脉冲周期为 $t_{cont} = 1/f_{cont} = 12/f_{osc}$，定时工作方式的计数初值 X 应为

$$X = M - 计数值 = M - T/t_{cont} = M - (f_{osc} \times T)/12$$

或

$$T = (M - X) \times 12/f_{osc}$$

式中，f_{osc} 为振荡器的振荡频率；t_{cont} 为计数脉冲周期；T 为要求定时的时间。

例如：MCS-51 的主频为 6MHz，要求产生 1ms 的定时，试计算计数初值 X。若设置定时器工作于工作方式 1，定时 1ms，则计数初值 X 为

$$X = 2^{16} - \frac{1\times10^{-3}\times6\times10^{6}}{12} = 65536-500 = 65036 = \text{FE0CH}$$

3. 定时器初始化举例

例 6-1 已知振荡器振荡频率 $f_{\text{osc}} = 12\text{MHz}$，要求定时器/计数器 0 产生 10ms 定时，试编写初始化程序。

解：由于定时时间大于 $8192\mu s$，应选用工作方式 1。

（1）TH0、TL0 初值的计算 由于 $t_{\text{cont}} = 12/f_{\text{osc}} = 1\mu s$，故有定时时间 T 为

$$T = (65536-X)t_{\text{cont}} = (65536-X)\times1\mu s = 10\text{ms}$$

得 $X = 55536 = \text{D8F0H}$ 即 TH0 = D8H，TL0 = F0H

（2）方式寄存器 TMOD 的编程 TMOD 各位的内容确定如下：由于定时器/计数器 0 设定为定时器工作方式 1，非门控方式，所以 $C/\overline{T}$（TMOD.2）= 0，M1（TMOD.1）= 0，M0（TMOD.0）= 1，GATE（TMOD.3）= 0；定时器/计数器 1 没有使用，相应的 D7~D4 为随意态"×"。

D7	D6	D5	D4	D3	D2	D1	D0
×	×	×	×	0	0	0	1

若取"×"为 0，则（TMOD）= 01H。

（3）初始化程序

```
START: MOV  TL0, #0F0H   ; 定时器/计数器 0 写入初值
       MOV  TH0, #0D8H   ; 同上
       MOV  TMOD, #01H   ; 定时器/计数器 0 设定为定时器工作方式 1
       SETB TR0          ; TR0 = 1，启动定时器/计数器 0
```

执行指令"SETB TR0"后，定时器/计数器 0 开始定时，待 10ms 到时，硬件使 TF0 = 1，向 CPU 申请中断。上述程序没有考虑重新对 TH0、TL0 设置初值问题。

例 6-2 设置 T1 为定时工作方式，定时 50ms，选工作方式 1，允许中断，软启动；T0 为计数方式，对外部脉冲进行计数 10 次，硬启动，禁止中断，选工作方式 2。编写其初始化程序，设 $f_{\text{osc}} = 6\text{MHz}$。

解：T0 设为计数方式方式 2，硬启动，故计数初值 X_0 为

$$X_0 = 256-10 = 246 = \text{F6H}$$

T1 设为定时方式，定时 50ms，方式 1，软启动，其计数初值 X_1 为

$$X_1 = 65536-(6\times50\times10^{3})/12 = 65536-25000 = 40536 = \text{9E58H}$$

TMOD：00011110 即 1EH

初始化程序如下：

```
MOV  TMOD, #1EH    ; 写工作方式字
MOV  TH0, #0F6H    ; 定时器 0 计数初值
MOV  TL0, #0F6H
MOV  TH1, #9EH     ; 定时器 1 计数初值
MOV  TL1, #58H
```

```
        MOV    IE, #10001000B        ;CPU、T1 开中断
        SETB   TR0                   ;启动 T0, 但要等到 INT0=1 时方可真正启动
        SETB   TR1                   ;启动 T1
        …
```

二、定时器的应用举例

1. 方式 0 的应用

方式 0 是 13 位定时器工作方式。16 位的寄存器只用了高 8 位（THi）和低 5 位（TLi 的 D4~D0 位），TLi 的高 3 位未用。

例 6-3 选用 T0 工作方式 0, 用于定时, 由 P1.2 输出周期为 1ms 的方波, 设晶振 f_{osc} = 6MHz。采用查询方式编程。

解：P1.2 输出周期为 1ms 宽的方波, 只要每隔 500μs 取反一次即可得到 1ms 宽的方波。因此, 可以选用 T0 定时 500μs。设 X 为时间初值, T 为定时时间。

$$X = 2^{13} - f_{osc} \times T/12 = 8192 - 6 \times 500/12 = 7942 = 1F06H$$

由于作 13 位计数器使用, TL0 的高 3 位未用, 应填 0, TH0 占高 8 位, 所以 13 位的二进制表示值 X_0 应为

$$X_0 = 1111100000000110B, TL0 = 06H, 只用到 5 位, TH0 = F8H$$

根据题意设置方式控制字 TMOD: 00000000 即 00H

由于上电复位后, TMOD 各位均为 0, 所以此字可以不用写入。

源程序如下：

```
        ORG    8000H
        MOV    TL0, #06H             ;T0 的计数初值 X0
        MOV    TH0, #0F8H
        SETB   TR0                   ;启动 T0
LP1:    JBC    TF0, LP2              ;查询 T0 计数溢出否, 同时清除 TF0
        AJMP   LP1                   ;没有溢出等待
LP2:    MOV    TL0, #06H             ;溢出重置计数初值
        MOV    TH0, #0F8H
        CPL    P1.2                  ;输出取反
        SJMP   LP1                   ;重复循环
```

2. 方式 1 的应用

工作方式 1 是 16 位定时器/计数器, 其结构和工作过程几乎与方式 0 完全相同, 唯一的区别是计数器的长度为 16 位。

其定时时间 T 为 $$T = (2^{16} - X) \times 12/f_{osc}$$

其计数初值 X 为 $$X = 2^{16} - T \times f_{osc}/12$$

例 6-4 利用 T1 的定时器中断, 使 P1.2 引脚产生周期为 100ms 的方波, 已知晶振频率 f_{osc} = 12MHz, 试编写相应的程序。

解：方波周期为 100ms, 取定时时间为 50ms, 选 T1 为定时器、方式 1, 取 TMOD = 10H

则计数初值 X1：X1 = 65536−12×50×1000/12 = 15536 = 3CB0H

源程序如下：

```
            ORG     0000H           ;复位入口
            AJMP    MAIN            ;转主程序
            ORG     001BH           ;T1中断入口
            AJMP    TLOOP           ;转定时器T1中断服务子程序
MAIN:       MOV     TMOD, #10H      ;T1为定时器、方式1
            MOV     TH1, #3CH       ;T1计数初值
            MOV     TL1, #0B0H
            SETB    ET1             ;开T1中断
            SETB    EA              ;开总允许位
            SETB    TR1             ;启动T1计时
WAIT:       SJMP    WAIT            ;循环
TLOOP:      MOV     TH1, #3CH       ;T1重新赋计数初值
            MOV     TL1, #0B0H
            CPL     P1.2            ;P1.2取反输出
            RETI                    ;中断返回
```

3. 方式2的应用

当方式0、方式1用于循环重复定时计数时，每次计数满溢出，寄存器全部为0，第二次计数还得重新装入计数初值。这样编程麻烦，而且影响定时时间精度，而方式2解决了这种缺陷。

方式2是能自动重装计数初值的8位计数器。方式2中把16位的计数器拆成两个8位计数器，低8位作计数器用，高8位用以保存计数初值。当低8位计数产生溢出时，将TF0或TF1位置1，同时又将保存在高8位的计数初值重新自动装入低8位计数器中，又继续计数，循环往复不止。

其计数初值 X 为：$X = 2^8 - 计数值 = 2^8 - T \times f_{osc}/12$

式中，T 为定时时间。初始化编程时，THi 和 TLi（$i=0,1$）都装入此 X 值。

例6-5 用定时器/计数器1方式2计数，要求每计满100次，将P1.2端取反。

解：T1工作于计数方式，外部计数脉冲由T1（P3.5）引脚引入，每来一个由1至0的跳变，计数器加1，由程序查询TF1的状态。

计数初值 $X_1 = 2^8 - 100 = 156 = 9CH$

TH1 = TL1 = 9CH，TMOD = 60H（计数方式，方式2）

源程序如下：

```
            MOV     TMOD, #60H      ;T1方式2，计数方式
            MOV     TH1, #9CH       ;T1计数初值
            MOV     TL1, #9CH
            SETB    TR1             ;启动T1
LOOP:       JBC     TF1, REP        ;TF1=1转
            SJMP    LOOP            ;否则等待
```

```
REP:    CPL     P1.2              ;P1.2取反输出
        SJMP    LOOP
```

本例中若要求计数值较大时（>256），还可以用定时器/计数器T2的自动重装载工作方式。此时方式控制字T2CON中置RCLK=0、TCLK=0、$\overline{CP/RL2}$=0、$C/\overline{T2}$=1、TR2=1，加法计数器对T2（P1.0）引脚上的外部脉冲计数。相关程序与上述程序相似，读者可自行练习。

4. 方式3的应用

工作方式3只适用于定时器T0，T0在该模式下被拆分成两个独立的8位计数器TH0和TL0，其中TL0使用原来T0的一些控制位和引脚，它们是：$C/\overline{T}$、GATE、TR0、TF0和T0（P3.4）引脚及$\overline{INT0}$（P3.2）引脚。此方式下的TL0除作为8位计数器外，其功能和操作与方式0、方式1完全相同，可作定时也可作计数用。

例6-6 某用户系统中已使用了2个外部中断，并置定时器T1工作于方式2，作串行口波特率发生器用。现要求再增加一个外部中断源检测T0引脚，当T0引脚有负跳变脉冲后由P1.2输出一个5kHz的方波，f_{osc}=12MHz。

解：为了不增加其他硬件开销，可设置T0工作于方式3计数方式，把T0的引脚作附加的外部中断输入端，TL0的计数初值为FFH，当检测到T0引脚由1至0的负跳变时，TL0立即产生溢出，申请中断，相当于边沿触发的外部中断源。

T0方式3下，TL0作计数用，而TH0可用作8位的定时器，定时控制P1.2输出的5kHz方波信号。注意，T1也能用在方式3下，否则，T1停止工作。

TL0的计数初值为FFH；TH0的计数初值X计算过程如下：

因为P1.2的方波频率为5kHz，故周期T=1/5kHz=0.2ms=200μs

所以用TH0定时100μs，X=256-100×12/12=156

程序如下：

```
MOV    TMOD, #27H        ;T0方式3，计数
                         ;T1方式2，定时
MOV    TL0, #0FFH        ;TL0计数初值
MOV    TH0, #156         ;TH0计数初值
MOV    TH1, #data        ;data是根据波特率要求设置的常数
MOV    TL1, #data
MOV    TCON, #55H        ;外部中断0、1边沿触发，启动T0、T1
MOV    IE, #9FH          ;开放全部中断
       ...
```

TL0溢出中断服务程序（由00BH转来）；

```
TL0INT: JB     TF1, LOOP
        SJMP   TL0INT
LOOP:   MOV    TH0 #156          ;TH0重赋初值
        CLR    TF1
        CPL    P1.2              ;P1.2取反输出
```

SJMP　TL0INT
RETI

思考题与习题

6-1　MCS-51 单片机内部设有几个定时器/计数器？它们是由哪些专用寄存器组成的？

6-2　MCS-51 单片机的定时器/计数器有哪几种工作方式？各有什么特点？

6-3　8051 定时器作定时和计数时其计数脉冲分别由谁提供？

6-4　8051 定时器的门控信号 GATE 设置为 1 时，定时器如何启动？

6-5　定时器/计数器用作定时时，其定时时间与哪些因素有关？作计数时，对外界计数脉冲频率有何限制？

6-6　当 T0 设为工作方式 3 时，由于 TR1 位已被 TH0 占用，如何控制定时器 T1 的启动和关闭？

6-7　已知 8051 单片机的 f_{osc} = 6MHz，请利用 T0 和 P1.2 输出矩形波。其矩形波高电平宽 50μs，低电平宽 300μs。

6-8　已知 8051 单片机的 f_{osc} = 12MHz，用 T1 定时，试编程由 P1.2 和 P1.3 分别输出周期为 2ms 和 500μs 的方波。

科学家精神

"两弹一星"功勋科学家：
钱学森

第七章 MCS-51单片机串行接口

第一节 串行通信的基本概念

一、基本概念

计算机与外界的信息交换称为通信。基本的通信方法有并行通信和串行通信两种。

一个信息的各位数据被同时传送的通信方法称为并行通信。并行通信依靠并行 I/O 接口实现。关于 MCS-51 单片机并行 I/O 端口的功能、结构、原理等内容在第二章第四节已经介绍。MCS-51 单片机并行 I/O 端口可作为准双向并行 I/O 接口使用,如

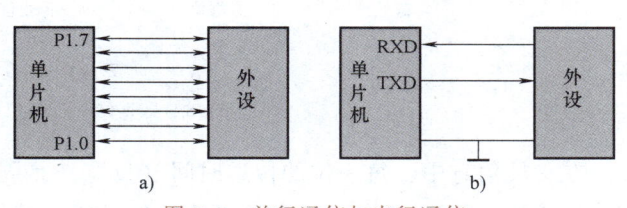

图 7-1 并行通信与串行通信
a) 并行通信 b) 串行通信

图 7-1a 所示。CPU 在执行如"MOV P1,A"的指令时,将 A 中的 8 位数据写入 P1 口锁存器中,并经 P1 口的 8 个引脚将 8 位数据并行输出到外部设备。同样,CPU 也可执行如"MOV A,P1"的指令,将外部设备送到 P1 脚上的 8 位数据并行地读入累加器 A。并行通信速度快,但传输线根数多,只适于近距离(相隔数米)的通信,典型的应用是计算机与打印机之间的连接。

一条信息的各位数据被逐位顺序传送的通信方式称为串行通信。

串行通信依靠串行接口(简称串行口)实现。根据信息的传送方向,串行通信可以进一步分为单工、半双工和全双工 3 种方式。信息只能单方向传送称为单工;信息能双向传送但不能同时双向传送称为半双工;能够同时双向传送则称为全双工。MCS-51 单片机有一个全双工串行口。全双工的串行通信只需要一根输出线和一根输入线,如图 7-1b 所示。通信技术中,输出又称为发送(Transmitting),输入又称为接收(Receiving)。串行通信速度慢,但传输线根数少,适宜长距离通信。

二、两种串行通信方式

串行通信根据数据传送时的编码格式不同又分为异步通信和同步通信两种方式。

1. 异步通信方式

异步通信用起始位"0"表示字符的开始,然后从低位到高位逐位传送数据,最后用停止位"1"表示字符结束,如图7-2所示。一个字符又称一帧。图7-2a中,一帧信息包括1位起始位、8位数据位和1位停止位。图7-2b中,数据位增加到9位。在 MCS-51 计算机系统中,第9位数据 D8 可以用作奇偶校验位,也可以用作地址/数据帧标志,D8=1 表示该帧信息传送的是地址,D8=0 表示传送的是数据。两帧信息之间既可以无间隔,也可以有间隔,且间隔时间可任意改变,间隔用空闲位"1"来填充。

图 7-2 异步通信的格式

a) 8位数据位 b) 9位数据位

在一帧信息中,每一位的传送时间(位宽)是固定的,用位传送时间 T_d 表示。T_d 的倒数称为波特率(Baud rate),波特率表示每秒传送的位数。例如电传打字机的传送速率为每秒 10 个字符,若每个字符为 11 位,则波特率为

$$11\ 位/字符 \times 10\ 字符/s = 110\ 位/s$$

位传送时间 $T_d = 9.1 \text{ms}$

2. 同步通信方式

在同步通信中,每一数据块开头时发送一个或两个同步字符,使发送与接收双方取得同步。数据块的各个字符间取消了起始位和停止位,所以通信速度得以提高,如图7-3所示。同步通信时,如果发送的数据块之间有间隔时间,则发送同步字符填充。

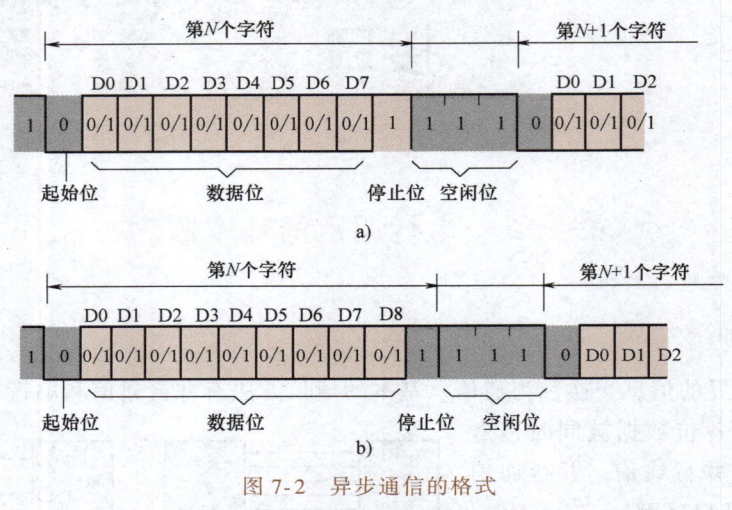

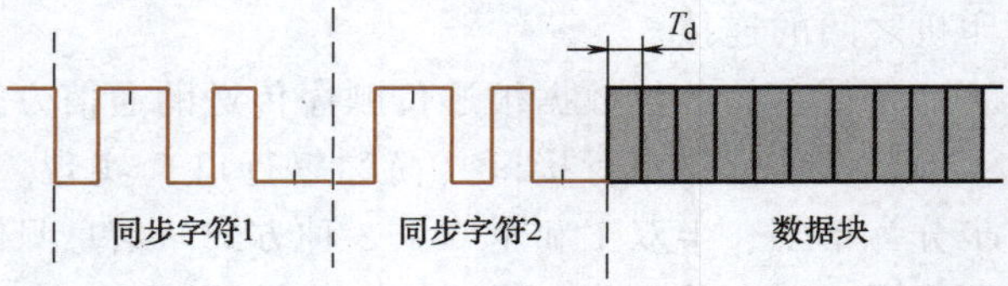

图 7-3 同步通信的格式

如上所述,MCS-51 串行 I/O 接口的基本工作过程是:发送时,将 CPU 送来的并行数据转换成一定格式的串行数据,从引脚 TXD(P3.1)上按规定的波特率逐位输出;接收时,要监视引脚 RXD(P3.0),一旦出现

起始位"0",就将外围设备送来的一定格式的串行数据转换成并行数据,等待 CPU 读入。

三、串行接口的功能

MCS-51 单片机中的异步通信串行接口能方便地与其他计算机或传送信息的外围设备(如串行打印机、CPU 终端等)实现双机、多机通信。

串行口有 4 种工作方式,见表 7-1。方式 0 并不用于通信,而是通过外接移位寄存器芯片实现扩展并行 I/O 接口的功能,该方式又称为移位寄存器方式。方式 1、方式 2、方式 3 都是异步通信方式。方式 1 是 8 位异步通信接口。一帧信息由 10 位组成,其格式如图 7-2a 所示。方式 1 用于双机串行通信。方式 2、方式 3 都是 9 位异步通信接口,一帧信息中包括 9 位数据位、1 位起始位、1 位停止位,其格式如图 7-2b 所示。方式 2、方式 3 的区别在于波特率不同,方式 2、方式 3 主要用于多机通信,也可用于双机通信。

表 7-1 串行口的 4 种工作方式

SM0	SM1	工作方式	功　　能	波　特　率
0	0	方式 0	移位寄存器方式	$f_{osc}/12$
0	1	方式 1	8 位通用异步接收器/发送器	可变
1	0	方式 2	9 位通用异步接收器/发送器	$f_{osc}/32$ 或 $f_{osc}/64$
1	1	方式 3	9 位通用异步接收器/发送器	可变

第二节 MCS-51 串行接口的组成

一、串行接口的结构

串行接口主要由发送数据缓冲器、发送控制器、输出控制门、接收数据缓冲器、接收控制器、输入移位寄存器、波特率发生器 T1 等组成。其结构如图 7-4 所示。发送数据缓冲器只能写入,不能读出,接收数据缓冲器只能读出,不能写入,故这两个缓冲器共用一个特殊功能寄存器 SBUF 名称,在 SFR 块中共用一个地址——99H,由读写指令区分,CPU 写 SBUF 时为发送缓冲器,读 SBUF 时为接收缓冲器。接收缓冲器是双缓冲的,它是为了避免在接收下一帧数据之前,CPU 未能及时响应接收器的中断,把上帧数据读走,而产生两帧

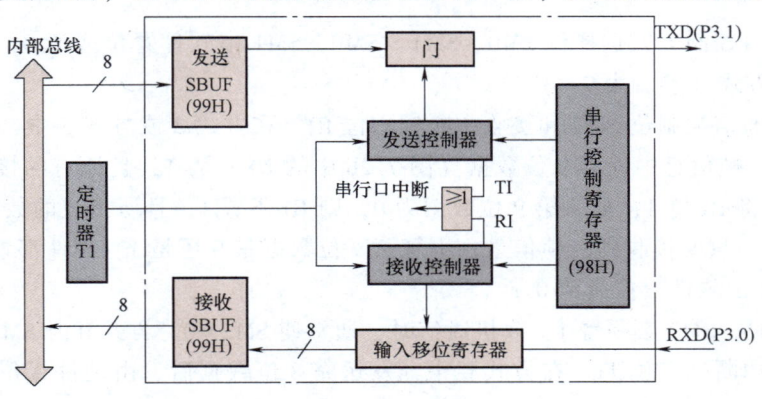

图 7-4 串行接口结构框图

数据重叠的问题而设置的双缓冲结构。对于发送缓冲器，为了保持最大传输率，一般不需要双缓冲，这是因为发送时 CPU 是主动的，不会产生写重叠的问题。

串行口中还有两个特殊功能寄存器 SCON、PCON，特殊功能寄存器 SCON 用来存放串行口的控制和状态信息。定时器/计数器 1（T1）与定时器/计数器 2（T2）都可构成串行口的波特率发生器，使用 T1 时，其波特率是否增倍可由特殊功能寄存器 PCON 的最高位控制。

二、串行接口控制与状态寄存器

MCS-51 串行口的工作方式选择、中断标志、可编程位的设置、波特率的增倍均是通过两个特殊功能寄存器 SCON 和 PCON 来控制的。

1. 电源和波特率控制寄存器 PCON

电源控制寄存器 PCON 的格式如下：

	D7	D6	D5	D4	D3	D2	D1	D0
PCON	SMOD	—	—	—	GF1	GF0	PD	IDL

电源和波特率控制寄存器 PCON，其地址为 87H，因没有位地址，只能进行字节寻址，不能按位寻址。PCON 是在 CHMOS 结构的 51 系列单片机上实现电源控制而附加的，对 HMOS 的 51 系列单片机，只用了最高位，其余位都是虚设的。PCON 的最高位 D7 位作 SMOD，是串行口波特率的增倍控制位。当 SMOD = 1 时，波特率加倍。例如在工作方式 2 下，当 SMOD = 0 时，则波特率为 $f_{osc}/64$；当 SMOD = 1 时，则波特率为 $f_{osc}/32$，恰好增大一倍。系统复位时，SMOD 位为 0。PCON 其他各位定义在第二章第六节中已经介绍。

2. 串行口控制寄存器 SCON

深入理解 SCON 各位的含义，正确地用软件设定 SCON 各位是运用 MCS-51 串行口的关键。该专用寄存器的主要功能是串行通信方式选择、接收和发送控制及串行口的状态标志等。其各位的含义如下：

	D7	D6	D5	D4	D3	D2	D1	D0
SCON	SM0	SM1	SM2	REN	TB8	RB8	TI	RI
位地址	9FH	9EH	9DH	9CH	9BH	9AH	99H	98H

（1）串行口控制方式选择位 SM0、SM1　SM0、SM1 由软件置位或清 0，用于选择串行口的 4 种工作方式（参看表 7-1）。

（2）多机通信控制位 SM2 和接收中断标志位 RI　在方式 2 或方式 3 中，当 SM2 = 1 时，如果接收到的一帧信息中的第 9 位数据（图 7-2b 中的 D8）为 1，且原有的接收中断标志位 RI = 0，则硬件将 RI 置 1；如果第 9 位数据为 0，则 RI 不置 1，且所接收的数据无效。

SM2 = 0 时，只要接收到一帧信息，不管第 9 位数据是 0 还是 1，硬件都置 RI = 1，RI 由软件清 0。SM2 由软件置位或清 0。

多机通信时，SM2 必须置 1，双机通信时，通常使 SM2 = 0。方式 0 时 SM2 必须为 0。

（3）发送中断标志位 TI　在方式 0 中，发送完 8 位数据后，由硬件置位；在其他方式中，在发送停止位之初，由硬件使 TI = 1。TI 置位后可向 CPU 申请中断，任何方式中初始化时 TI 位都必须由软件清 0。

（4）接收中断标志位 RI　在方式 0 中，接收完 8 位数据后，由硬件置位；在其他方式中，在接收停止位的一半时由硬件将 RI 置位（还应考虑 SM2 的设定）。RI 被置位后可允许 CPU 申请中断，任何方式中初始化时 RI 位都必须由软件来清 0。

串行发送中断标志 TI 和接收中断标志 RI 共用一个中断源，CPU 并不知道是 TI 还是 RI 产生的中断请求，所以在全双工通信时，必须由软件来识别是 TI = 1 还是 RI = 1 或两者都为 1。

（5）允许接收控制位 REN　REN = 1 时允许接收，REN = 0 时禁止接收。REN 由软件置位或清 0。一旦 REN 置为 1，则 RXD 端一直处于接收状态。

（6）发送数据 D8 位 TB8　TB8 是方式 2、方式 3 中要发送的第 9 位数据，事先用软件写入 1 或 0。方式 0、方式 1 不用。

（7）接收数据 D8 位 RB8　方式 2、方式 3 中，由硬件将接收到的第 9 位数据存入 RB8。方式 1 中，停止位存入 RB8。

复位后 SCON 的所有位清 0。

第三节　串行接口的工作方式

一、串行接口工作方式 0

SM0 = 0，SM1 = 0，串行接口工作于方式 0，即串行寄存器方式，或称为同步移位寄存器输入/输出方式。图 7-5 是串行接口方式 0 的结构示意图。数据从 RXD 引脚上发送或接收。一帧信息由 8 位数据组成，低位在前。波特率固定，为 $f_{osc}/12$。同步移位脉冲从 TXD 引脚上输出。

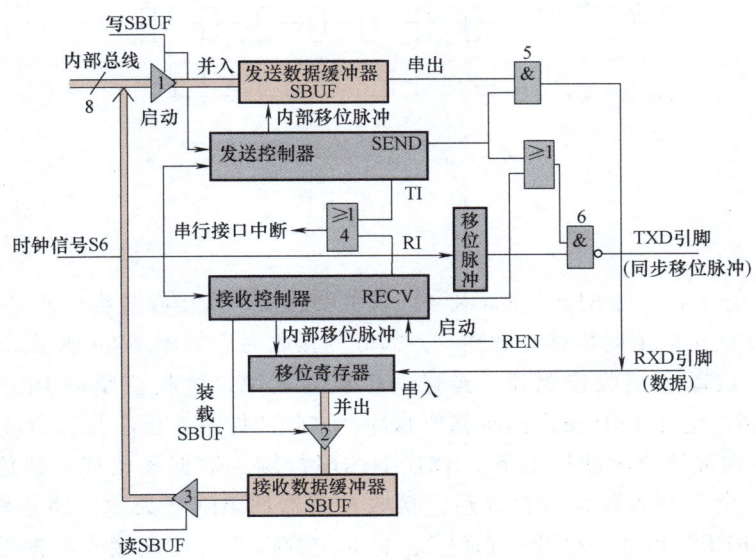

图 7-5　串行接口方式 0 结构示意图

1. 发送

CPU 执行一条写 SBUF 的指令如 "MOV SBUF, A",就启动了发送过程。发送的时序如图 7-6a 所示。

指令执行期间送来的写信号打开三态门 1,经内部总线送来的 8 位并行数据入发送数据缓冲器 SBUF。写信号同时启动发送控制器。此后,CPU 与串行口并行工作。经过一个机器周期,发送控制端 SEND 有效(高电平),打开门 5 和门 6,允许 RXD 引脚发送数据,TXD 引脚输出同步移位脉冲。在由时钟信号 S6 触发产生的内部移位脉冲作用下,发送数据缓冲器中的数据逐位串行输出。每一个机器周期从 RXD 上发送一位数据,故波特率为 $f_{osc}/12$。S6 同时形成同步移位脉冲,一个机器周期从 TXD 上输出一个同步移位脉冲。8 位数据(一帧)发送完毕后,SEND 恢复低电平状态,停止发送数据。且发送控制器硬件置发送中断标志 TI = 1,向 CPU 申请中断。

如要再次发送数据,必须用软件将 TI 清 0,并再次执行写 SBUF 指令。

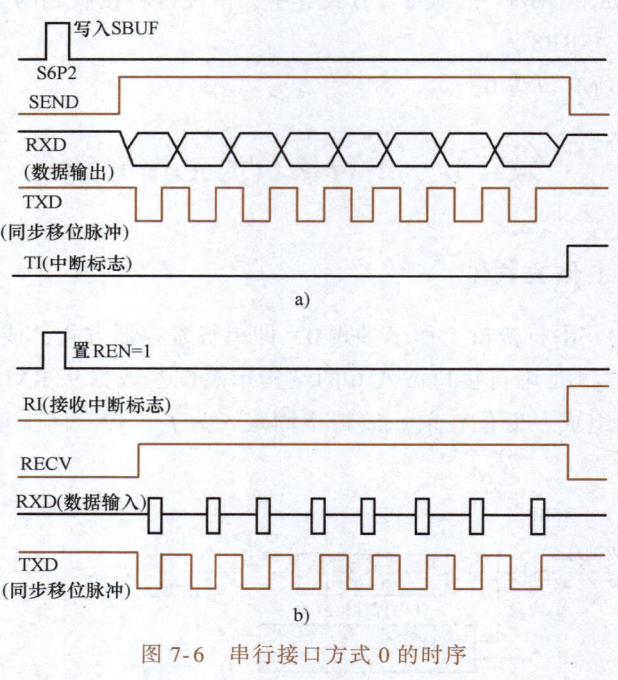

图 7-6 串行接口方式 0 的时序
a) 发送 b) 接收

2. 接收

在 RI = 0 的条件下,将 REN(SCON.4)置 1 就启动一次接收过程。此时 RXD 为串行数据接收端,RXD 依然输出同步移位脉冲。方式 0 的接收时序如图 7-6b 所示。

REN 位置 1 启动了接收控制器。经过一个机器周期,接收控制端 RECV 有效(高电平),打开了门 6,允许 TXD 输出同步移位脉冲。该脉冲控制外接芯片逐位输入数据,波特率为 $f_{osc}/12$。在内部移位脉冲作用下,RXD 上的串行输入数据逐位移入移位寄存器。当 8 位数据(一帧)全部移入移位寄存器后,接收控制器使 RECV 失效,停止输出移位脉冲,还发出 "装载 SBUF" 信号,打开三态门 2,将 8 位数据并行送入接收数据缓冲器 SBUF 保存。与此同时,接收控制器硬件置接收中断标志 RI = 1,向 CPU 申请中断。CPU 响应中断后，用软件使 RI=0，使移位寄存器开始接收下一帧信号，然后通过读接收缓冲器的指令例如"MOV A，SBUF"读取 SBUF 中的数据。在执行这一指令时，CPU 发出的"读 SBUF"信号打开三态门 3、数据位内部总线进入 CPU。

串行口方式 0 不适用于两个 8052 之间的数据通信，但可通过外接移位寄存器来扩展单片机的接口。例如，采用 74LS164 可以扩展并行输出口，采用 74LS165 可以扩展输入口。

二、串行接口工作方式 1

SM0=0、SM1=1，串行接口工作于方式 1，即 8 位异步通信接口方式，结构示意图如图 7-7 所示。RXD 为接收端，TXD 为发送端。一帧信息由 10 位组成，方式 1 的波特率可变，由定时器/计数器 1 或定时器/计数器 2 的溢出速率以及 SMOD（PCON.7）决定，且发送波特率与接收波特率可以不同。

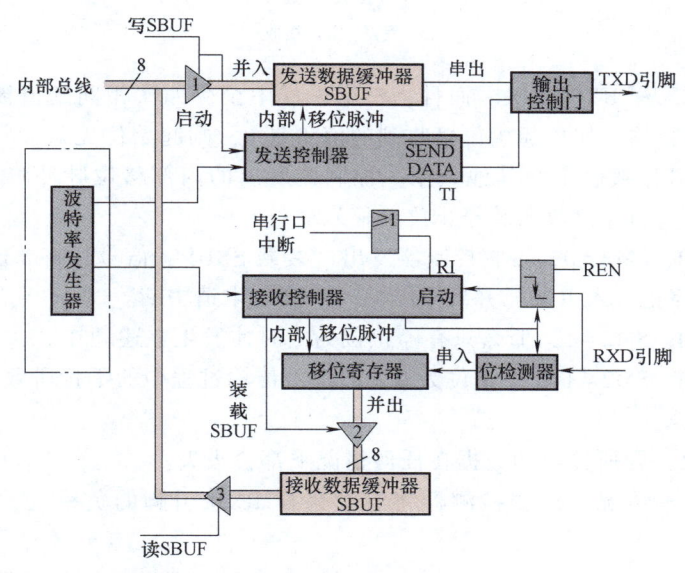

图 7-7 串行接口方式 1、2、3 结构示意图

1. 发送

CPU 执行一条写 SBUF 指令后便启动了串行口发送，数据从 TXD 输出，其时序如图 7-8a 所示。

在指令执行期间，CPU 送来"写 SBUF"信号，将并行数据送入 SBUF，并启动发送控制器，经一个机器周期，发送控制器的 $\overline{\text{SEND}}$、DATA 相继有效，通过输出控制门从 TXD 上逐位输出一帧信号。一帧信号发送完毕后，$\overline{\text{SEND}}$、DATA 失效，发送控制器硬件置发送中断标志 TI=1，向 CPU 申请中断。

2. 接收

方式 1 的接收时序如图 7-8b 所示。允许接收位 REN 被置 1，接收器就开始工作，跳变检测器以波特率 16 倍的速率采样 RXD 引脚上电平，当采样到从 1 到 0 的负跳变时，启动接收控制器接收数据，由于发送、接收双方各自使用自己的时钟，两者的频率总有少许差异。为了避免这种影响，控制器将每位发送时间等分成 16 份，位检测器在 7、8、9 三个状态也

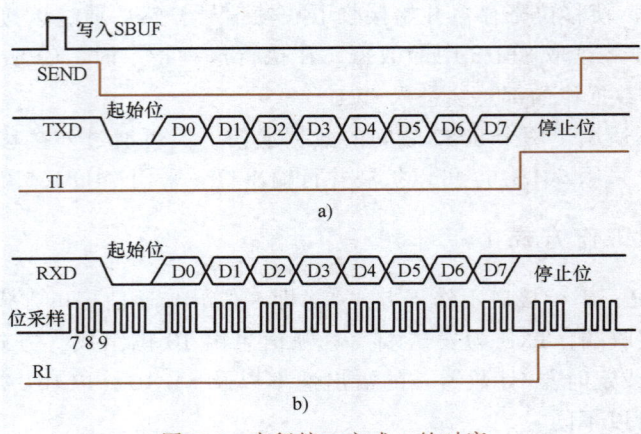

图 7-8 串行接口方式 1 的时序
a) 发送　b) 接收

就是在位信号中央采样 RXD 三次。而且，三次采样中至少两次相同的值被确认为数据，这是为了减小干扰的影响。如果起始位接收到的值不是 0，则起始位无效，复位接收电路。如果起始位为 0，则开始接收本帧其他数据。控制器发出的内部移位脉冲将 RXD 上的数据逐位移入移位寄存器，当 8 位数据及停止位全移入后：

1) 如果 RI = 0、SM2 = 0，接收控制器发出"装载 SBUF"信号，将 8 位数据装入接收数据缓冲器 SBUF，停止装入 RB8，并置 RI = 1，向 CPU 申请中断。

2) 如果 RI = 0、SM2 = 1，那么只有停止位为 1 时才发生上述动作。

3) 如果 RI = 0、SM2 = 1 且停止位为 0（通常由传输过程中的干扰所致），所接收的数据就会丢失，不再恢复。

4) 如果 RI = 1，则所接收的数据在任何情况下都会丢失。

无论出现哪一种情况，跳变检测器将继续采样 RXD 引脚的负跳变，以便接收下一帧信息。

接收器采用移位寄存器和 SBUF 双缓冲结构，以避免在接收后一帧数据之前，CPU 尚未及时响应中断将前一帧数据取走，造成两帧数据重叠问题。采用双缓冲器后，前、后两帧数据进入 SBUF 的时间间隔至少有 10 个位传送周期。在后一帧数据送入 SBUF 之前，CPU 有足够的时间将前一帧数据取走。

三、串行接口工作方式 2 和方式 3

SM0 = 1、SM1 = 0，串行接口工作在方式 2；SM0 = 1、SM1 = 1，串行接口工作在方式 3。串行接口工作在方式 2、方式 3 时，为 9 位异步通信接口。发送或接收的一帧信息由 11 位组成，如图 7-2b 所示。方式 2 与方式 3 仅波特率不同，方式 2 的波特率为 $f_{osc}/32$（SMOD = 1 时）或 $f_{osc}/64$（SMOD = 0 时），而方式 3 的波特率由 T1 及 SMOD 或 T2 决定。

1. 发送

方式 2、方式 3 发送时，数据从 TXD 引脚输出，附加的第 9 位数据由 SCON 中的 TB8 提供。CPU 执行一条写入 SBUF 的指令后立即启动发送器发送。发送完一帧信息后由硬件置 TI = 1，其时序如图 7-9a 所示。

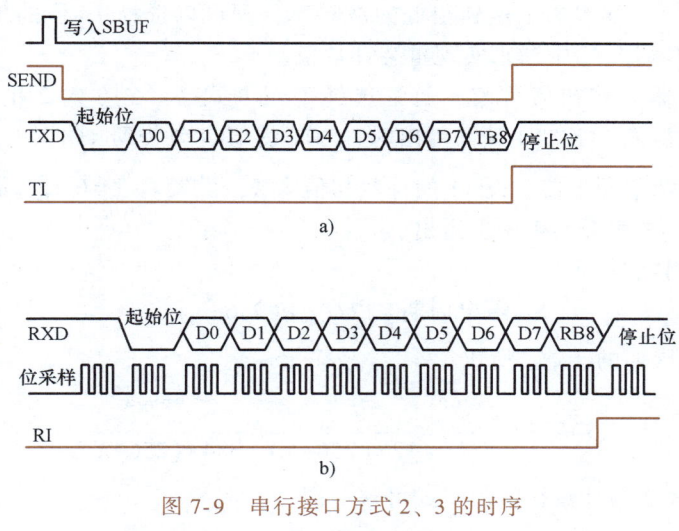

图 7-9 串行接口方式 2、3 的时序
a) 发送 b) 接收

2. 接收

与方式 1 相似，REN 置 1 后，跳变检测器不断对 RXD 引脚采样。当采样到负跳变后就启动接收控制器。位检测器对每位数据采集 3 个值，用采 3 取 2 的办法确定每位的数值。当第 9 位数据移入移位寄存器后，将 8 位数据装入 SBUF，第 9 位数据装入 RB8，并置 RI = 1，其时序如图 7-9b 所示。

与方式 1 相同，方式 2、方式 3 中也设置有数据辨别功能，即当 RI = 1 或 SM2 = 1 且第 9 位数据为 0 时所接收的一帧信息被丢失。

四、各方式波特率的设计

在串行通信中，收发双方对发送或接收的数据速率（即波特率）要有一定的约定。可通过对串行口编程设定。各种工作方式下其波特率的设置均有所不同，其中方式 0 和方式 2 的波特率是固定的，方式 1 和方式 3 的波特率是可变的，由定时器 T1 的溢出率确定。

(1) 方式 0 的波特率　方式 0 时，其波特率固定为振荡频率的 1/12，并不受 PCON 中 SMOD 位的影响。因而，方式 0 的波特率 = $f_{osc}/12$。

(2) 方式 2 的波特率　方式 2 的波特率由系统的振荡频率 f_{osc} 和 PCON 的最高位 SMOD 确定，即为 $2^{SMOD} \times f_{osc}/64$。在 SMOD = 0 时，波特率 = $f_{osc}/64$；在 SMOD = 1 时，波特率 = $f_{osc}/32$。

(3) 方式 1、3 的波特率　当采用 T1 作串行口波特率发生器的时钟时，其方式 1、3 的波特率由定时器 T1 的溢出率和 SMOD 的值共同确定，即

$$方式1、3的波特率 = (2^{SMOD}/32) \times 定时器 T1 的溢出率$$

其中定时器溢出率取决于计数速率和定时器的预置值。计数速率与 TMOD 寄存器中 C/$\overline{T}$ 的设置有关。当 C/$\overline{T}$ = 0 时，为定时方式，计数速率 = $f_{osc}/12$；当 C/$\overline{T}$ = 1 时，为计数方式，计数速率取决于外部输入时钟的频率，但不能超过 $f_{osc}/24$。

定时器的预置值等于 $M-X$，X 为计数初值，M 为定时器的最大计数，与工作方式有关

(可取 2^{13}、2^{16}、2^8)。如果为了达到很低的波特率,则可以选择 16 位的工作方式,即方式 1,或方式 0,可以利用 T1 中断来实现重装计数值。

为能实现定时器计数初值重装,通常选择工作方式 2。在方式 2 中,TL1 作计数用,TH1 用于保存计数初值,当 TL1 计满溢出时,TH1 的值自动装到 TL1 中。因此一般选用 T1 工作于方式 2 作波特率发生器。设 T1 的计数初值为 X,设置 $C/\overline{T}=0$ 时,那么每过 $256-X$ 个机器周期,定时器 T1 就会产生一次溢出。

则 T1 的溢出周期为

$$溢出周期 = 12/f_{osc} \times (256-X)$$

溢出率为溢出周期的倒数,所以

$$波特率 = \frac{2^{SMOD}}{32} \times \frac{f_{osc}}{12 \times (256-X)} = \frac{2^{SMOD} \times f_{osc}}{384 \times (256-X)}$$

定时器 T1 方式 2 的计数初值由上式可得,即

$$X = 256 - \frac{2^{SMOD} \times f_{osc}}{384 \times 波特率}$$

若采用 T2 作串行口的波特率发生器时钟,则波特率取决于定时器 T2 的溢出率。由 T2CON 中的 TCLK、RCLK 选择。发送器的波特率由 TCLK 选择,TCLK = 1 时,使用定时器/计数器 2;TCLK = 0 时,使用定时器/计数器 1。接收器的波特率由 RCLK 选择,RCLK = 1 时,使用定时器/计数器 2;RCLK = 0 时,使用定时器/计数器 1。

定时器/计数器 2 构成波特率发生器的波特率与 SMOD 无关。由于定时器状态时($C/\overline{T2}=0$),加法计数器对时钟脉冲($f_{osc}/2$)计数,所以波特率计算公式为

$$波特率 = f_{osc}/2 \times 16 \times [65536-(RCAP2H、RCAP2L)]$$

式中,(RCAP2H、RCAP2L) 是定时器/计数器 2 的 16 位自动重装载计数器的初值。

当设置 $C/\overline{T2}=1$ 时,T2 选用外部时钟,该时钟由 T2(P1.0)端输入。外部时钟频率不超过 f_{osc} 的 1/2。

计数器状态($C/\overline{T2}=1$)的波特率为

$$波特率 = 外部时钟频率/16 \times [65536-(RCAP2H、RCAP2L)]$$

第四节 多机通信原理

MCS-51 系列单片机串行口的方式 2 和方式 3 具有多机通信功能,可用来构成各种分布式系统。多机通信通常采用一台主机和多台从机的形式,如图 7-10 所示。图中主机的发送端和各从机的接收端相连,主机的接收端和各从机的发送端相连。主机与各从机之间能实现全双工通信,而各从机之间不能直接通信。

一、通信标准

在多机系统中,为了使不同厂家生产的任何型号的单片机都可用一条无源标准总线电缆连接起来,世界各国都按统一标准来设计单片机的通信接口,电子工业协会(EIA)公布的

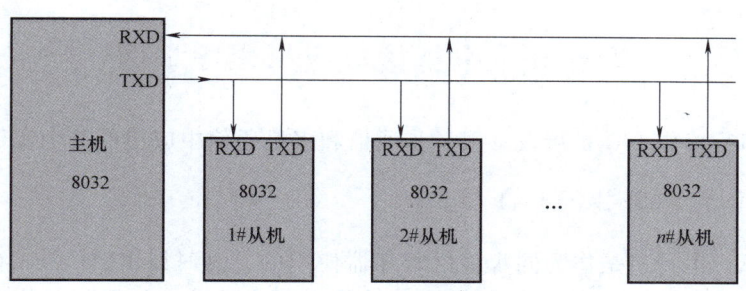

图 7-10 MCS-51 系列单片机多机通信系统

RS-232C 是用得最多的一种串行通信标准。关于 RS-232C 串行通信接口及其应用将在第十章介绍。另外，目前也常采用 RS-422 或 RS-485 串行标准总线进行数据传输。RS-422 或 RS-485 标准都是采用双线差分信号传输，能更有效地抑制远距离传输中的信号干扰。它们比 RS-232 标准有更快的传输速率和更远的传输距离，总线驱动能力和抗干扰能力强，且有的电平转换芯片带有三态控制，可以方便地实现总缓冲隔离。这两个总线标准在传输距离为 100m 时，速率可达到 1Mbit/s 以上；传输距离为 1000m 时，速率可达到 100Mbit/s 以上。加中断器后传输距离就更远。以往常用的 RS-485 收发器电平调整接口芯片一般用 SN75147 和 SN75175，现在则有很多性能更好的芯片可供选择，如 MAX1480、MAX1478 等。

二、多机通信原理

为了实现多机通信，主机和从机的操作必须要有一定的协调配合。当主机向从机发送地址帧或数据帧时，要有相应的标志位予以区分，以便让从机识别。当主机选中要与之通信的从机后，只有该从机能够与主机通信，其他从机不能与主机进行数据交换，而只能准备接收主机发来的地址帧。

上述要求是依靠 SCON 寄存器中的 SM2 和 TB8 这两位来实现的。当主机发送地址帧时置 TB8=1，发送数据帧时置 TB8=0，TB8 是发送的帧信息的第 9 位。从机接收时将第 9 位数据作为 RB8，这样就能知道主机发来的这一帧信息是地址还是数据。另外，当一台从机的 SM2=0 时，可以接收地址帧或数据帧，而当 SM2=1 时，只能接收地址帧。这样就能保证实现主机与所选中从机之间的单独通信。

多机通信的具体操作步骤如下：

1) 各从机的 SM2 置为 1，使它们只能接收地址帧。

2) 主机发送一帧地址信息，以选中要通信的从机。发送地址帧的标志是 TB8=1。

3) 各从机接收到主机发来的地址帧后，与本机地址作比较。本机地址与主机发送地址相同者就是被寻址的从机，由它向主机回送一个本机地址信号，并将其 SM2 置 0，以准备接收主机发来的数据。其他从机保持 SM2 为 1，对主机发来的数据不予理睬，等待主机发来的地址帧。

4) 主机得到从机发回的地址信号后，就对该从机发送控制命令，主机这时置 TB8=0。控制命令是说明主机要求从机接收还是发送。

5) 从机接到主机的控制命令后，向主机发回一个状态信息，表明是否已经准备就绪。主机收到从机状态信息，如果从机已准备就绪，主机便与从机进行数据传送。

第五节 串行接口应用程序举例

本节介绍串行口作 I/O 扩展及一般异步通信和多机通信中应用的几个实例。

一、用串行口扩展并行 I/O 口

在方式 0 下，串行口是作为同步移位寄存器使用的，这时以 RXD（P3.0）端作为数据移位的输入端或输出端，而由 TXD（P3.1）端输出移位脉冲。如果把能实现"并入串出"或"串入并出"功能的移位寄存器与串行口配合使用，就可以把串行口转变为并行输入或输出口使用。74LS165（见图 7-11a）、74LS164（见图 7-11b）是两种较常用的能实现串并移位的寄存器。

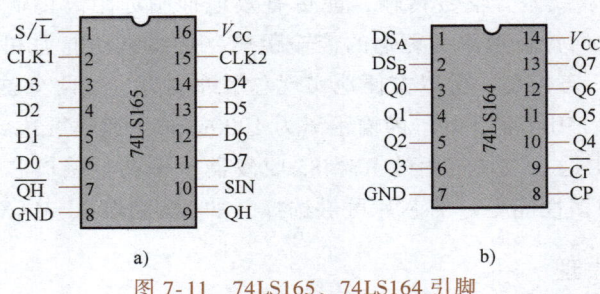

图 7-11　74LS165、74LS164 引脚
a）74LS165 引脚　b）74LS164 引脚

CLK1、CLK2—时钟输入端　D0~D7—并行数据输入端　SIN—串行数据输入端　QH—输入端
$\overline{QH}$—互补输入端　S/$\overline{L}$—移位控制/置入控制（低电平有效）　CP—时钟输入端
$\overline{Cr}$—清除端（低电平有效）　DS_A、DS_B—串行数据输入端　Q0~Q7—并行输入端

下面是串行口工作于方式 0 扩展并行 I/O 口的实用电路和简单的控制程序。

1. 用并行输入 8 位移位寄存器 74LS165 扩展输入口

图 7-12 是利用并行输入 8 位移位寄存器 74LS165 的 3 根口线扩展为 16 根输入口线的实用电路。从理论上讲，利用这种方法可以扩展更多的输入口，但扩展得越多，口的操作速度会越低。74LS165 的串行输出数据接到 RXD 端作为串行口的数据输入，而 74LS165 的移位时钟仍由串行口的 TXD 端提供。端口线 P1.0 作为 74LS165 的接收和移位控制端 S/$\overline{L}$，当 S/$\overline{L}$=0 时，允许 74LS165 置入并行数据；当 S/$\overline{L}$=1 时，允许 74LS165 串行移位输出数据。若编程选择串行口方式 0，并将 SCON 的 REN 位置位允许接收，就可开始一个数据的接收过程。根据图 7-12 的硬件连接方法，编程从 16 位扩展输入口读入 20 个字节数据并把它存入片内 40H 开始的单元中。

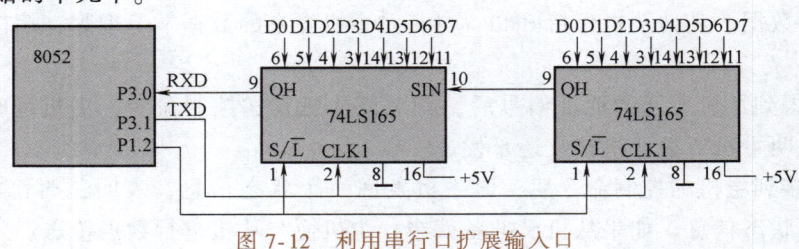

图 7-12　利用串行口扩展输入口

```
        MOV    R7, #20        ;设置读入字节数
        MOV    R0, #40H       ;设置内部 RAM 地址指针
        SETB   F0             ;设置读入字节奇偶数标志
RCV0：  CLR    P1.2           ;并行置入 16 位数据初始位
        SETB   P1.2           ;允许串行移位
RCV1：  MOV    SCON, #10H     ;设计串行口方式 0,启动接收过程
        JNB    RI, $          ;等待接收一帧数据结束
        CLR    RI             ;接收结束,清 RI 中断标志位
        MOV    A, SBUF        ;读取缓冲器接收的数据
        MOV    @R0, A         ;存入片内 RAM 中
        INC    R0
        CPL    F0
        JB     F0, RCV2       ;接收完偶数帧则重新并行置入数据
        DEC    R7
        SJMP   RCV1           ;否则再接收一帧
RCV2：  DJNZ   R7, RCV0       ;预定字节数没有接收完则继续
        ……                    ;对读入数据进行处理
```

程序中的 F0 用来做读入字节数的奇偶性标志,因为每次由扩展口并行置入到移位寄存器是 16 位数据,即 2 个字节,每置入一次数据,串行口应接收 2 帧数据,故已接收的数据字节数为奇数时(F0=0),不需要再并行置入数据就直接启动接收过程;F0=1 时,应该再向并行移位寄存器中置入新的数据。

若 $f_{osc}=12MHz$,则方式 0 下的串行接收波特率为 1MB/s,速度较快,此程序对串行接收过程采用查询等待的控制方式,有必要时,也可采用中断控制方式。

2. 用 8 位并行输出串行移位寄存器 74LS164 扩展输出口

图 7-13 是利用 8 位并行输出串行移位寄存器 74LS164 扩展 16 位输出口线的实用电路。由于 74LS164 无并行输出控制端,在串行输入过程中,其输出端的状态会不断变化,故在某些使用场合,应在 74LS164 与输出装置之间加上输出可控制的缓冲器级(74LS244 等),以便串行输入过程结束后再输出。图中串行口的数据通过 RXD 引脚加到 74LS164 的输入端,串行口输出移位时钟通过 TXD 引脚加到 74LS164 的时钟端。使用另一条 I/O 线 P1.3 控制

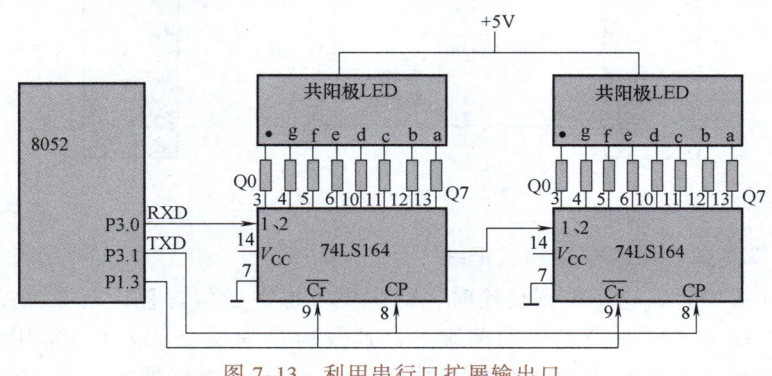

图 7-13 利用串行口扩展输出口

74LS164 的 $\overline{\text{Cr}}$ 选通端（也可以将 74LS164 的选通端直接接高电平）。

图 7-13 中的输出装置是 2 位共阳极七段 LED 显示器，采用静态显示方式。由于 74LS164 在低电平输出时，允许通过的电流可达 8mA，故不需要再加驱动电路。与动态扫描相比，静态显示方式的优点是 CPU 不必频繁地为显示服务，软件设计比较简单，很容易做到显示不闪烁。

根据图 7-13，编程把片内 RAM 以 20H 开始的显示缓冲区中的数据取出并由串行口输出显示。控制显示器的程序如下：

```
DISP:  MOV    R7, #2              ;设置显示位数
       MOV    R0, #20H            ;指向显示数据缓冲区
       MOV    SCON, #00H          ;设串行口方式 0
       SETB   P1.3
DISP0: MOV    A, @R0              ;取待显示的数据
       ADD    A, #0BH             ;设置查表指令距表格地址的偏移值
       MOVC   A, @A+PC            ;取显示数据的段码
       MOV    SBUF, A             ;启动串行口发送数据
       JNB    TI, $               ;等待一帧发送结束
       CLR    TI                  ;清串行口中断标志
       INC    R0
       DJNZ   R7, DISP0
       RET
TAB    DB     C0H, F9H, A4H, B0H, 99H   ;数字 0~4 的段码
       DB     92H, 82H, F8H, 80H, 98H   ;数字 5~9 的段码
```

二、用串行口作异步通信接口

用串行口作异步通信接口时其接收和发送双向的电路连接如图 7-14 所示。

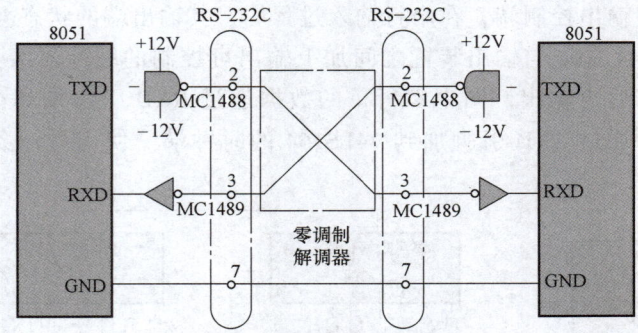

图 7-14 点对点的异步通信连接

1. 用串行口发送带奇偶校验的数据块

在使用单片机串行口进行数据传输时，往往要考虑在通信过程中对数据差错进行校验，因为差错校验是保证准确无误通信的关键。奇偶校验是 MCS-51 单片机常用的差错校验方法。使用奇偶校验在发送数据时，数据位尾随的 1 位数据为奇偶校验位（1 或 0），当设

置为奇校验时，数据中 1 的个数与校验位 1 的个数之和应为奇数；当设置为偶校验时，数据中 1 的个数与校验位 1 的个数之和应为偶数。接收时，接收方应具有与发送方一致的差错检验设置，当接收一个字符时，对 1 的个数进行校验，若二者不一致，则说明数据传送过程中出了差错。

奇偶校验是按字符进行校验的，因此数据传输速率将受到影响，这种特点使得它一般只用于异步串行通信中。下面是用串行口发送带奇偶校验的数据块的应用举例。

假定要编程从片内 RAM 的 20H~3FH 取出 ASCII 码数据，采用奇校验，在最高位上加奇偶校验位后由串行口发送，采用 8 位数据异步通信，串行口采用方式 1 发送，用 T1 作波特率发生器，设波特率为 1200，$f_{osc} = 11.059 \text{MHz}$。

解：用定时器 T1 模式 2 作波特率发生器，所以可设置 TMOD 为 20H，设波特率不倍增，SMOD = 0，其计数初值 X 为

$$X = 256 - \frac{11.059 \times 10^6 \times 2^0}{384 \times 1200} = 232 = E8H$$

$$TH1 = TL1 = 0E8H$$

主程序：

```
        MOV     TMOD, #20H      ; T1 方式 2
        MOV     TL1, #0E8H      ; T1 计数初值
        MOV     TH1, #0E8H
        SETB    TR1             ; 启动 T1
        MOV     SCON, #40H      ; 串口方式 1
        MOV     PCON, #00H      ; SMOD = 0，波特率不倍增
        MOV     R0, #20H
        MOV     R7, #32
LOOP:   MOV     A, @R0          ; 取发送的数据
        ACALL   SPOUT           ; 调发送子程序
        INC     R0
        DJNZ    R7, LOOP        ; 未发送完重复
        ……
串行口发送子程序
SPOUT:  MOV     C, P            ; 设置奇校验位，P=1 为奇校验
        CPL     C
        MOV     Acc.7, C        ; 数据最高位加上奇校位
        MOV     SBUF, A         ; 启动串行口发送过程
        JNB     TI, $           ; 等待发送结束
        CLR     TI              ; 清发送中断标志
        RET
```

2. 用串行口接收带奇偶校验位的数据块

本例与上例相似，串行口接收器把接收到的 32 个字节数据存入片内 RAM 的 20H~3FH

单元,波特率同上。采用奇校验,若奇校验出错则将进位位置1。

主程序:

```
        MOV   TMOD, #20H
        MOV   TL1, #0E8H
        MOV   TH1, #0E8H
        SETB  TR1
        MOV   R0, #20H
        MOV   R7, #32
        MOV   PCON, #00H
LOOP:   ACALL SPIN          ;调接收子程序
        JC    ERR
        MOV   @R0, A        ;接收的数据存入片内RAM
        INC   R0
        DJNZ  R7, LOOP
        ……
```

串行口接收子程序

```
SPIN:   MOV   SCON, #50H    ;串行口方式1,REN=1允许接收
        JNB   RI, $         ;等待接收一帧数据
        CLR   RI
        MOV   A, SBUF       ;取一帧数据
        MOV   C, P
        CPL   C
        ANL   A, #7FH       ;去掉奇校验位
        RET
```

ERR:出错处理程序(略)

三、用串行口作多机通信接口

MCS-51 串行口的方式 2 和方式 3 有一个专门的应用领域,即多机通信。这一功能使它可以方便地应用于集散式分布系统中。此例中规定如下几条简单的协议:

1)系统中允许接有 255 台从机,它们的地址分别为 00H~FFH。
2)地址 FFH 是对所有从机都起作用的一条控制命令:命令各从机恢复 SM2=1 的状态。
3)主机发送的控制命令代码为

00H:要求从机接收数据块;FFH:要求从机发送数据块;其他:非法命令。

4)数据块长度:16B。
5)从机状态字格式如下:

D7	D6	D5	D4	D3	D2	D1	D0
ERR	0	0	0	0	0	TRDY	RRDY

其中:若 ERR=1,表示从机接收到非法命令;若 TRDY=1,表示从机发送准备就绪;

若 RRDY=1，表示从机接收准备就绪。

下面给出串行口通信程序，主程序部分是以子程序的方式给出，要进行串行通信时，可以直接调用这个子程序。主机在接收或发送完一个数据块后可返回主程序，完成其他任务。从机部分以串行口中断服务程序的方式给出，若从机未作好接收或发送数据的准备，就从中断程序中返回，在主程序中做好准备。故主机在这种情况下不能简单地等待从机准备就绪，而要重新与从机联络，使从机再次进入串行口中断。系统可以采用 T1 作为波特率发生器，也可以采用固定的波特率。主机和从机中对 T1 初始化程序在此例中从略。图 7-15 为多机串行通信主机程序流程图。

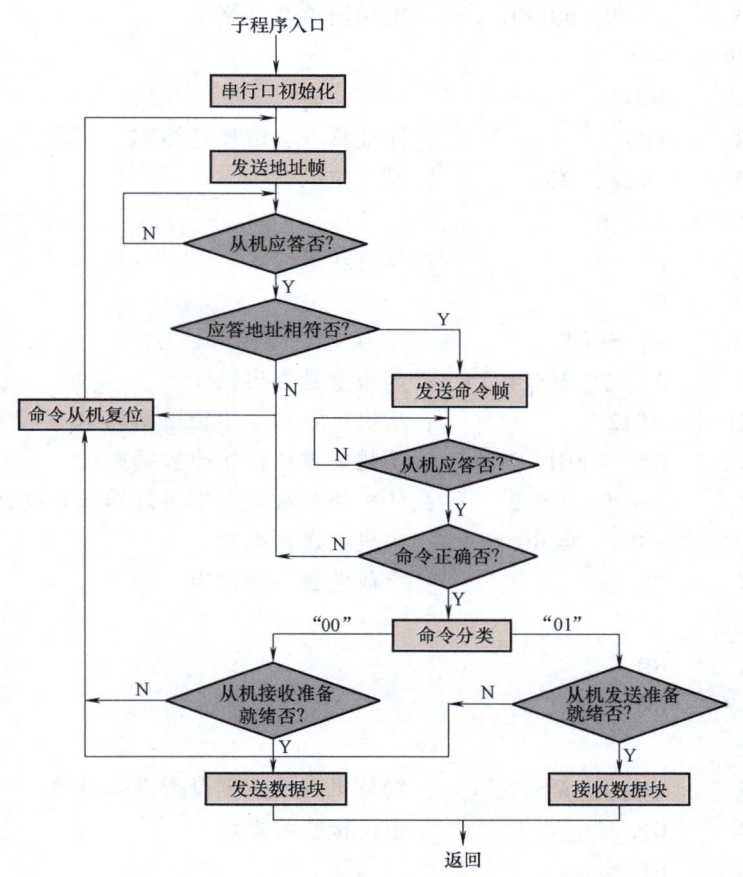

图 7-15 多机串行通信主机程序流程图

1. 主机串行通信子程序

入口参数：R2←被寻址从机的地址
　　　　　R3←主机命令
　　　　　R4←数据块长度
　　　　　R0←主机发送的数据块首地址
　　　　　R1←主机接收的数据块首地址

MS10：MOV　　SCON, #0D8H　　；串口方式 3，允许接收；SM2=0,
　　　　　　　　　　　　　　　　REN=1, TB8=1

```
MS11:  MOV    A, R2              ;发送地址帧
       MOV    SBUF, A            ;等待发送完，转接收从机回答
       JNB    TI $               ;等待从机应答
       JNB    RI, $
       CLR    RI
       MOV    A, SBUF
       XRL    A, R2              ;判应答地址是否相符
       JZ     MS13               ;相同转发送命令
MS12:  MOV    SBUF, #0FFH        ;不相同重新联络
       SETB   TB8
       SJMP   MS11
MS13:  CLR    TB8                ;地址符合，清地址标志
       MOV    SBUF, R3           ;发送主机命令
       JNB    TI, $
       JNB    RI, $              ;等待从机应答
       CLR    RI
       MOV    A, SBUF
       JNB    Acc.7, MS14        ;判命令是否出错
       SJMP   MS12               ;从机接收命令出错重新联络
MS14:  CJNE   R3, #00H, MS15     ;不是要求从机接收数据则转
       JNB    Acc.0, MS12        ;从机接收数据未准备好转重新联络
LPT:   MOV    SBUF, @R0          ;主机发送数据块
       JNB    TI, $              ;等待发送一帧结束
       CLR    TI
       INC    R0
       DJNZ   R4, LPT
       RET
MS15:  JNB    Acc.1, MS12        ;判从机发送数据是否准备就绪
LPR:   JNB    RI, $              ;主机接收数据块
       CLR    RI
       MOV    A, SBUF
       MOV    @R1, A
       INC    R1
       DJNZ   R4, LPR
       RET
```

若主机向 10 号从机发送数据块，数据存入片内 RAM 的 40H~4FH 单元中，则任务程序中调用上述子程序的方法是：

……

MOV   R2, #0AH

```
        MOV    R3, #01H
        MOV    R4, #10H
        MOV    R0, #40H
        LCALL  MS10
        ……
```

上面所列出的主机串行通信子程序并不完善，在实际应用中，还将出错处理等考虑进去，故此程序仅供参考。

2. 从机串行通信的中断服务程序

从机串行通信采用中断控制启动方式，串行口中断服务程序利用工作寄存器区1。但在串行通信启动后，仍采用查询方式来接收或发送数据块。从机的背景程序中应包括定时器T1和串行口初始化以及开中断等内容，T1的初始化和开中断部分从略。程序中用F0作发送准备就绪标志，PSW.1作接收准备就绪标志。图7-16是从机程序流程图。

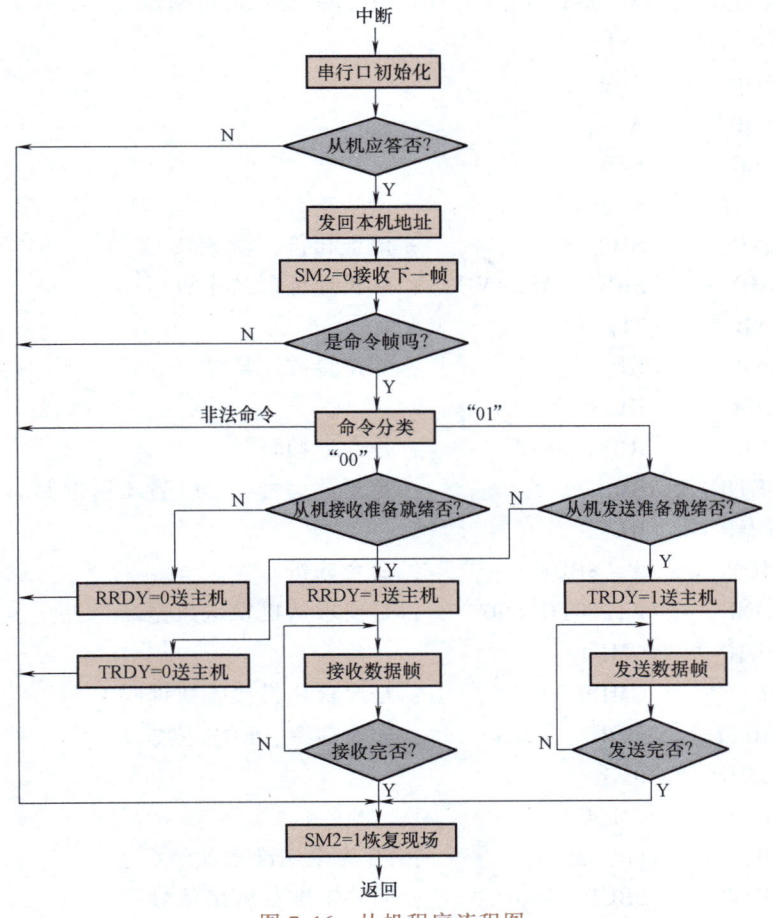

图7-16 从机程序流程图

从机背景程序片段如下：

```
        ……
        MOV    SP, #1FH      ; 设置堆栈指针
```

```
        MOV     SCON, #0F0H         ;串口方式 3，SM2＝1
        MOV     08H, #40H           ;接收缓冲区首地址送第一区工作寄存器 R0
        MOV     09H, #50H           ;发送缓冲区首地址送第一区 R1
        MOV     0AH, #10H           ;发送/接收字节数送 R2
        ……
串行口中断服务程序（由 0023H 单元转来）
SS10：  CLR                         ;保护现场
        PUSH    A
        PUSH    PSW
        SETB    RS0                 ;选第一区工作寄存器
        CLR     RS1
        MOV     A, SBUF
        XRL     A, #SLAVE           ;SLAVE 为本从机地址
        JZ      SS11
RE1：   POP     PSW
        POP     A
        CLR     RS0
        RETI
SS11：  CLR     SM2                 ;地址相符，清 SM2 位
        MOV     SBUF, #SLAVE        ;从机地址回送主机
        JNB     TI, $
        JNB     RI, $               ;等待接收一帧结束
        CLR     RI
        JNB     RB8, SS12           ;是命令帧转
        SETB    SM2                 ;是复位信号，SM2 置 1 后返回
        SJMP    RE1
SS12：  MOV     A, SBUF             ;命令分析
        CJNE    A, #01H, S0         ;是要求从机发送数据命令否？
        SJMP    CMD1
S0：    JZ      CMD0                ;是要求从机接收数据吗？
        MOV     SUBF, #80H          ;非法命令，ERR 位置 1
        SJMP    RE1
SS13：  JZ      CMD0
CMD1：  JB      F0, SS14            ;F0 为发送准备就绪标志
        MOV     SBUF, #00H          ;回答未准备就绪信号
        SJMP    RE1
SS14：  MOV     SBUF, #02H          ;TRDY＝1，发送准备就绪
        CLR     F0
LOOP1： MOV     SBUF, @R0           ;发送数据块
```

```
            JNB     TI, $
            CLR     TI
            INC     R0
            DJNZ    R2, LOOP1
            SETB    SM2             ;发送完，SM2 置 1 后返回
            SJMP    RE1
CMD0：      JBC     F0=1, SS15      ;F0=1 为接收准备就绪标志
            MOV     SBUF, #00H      ;送回答未准备好信号
            SJMP    RE1
SS15：      MOV     SBUF, #01H      ;RRDY=1，接收准备就绪
            CLR     PSW.1
LOOP2：JNB   RI, $                  ;接收数据块
            CLR     RI
            MOV     @R1, SBUF
            INC     R1
            DJNZ    R2, LOOP2
            SETB    SM2             ;接收完，SM2 置 1
            SJMP    RE1
```

上述简化程序描述了多机串行通信中从机的基本工作过程，实际应用系统中还应考虑更多的因素，如：命令的种类可以更多些，若波特率低且 CPU 还要完成其他实时任务，发送和接收过程还可能要采用中断控制方式等。

思考题与习题

7-1 什么是串行异步通信？它有哪些特点？

7-2 MCS-51 单片机的串行口由哪些功能部件组成？各有什么作用？

7-3 简述串行口接收和发送数据的过程。

7-4 MCS-51 串行口有几种工作方式？有几种帧格式？各工作方式的波特率如何确定？

7-5 若异步通信接口按方式 3 传送，已知其每分钟传送 3600B，其波特率是多少？

7-6 说明多机通信原理。

7-7 若 8032 型单片机的串行口工作在方式 3，当系统的振荡频率为 11.0592MHz 时，试计算出波特率为 9.6kbit/s 时，T1 的定时初值。

7-8 简述如何利用 8032 型单片机串行口进行并行 I/O 扩展。

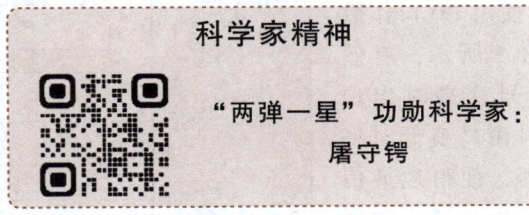

科学家精神

"两弹一星"功勋科学家：
屠守锷

第八章

MCS-51单片机存储器的扩展

通常情况下，单片机可以利用其内部存储器、定时器、I/O 等资源来完成一些简单的控制。然而对于复杂的控制场合，单片机仅利用自身的资源就无法完成全面的控制，因此就需要对单片机的各项功能进行扩展。

本章将全面阐述 MCS-51 单片机并行扩展的基本原理，并且介绍程序存储器和数据存储器的相关扩展。

第一节 MCS-51 单片机存储器扩展的概述

一、三总线的扩展方法

一般的微型计算机系统都具备数据总线、地址总线和控制总线。同样，MCS-51 单片机也是利用这 3 个总线进行外部设备扩展。如图 8-1 所示，P2 口作为地址总线的高 8 位 A8~A15，P0 口通过地址锁存器作为地址总线的低 8 位 A0~A7，同时兼作数据总线 D0~D7，控制总线由外部程序存储器读选通信号 $\overline{PSEN}$、外部数据存储器读/写信号 $\overline{RD}$（P3.7）、$\overline{WR}$（P3.6）以及地址锁存选通信号 ALE 等构成。

由于受引脚的限制，使用 P0 口作数据、地址复用口，如图 8-2 所示，有效的地址信号是在 ALE 信号变高时出现的，因此可以在 ALE 信号由高变低时将地址信号打入地址锁存器，使得地址信号保持，而在下一个时刻 P0 口输出数据信号。

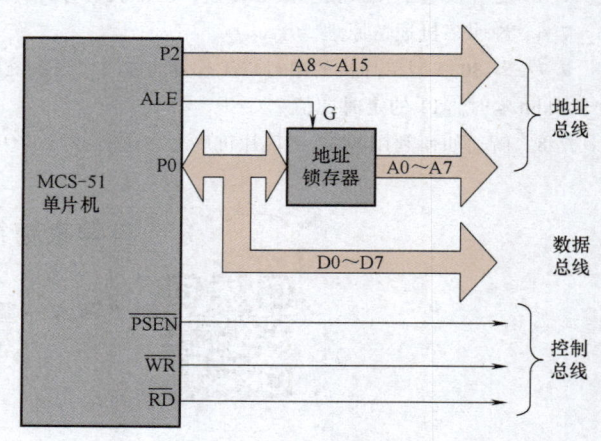

图 8-1 MCS-51 单片机的扩展三总线

第八章 MCS-51单片机存储器的扩展

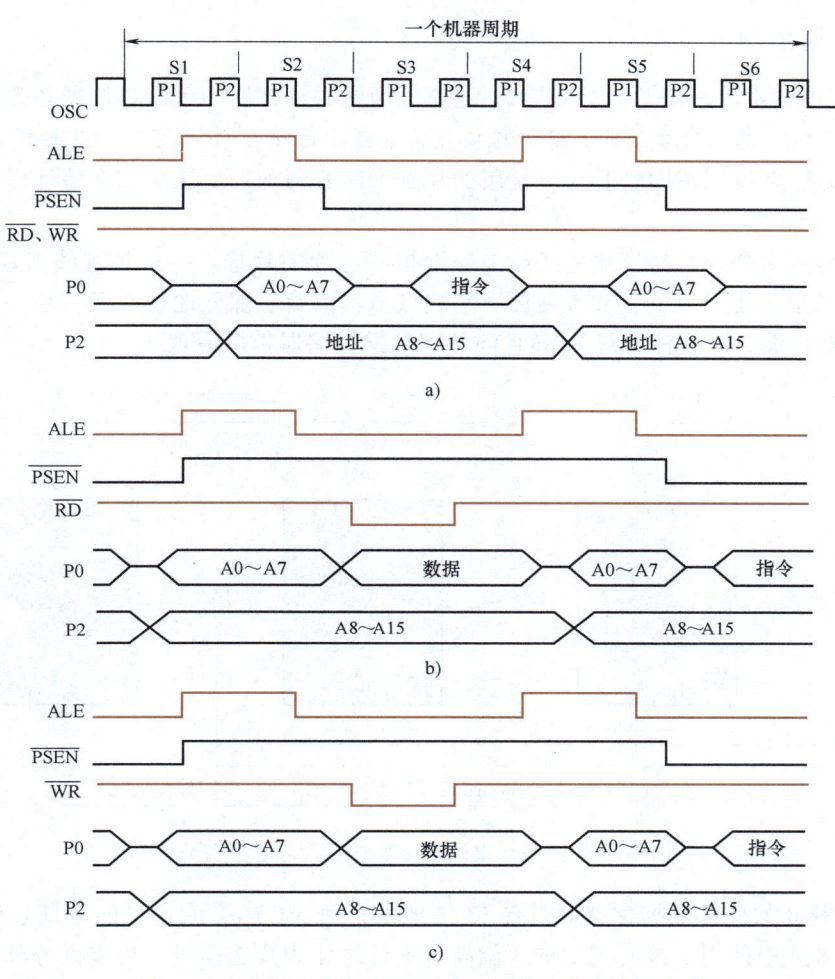

图 8-2 MCS-51 单片机访问与读/写外部存储器时序图

a) MCS-51 访问外部程序存储器时序图　b) MCS-51 读外部数据存储器时序图　c) MCS-51 写外部数据存储器时序图

用作单片机地址锁存器的芯片一般有两类：8D 触发器和 8D 锁存器。最常用的就是 8D 锁存器 74LS373。图 8-3 是 74LS373 的引脚图和功能表，它的使能端 E 有效时，输出直接跟随输入变化，当使能端由高变低时将输入状态锁存。因此若选用 74LS373 作为地址锁存器，可以直接将单片机的 ALE 加到它的使能端。

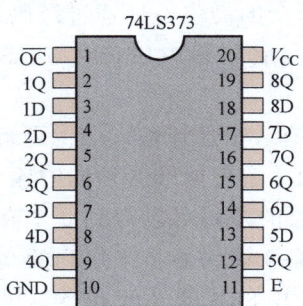

74LS373 功能表			
给出控制 $\overline{OC}$	使能 E	D	输出 Q
L	H	H	H
L	H	L	L
L	L	×	Q0
H	×	×	Z

注：表中H表示高电平，L表示低电平，×表示任意状态，Z表示高阻态，Q0表示规定的稳态输入条件建立前Q的电平。

图 8-3　74LS373 引脚图和功能表

二、系统扩展能力

MCS-51 单片机的地址总线的宽度为 16 位,因此它可扩展的程序存储器和数据存储器的最大容量是 2^{16}B,即 64KB。对于复杂的系统通常要扩展多片外围芯片,这种情况下一般是通过片选的方法来识别不同的芯片。常用的片选方法有两种:线选法和全地址译码法。

1. 线选法

线选法是使用剩余的高位地址线作为外围扩展芯片的片选,一根地址线对应一个片选。线选法的优点是:使用简单、节省硬件。其缺点是:浪费了部分地址空间。

图 8-4 是扩展 3 片存储容量为 8KB 的外部数据存储器扩展原理图。

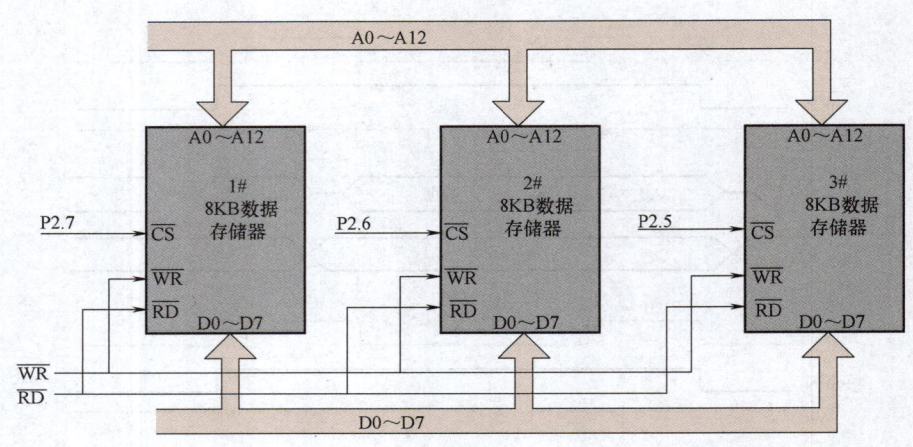

图 8-4 MCS-51 单片机采用线选法扩展 3 片 8KB 外部数据存储器

容量为 8KB 的外部数据存储器需要 13 位地址,而 MCS-51 单片机的地址总线的宽度为 16 位,在图 8-4 中使用了没有用到的 3 位高位地址线作为片选信号,用以区分外围的 3 片数据存储器。它们所占的地址空间分别是:

1#8KB 数据存储器:6000H~7FFFH;

2#8KB 数据存储器:A000H~BFFFH;

3#8KB 数据存储器:C000H~DFFFH。

从以上的地址空间可以看出,采用线选法进行片选将无法利用全部的地址空间。

2. 全地址译码法

针对线选法浪费了部分地址空间的缺点,可以将剩余的高位地址通过译码器进行译码,译码后产生的信号作为片选信号。常用的译码器有:2-4 译码器 74LS155、74LS139,3-8 译码器 74LS138,4-16 译码器 74LS154。

图 8-5 是 74LS138 的引脚图和功能表。74LS138 具有 3 个选择输入端,可组合成 8 种输入状态,输出端有 8 个,分别对应 8 种输入状态,它的 3 个使能端必须同时输入有效电平,译码器才能工作。从功能表可以看出,通过 3-8 译码器的译码可以得到 8 个有效的片选信号。在前面的例子中,如果使用全地址译码法,采用 3-8 译码器将未用到的高 3 位地址线进行译码就可得到 8 个片选信号,则可以 8 选 1 控制 8 片 8KB 的外部 RAM,便可充分利用 MCS-51 的外部地址空间资源。

第八章 MCS-51单片机存储器的扩展

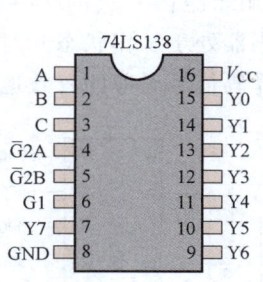

输入端				输出端							
使能端		选择端									
G1	$\overline{G2^*}$	C	B	A	Y0	Y1	Y2	Y3	Y4	Y5	Y6	Y7
×	H	×	×	×	H	H	H	H	H	H	H	H
L	×	×	×	×	H	H	H	H	H	H	H	H
H	L	L	L	L	L	H	H	H	H	H	H	H
H	L	L	L	H	H	L	H	H	H	H	H	H
H	L	L	H	L	H	H	L	H	H	H	H	H
H	L	L	H	H	H	H	H	L	H	H	H	H
H	L	H	L	L	H	H	H	H	L	H	H	H
H	L	H	L	H	H	H	H	H	H	L	H	H
H	L	H	H	L	H	H	H	H	H	H	L	H
H	L	H	H	H	H	H	H	H	H	H	H	L

注：表中*表示A和B。

图 8-5　74LS138 引脚图和功能表

3. 译码器的级联

当组成存储器的芯片较多，不能用线选法片选，又没有大位数译码器时，可采用多个小位数译码器级联的方式进行译码片选。

例如要扩展 32KB 程序存储器，选用 16 个 2KB 容量的 2716，如果无 4-16 译码器，可采用 2-4 译码器级联的方式产生片选信号。

2716 需地址线为 11 根，即 A0~A10。16 个芯片需 4 根地址线译码片选，可选用 A11~A14。由于只有 2-4 译码器可用，因此采用这样的连接方法：将 16 个 2716 分成 4 组，每组 4 个，用一个 2-4 译码器对 A13、A14 译码，产生的 4 个译码信号各选中 1 组，每组用一个 2-4 译码器对 A11、A12 译码选择组中各芯片，这样共采用 5 个 2-4 译码器即可实现芯片选择，具体连线如图 8-6 所示。

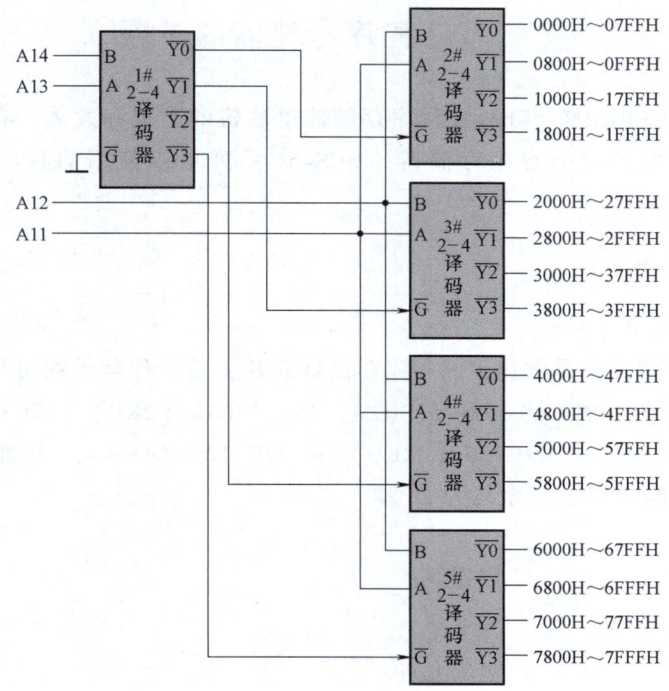

图 8-6　译码器级联

图 8-6 中 1#译码器做组选，将译码器输出信号连接到用于组内片选的 2#~5#译码器的使能端，当 1#译码器译码信号有效时，2#~5#中相应的译码器处于工作状态并对译码器输入进行译码，产生的译码信号选中相应芯片。图中给出了各译码信号对应的有效地址。

4. 译码法与线选法的混合使用

存储器扩展时，可以根据具体情况选用译码法或线选法进行片选。一般情况下，这两种方法不宜混用，以免因为考虑不周而出现地址重叠，但如果运用得好，也可以简化电路。

图 8-7 是两种方法混用的一个实例。图中 1#~3#三个译码器分别对 A11、A12 译码，产生 12 个片选信号，而 A15、A14、A13 三根地址线采用线选法分别控制 1#~3#三个译码器的使能端，只有线选有效时，相应译码器才能译码并选中相应芯片。只要能保证线选的三根地址线不同时有效，各芯片的地址就不会重叠。

译码法与线选法混用时，凡用于译码的地址线就不应再用于线选，反之，已用于线选的地址线就不能再用来做译码器的译码输入信号，只要注意这一点，一般就不会出错。

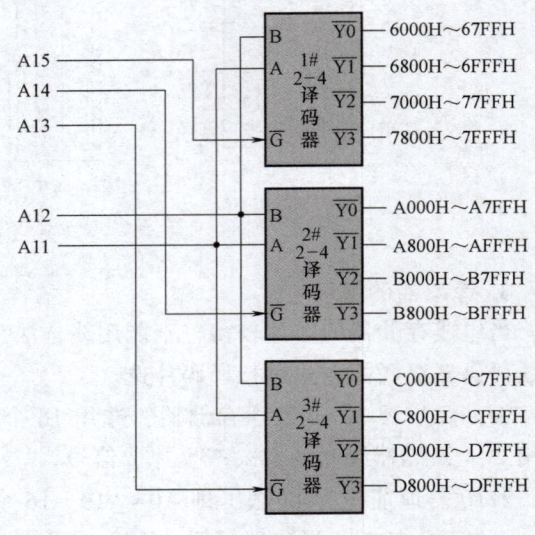

图 8-7 线选与译码混用

第二节 程序存储器的扩展

随着各种自带 EEPROM、FLASH 程序存储器单片机的出现和发展，在设计单片机系统时越来越少使用外部扩展的程序存储器。MCS-51 系列可以使用的程序存储器总容量可达 64KB。

一、扩展 EPROM

1. 常见 EPROM 简介

EPROM 是以往单片机最常选用的程序存储器芯片，是一种紫外线可擦除电可编程的存储器，最经常使用的是 27C 系列的 EPROM，如：27C16（2KB）、27C32（4KB）、27C64（8KB）、27C128（16KB）、27C256（32KB）和 27C512（64KB），如图 8-8 所示，除了 27C16 和 27C32 为 24 脚外，其余均为 28 脚。

引脚功能如下：

O0~O7：　　　　　　数据线；

A0~Ai（i=1~15）：　地址线；

$\overline{OE}$：　　　　　　　输出允许；

$\overline{CE}$：　　　　　　　片选端；

第八章 MCS-51单片机存储器的扩展

图 8-8 给出了 27C 系列 EPROM 的 DIP 封装引脚图。

27C256	27C128	27C64	27C32			27C32	27C64	27C128	27C256
V_{PP}	V_{PP}	V_{PP}	V_{PP}	27C16		V_{CC}	V_{CC}	V_{CC}	V_{CC}
A12	A12	A12	A12	A7 1 24	V_{CC}	PGM	PGM	A14
A7	A7	A7	A7	A6 2 23	A8	V_{CC}	NC	A13	A13
A6	A6	A6	A6	A5 3 22	A9	A8	A8	A8	A8
A5	A5	A5	A5	A4 4 21	V_{PP}	A9	A9	A9	A9
A4	A4	A4	A4	A3 5 20	$\overline{OE}$	V_{PP}	A11	A11	A11
A3	A3	A3	A3	A2 6 19	A10	$\overline{OE}$	$\overline{OE}$	$\overline{OE}$	$\overline{OE}$
A2	A2	A2	A2	A1 7 18	$\overline{CE}$	A10	A10	A10	A10
A1	A1	A1	A1	A0 8 17	O7	$\overline{CE}$	$\overline{CE}$	$\overline{CE}$	$\overline{CE}$
A0	A0	A0	A0	O0 9 16	O6	O7	O7	O7	O7
O0	O0	O0	O0	O1 10 15	O5	O6	O6	O6	O6
O1	O1	O1	O1	O2 11 14	O4	O5	O5	O5	O5
O2	O2	O2	O2	GND 12 13	O3	O4	O4	O4	O4
GND	GND	GND	GND			O3	O3	O3	O3

图 8-8 27C 系列 EPROM DIP 封装引脚

V_{PP}、PGM： 编程电源；
V_{CC}： 电源；
GND： 接地线。

2. 扩展 27C64

MCS-51 系列单片机为外部程序存储器的扩展提供了专门的读指令控制信号 $\overline{PSEN}$，因此外部程序存储器形成了独立的空间。如图 8-9 是 8032 扩展一片 27C64 的扩展逻辑图，其扩展方法如下：

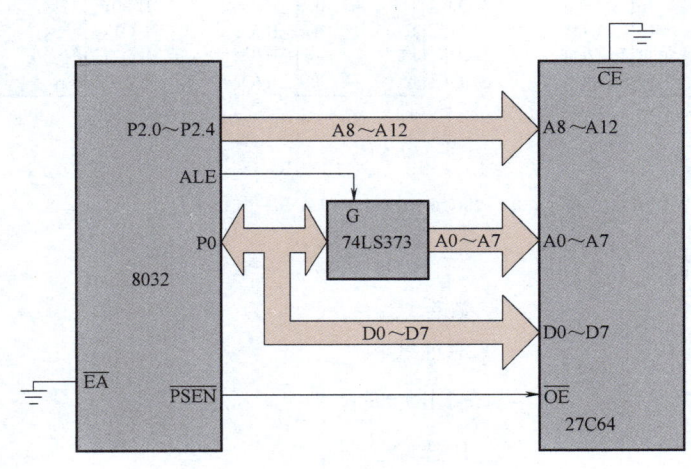

图 8-9 8032 扩展 27C64

（1）数据总线 27C64 的数据线与 8032 的 P0 口对应相接构成系统的数据总线。

（2）地址总线 27C64 的地址线的 A0~A7 与 8032 的 P0 口经地址锁存器 74LS373 锁存后得到的地址线的低 8 位对应相接，而 27C64 的地址线的 A8~A12 与 P2.0~P2.4 对应相接，这样就构成了系统的地址总线。

（3）控制总线 27C64 的 $\overline{OE}$ 端与 8032 的读指令控制信号 $\overline{PSEN}$ 相接。

如果系统只需要扩展一片 EPROM，则可以将片选信号 $\overline{CE}$ 直接接地。在这里要注意地址总线要使用多少根是由所扩展的芯片的容量决定的。由于这里只使用外部扩展的程序存储器，因此 8032 的 $\overline{\text{EA}}$ 脚必须接地。

二、扩展 EEPROM

EEPROM 是一种电可擦除可编程的存储器，实质上是一种可用于数据存储器的程序存储器。最经常使用的有高压（21V）编程的 28C16（2KB）、28C17（2KB）和 28C64（8KB）；低压（5V）编程的 28C16A（2KB）、28C17A（2KB）和 28C64A（8KB）等。

如图 8-10 是三种常见的 EEPROM 的引脚图，其中 28C16 和 28C17A 都是 2KB 的存储器，它们的区别在于：一种只有 24 个引脚，另一种有 28 个引脚。另外 28C17A 增加了一种检测写周期结束的方法，利用增加的引脚 RDY/$\overline{\text{BUSY}}$ 来表示写操作何时完成。当写操作开始后，该引脚输出为低电平，当写操作结束时，该引脚输出高电平，这样通过该引脚的信号就可以指示与其接口的微处理器进行合适的操作。

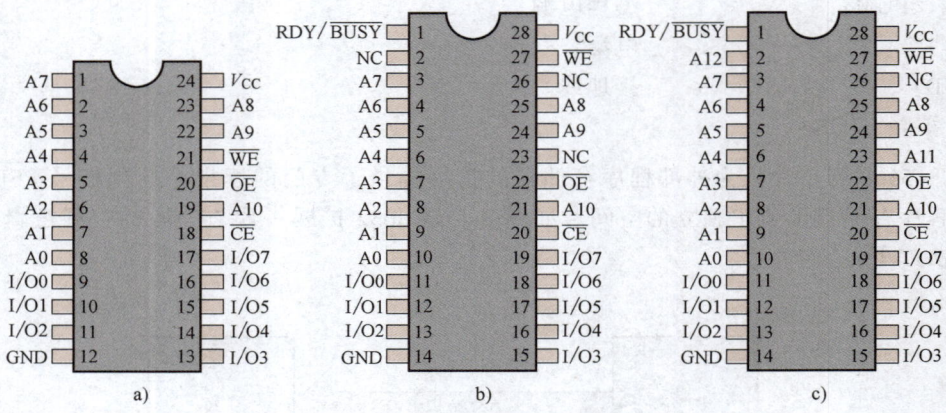

图 8-10　28C 系列 EEPROM 引脚图

a）28C16　b）28C17A　c）28C64

它们的引脚功能如下：

I/O0~I/O7：　　　　　　数据线；

A0~Ai（i=1~12）：　　地址线；

$\overline{\text{OE}}$：　　　　　　　　输出允许；

$\overline{\text{CE}}$：　　　　　　　　片选端；

$\overline{\text{WE}}$：　　　　　　　　写允许；

RDY/$\overline{\text{BUSY}}$：　　　　　闲/忙状态线；

V_{CC}：　　　　　　　　电源；

GND：　　　　　　　接地线；

NC：　　　　　　　　空脚。

当使用 EEPROM 作为存储器使用时，它与 CPU 的接线和使用 EPROM 的扩展接线非常相似，也是按照三总线的扩展原则进行接线，不同之处在于为了在线改写，单片机的 $\overline{\text{WR}}$

端与 EEPROM 的 $\overline{\text{WE}}$ 端相接。

第三节 数据存储器的扩展

虽然 MCS-51 单片机有 128B 或 256B 的内部数据存储器，但是在实际应用中这些数据存储器经常不够，因此要扩展外部的数据存储器，扩展的最大容量可以达到 64KB。在单片机应用系统中经常选用静态随机存储器 SRAM，也可以选用 EEPROM 或者 FLASH 存储器。常用的 SRAM 有：6116（2KB）、6264（8KB）、62256（32KB）等，如图 8-11 所示。

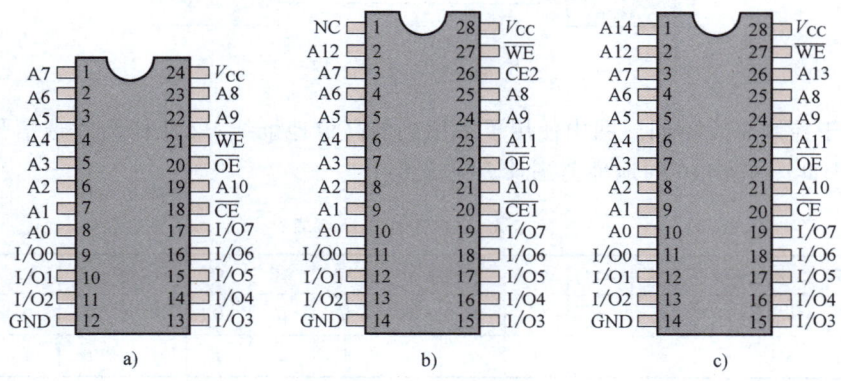

图 8-11　62 系列 SRAM 引脚图
a) 6116　b) 6264　c) 62256

引脚功能如下：

I/O0~I/O7：　　　　　　　数据线；

A0~Ai（i = 1~14）：　　　地址线；

$\overline{\text{OE}}$：　　　　　　　　　输出允许；

$\overline{\text{CE}}$：　　　　　　　　　片选端；

$\overline{\text{WE}}$：　　　　　　　　　写允许；

CE2：　　　　　　　　　6264 第二片选端，高电平有效；

V_{CC}：　　　　　　　　　电源；

GND：　　　　　　　　　接地线；

NC：　　　　　　　　　未连接。

数据存储器的扩展与程序存储器的扩展非常相似，所使用的地址总线和数据总线完全相同，但是它们所用的控制总线不同，数据存储器的扩展所使用的控制总线是 $\overline{\text{WR}}$ 和 $\overline{\text{RD}}$，而程序存储器所使用的控制总线是 $\overline{\text{PSEN}}$，因此虽然它们的地址空间相同，但是由于控制信号不同所以不会冲突。

一、扩展静态 RAM 6116

如图 8-12 是 8032 采用线选法扩展一片 6116 的扩展逻辑图，它与 8032 扩展程序存储器

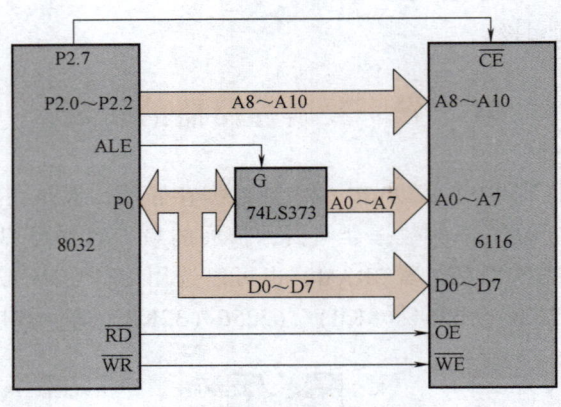

图 8-12　8032 扩展 6116

的差别仅在于控制总线不同。图中使用了未用到的高位地址线 P2.7 作为片选信号接至 6116 的 $\overline{CE}$ 端,因此图中 6116 的地址范围计算见表 8-1。

表 8-1　6116 地址计算表

地址	A15	A14	A13	A12	A11	A10	A9	A8	A7	A6	A5	A4	A3	A2	A1	A0
起始地址	0	*	*	*	*	0	0	0	0	0	0	0	0	0	0	0
结束地址	0	*	*	*	*	1	1	1	1	1	1	1	1	1	1	1

表 8-1 中 * 表示任意值,这是由于 A11~A14 在扩展中未用到,因此根据 A11~A14 不同的组合可以得到图 8-12 中的 6116 共有 16 组地址,习惯上在计算地址时可以将未用到的地址信号看作 1,如果将 A11~A14 都置为 1,则可以得到该片 6116 的地址范围为 7800H~7FFFH。

二、扩展静态 RAM 6264

如图 8-13 是 8032 采用线选法扩展一片 6264 的扩展逻辑图,图中使用了未用到的高位地址线 P2.7 作为片选信号接至 6264 的 $\overline{CE1}$ 端,由于 6264 还具有另外一个高电平有效的片选端,此时可以直接将该引脚接至高电平,因此图中 6264 的地址范围计算见表 8-2。

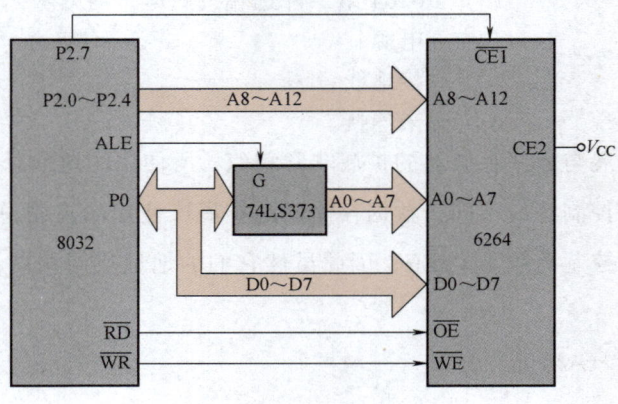

图 8-13　8032 扩展 6264

表 8-2　6264 地址计算表

地址	A15	A14	A13	A12	A11	A10	A9	A8	A7	A6	A5	A4	A3	A2	A1	A0
起始地址	0	*	*	0	0	0	0	0	0	0	0	0	0	0	0	0
结束地址	0	*	*	1	1	1	1	1	1	1	1	1	1	1	1	1

根据 A13、A14 不同的组合可以得到 6264 的 4 组地址：0000H～1FFFH、2000H～3FFFH、4000H～5FFFH、6000H～7FFFH。

第四节　扩展外部存储器的综合设计举例

图 8-14 所示是在一个系统中扩展一片程序存储器 27C64 和一片数据存储器 6116 的综合逻辑扩展图。从图中可以看出程序存储器和数据存储器是共用数据总线和地址总线的，实际上在 MCS-51 系列 8032 单片机的并行扩展系统中，所有的外部并行扩展器件都是共用数据总线和地址总线的。程序存储器可扩展的空间范围是 0000H～FFFFH；数据存储器可扩展的空间范围也是 0000H～FFFFH，它们之间是通过控制总线来进行区分的。数据存储器的扩展所使用的控制总线是 $\overline{WR}$ 和 $\overline{RD}$，而程序存储器所使用的控制总线是 $\overline{PSEN}$。在 MCS-51 单片机的并行扩展系统中，数据存储器的扩展地址和外部 I/O 口的扩展地址是进行统一编址的。

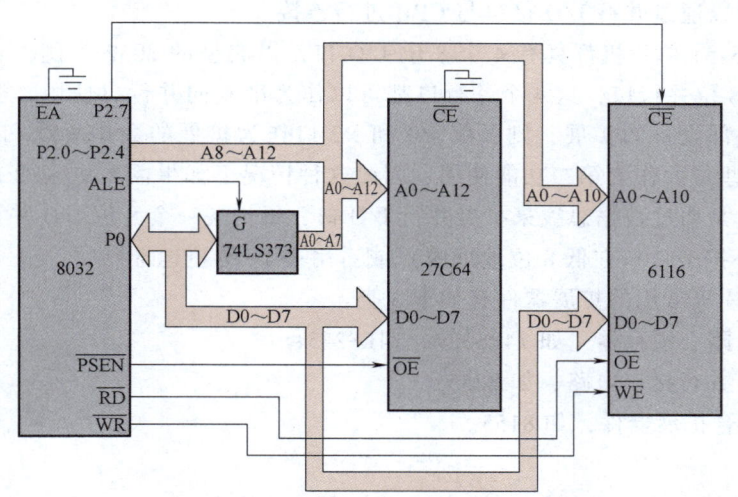

图 8-14　8032 扩展 6116 和 27C64

图 8-14 中数据存储器的地址范围与图 8-12 的 6116 的地址完全一样，而 27C64 的地址计算方法与 6116 的计算方法一样。

思考题与习题

8-1　简要说明 MCS-51 单片机的扩展原理。

8-2　为什么当 P2 口作为扩展总线的地址线后，就不能作为 I/O 口了？

8-3　使用 3-8 译码器最多可以扩展多少片 6264？试画出其逻辑扩展图，并且写出每一片的地址范围。

8-4　画出 8032 扩展一片 28C16 作为程序存储器的逻辑扩展图并写出其地址范围。

8-5　画出综合扩展一片 27C64 和两片 6264 的逻辑扩展图并写出它们的地址范围。

第九章 MCS-51单片机并行I/O接口的扩展

单片机的并行I/O接口用于并行传送数据,例如:打印机、键盘、A-D转换器、D-A转换器等器件都可以通过并行I/O接口与CPU进行连接。

常用的MCS-51单片机都具有4个8位I/O口,以典型的8032为例,它具有P0、P1、P2、P3共4个8位并行口,这4个并行口都可以作为准双向并行口使用。但是在实际应用中如果要进行外部设备的扩展,则要将P0和P2口作为扩展的数据总线和地址总线使用,同时P3口的某些位要作为第二功能使用,因此这种情况下如果需要更多的I/O口就需要扩展并行口。通常是通过数据总线来扩展并行I/O口,每扩展一个8位I/O并行口,就占用一个8位地址(外扩I/O口在低8位地址内)或占用一个16位地址。

MCS-51单片机常用的扩展器件有如下3类:

常规逻辑电路、锁存器,如74LS377、74LS245;

MCS-80/85并行接口电路,如8255;

RAM/IO综合扩展器件,如8155。

第一节 I/O接口的扩展

当所需扩展的外部I/O口数量不多时,可以使用常规的逻辑电路、锁存器进行扩展。这一类的外围芯片一般价格较低而且种类较多,常用的如:74LS377、74LS245、74LS373、74LS244、74LS273、74LS577、74LS573。

图9-1是74LS377的引脚图和功能表。74LS377是一种8D触发器,它的$\overline{E}$端是控制端、CLK端是时钟端,当它的$\overline{E}$端为低电平时,只要在CLK端产生一个正跳变,D0~D7将被锁存到Q0~Q7端输出,在其他情况下Q0~Q7端的输出保持不变。

可以利用74LS377这一特性扩展并行输出口。如图9-2使用了一片74LS377扩展输出口,如果将未使用到的地址线都置为1,则可以得到该片74LS377的地址为7FFFH。如果要从该片 74LS377 输出数据到单片机中，可以执行如下指令：

```
MOV     DPTR，#7FFFH
MOVX    @DPTR，A
```

功能表

$\overline{E}$	CLK	操作
1	×	保持
×	1	保持
0	↑	锁存

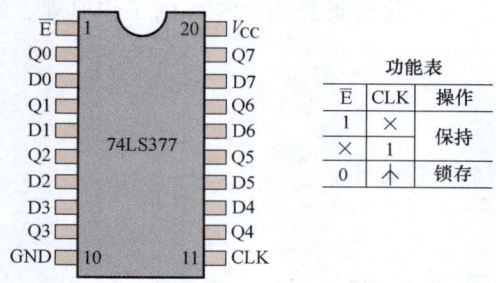

图 9-1　74LS377 的引脚图和功能表

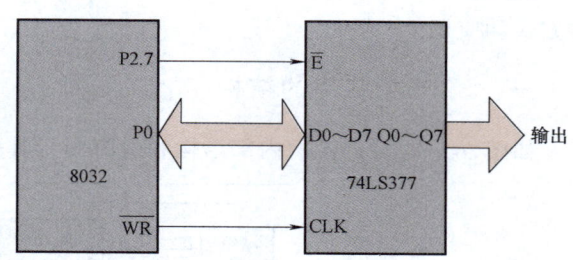

图 9-2　MCS-51 系列单片机扩展 74LS377

图 9-3 是 74LS245 的引脚图和功能表。74LS245 是一种三态输出的 8 总线收发/驱动器，无锁存功能。它的 $\overline{G}$ 端和 DIR 端是控制端，当它的 $\overline{G}$ 端为低电平时，如果 DIR 端为高电平，则 74LS245 将 A 端数据传送至 B 端；如果 DIR 端为低电平，则 74LS245 将 B 端数据传送至 A 端。在其他情况下不传送数据，并输出高阻态。

功能表

$\overline{G}$（使能）	DIR（方向控制）	操作
L	L	B端送至A端
L	H	A端送至B端
H	×	不传送

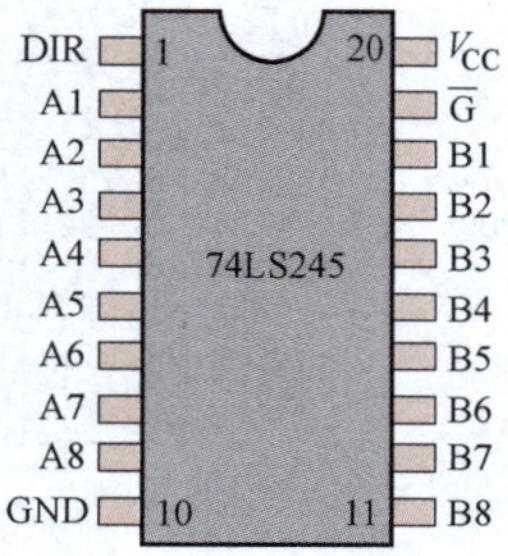

图 9-3　74LS245 的引脚图和功能表

可以利用 74LS245 这一特性扩展并行输入口。如图 9-4 使用了一片 74LS245 扩展输入口，如果将未使用到的地址线都置为 1，则可以得到该片 74LS245 的地址为 7FFFH。如果单片机要从该片 74LS245 输入数据，可以执行如下指令：

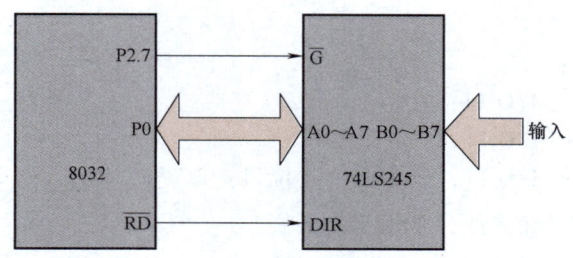

图 9-4　MCS-51 系列单片机扩展 74LS245

```
MOV     DPTR，#7FFFH
MOVX    A，@DPTR
```

第二节 8255A 可编程 I/O 接口设计及扩展技术

8255A 是一种常见的 8 位可编程并行接口芯片，本节将着重介绍 8255A 的工作原理、编程方式和应用。

一、8255A 芯片的结构

如图 9-5 是 8255A 的内部结构和引脚图，其引脚功能如下：

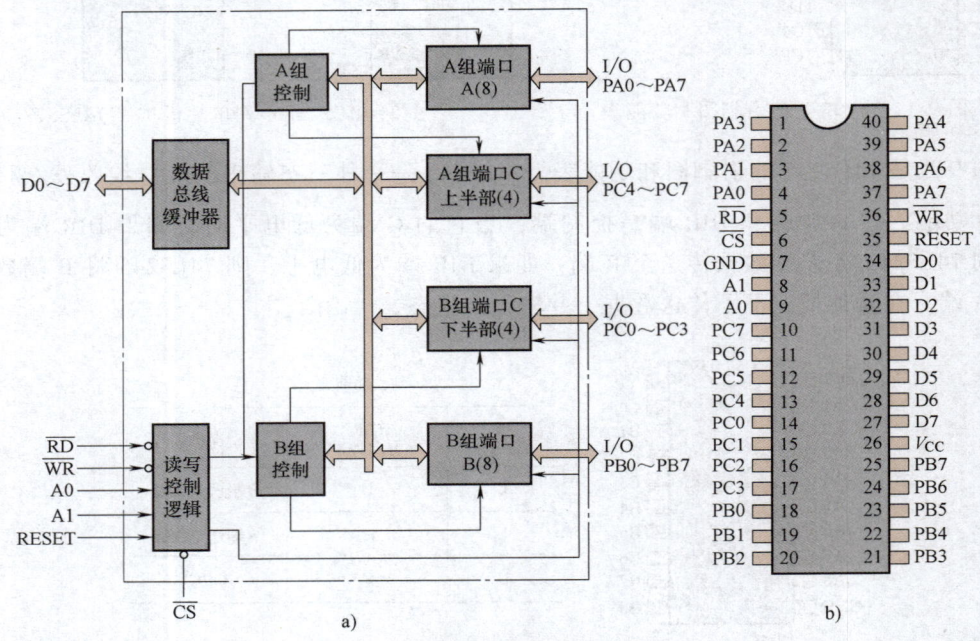

图 9-5 8255A 内部结构及引脚图
a) 8255A 内部结构 b) 8255A 引脚图

RESET： 复位信号输入端，高电平有效，有效时清除 8255A 内部寄存器，
同时 3 个端口自动设为输入端；
D0~D7： 数据线；
V_{CC}： 电源；
GND： 接地线；
PA0~PA7：A 组 8 位 I/O 口；
PB0~PB7：B 组 8 位 I/O 口；
PC0~PC7：C 组 8 位 I/O 口，分为两个 4 位口：$PC_{0\sim3}$，$PC_{4\sim7}$；
$\overline{CS}$： 片选信号输入线，低电平有效；
$\overline{RD}$： 读选通信号输入线，低电平有效；
$\overline{WR}$： 写选通信号输入线，低电平有效；
A1、A0： 端口地址选择端，用于决定当前对哪一个端口进行操作，表 9-1 列出了 8255A 的端口读写操作。

第九章 MCS-51单片机并行I/O接口的扩展

表 9-1 8255A 端口读写操作

A1	A0	$\overline{RD}$	$\overline{WR}$	$\overline{CS}$	功 能
0	0	0	1	0	读端口 A 数据
0	1	0	1	0	读端口 B 数据
1	0	0	1	0	读端口 C 数据
0	0	1	0	0	写数据到端口 A
0	1	1	0	0	写数据到端口 B
1	0	1	0	0	写数据到端口 C
1	1	1	0	0	写命令到控制寄存器
×	×	×	×	1	数据线呈高阻态
×	×	1	1	0	数据线呈高阻态
1	1	0	1	0	非法操作

二、8255A 的控制字和工作方式

在不同工作方式中，C 口可分成两个 4 位的端口，用法见控制字。

1. 工作方式

8255A 共有 3 种工作方式：方式 0、方式 1 和方式 2。方式 0 为基本的输入/输出方式，方式 1 为有应答的单向输入/输出方式，方式 2 为有应答的双向输入/输出方式。

（1）方式 0　方式 0 为基本的输入/输出方式。8255A 的 PA、PB、PC0～PC3、PC4～PC7 可以分别被定义方式 0 输入和方式 0 输出。

方式 0 输出具有锁存功能，输入没有锁存功能，因此方式 0 适合于无条件传送一组数据，比如可以读一组开关状态、控制一组指示灯，这种工作方式下，CPU 可以随时读入开关状态，也可以随时将一组数据送指示灯显示。

（2）方式 1　方式 1 为有应答的单向输入/输出方式。8255A 的 PA、PB 可以分别被定义为方式 1 输入和方式 1 输出，PC 的某些位作为状态控制线和应答信号，剩余的线可以作为 I/O 口使用。

1）方式 1 输入。8255A 工作在方式 1 下的 A 口和 B 口输入逻辑状态如图 9-6 所示，相应的状态控制信号含义如下：

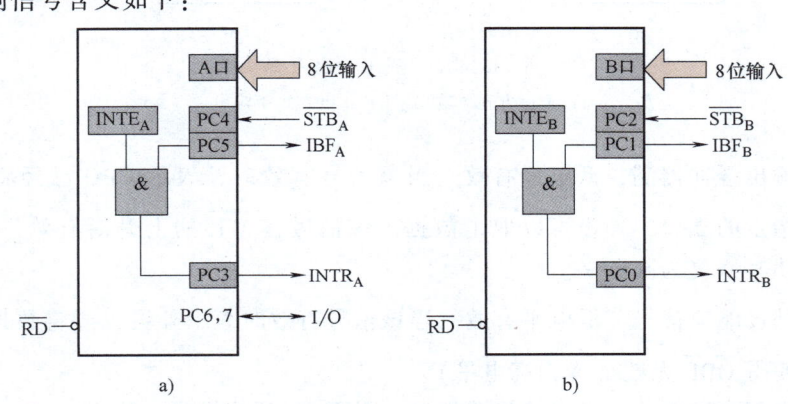

图 9-6　8255A 方式 1 输入逻辑状态
a) A 口方式 1 输入　b) B 口方式 1 输入

$\overline{STB}$：设备选通信号输入线，低电平有效。该信号由外部设备提供输入，下降沿时将端口上的数据状态打入端口锁存器中。

IBF：端口锁存器满标志输出线，高电平有效。该信号由 8255A 向外输出，当端口锁存器满时 IBF 为高电平，当 $\overline{RD}$ 有效（CPU 读取数据）时 IBF 为低电平。

INTE：内部中断使能，可以通过对端口 C 的置位/复位操作，使得 INTE 允许中断或禁止中断。$INTE_A$ 由 PC4 控制，$INTE_B$ 由 PC2 控制。

INTR：中断请求信号线，高电平有效。如果通过 INTE 使得 INTR 有效，则在使用 $\overline{STB}$ 打入数据时，INTR 端会产生一个正脉冲。

如图 9-7 是 8255A 方式 1 的输入时序图。

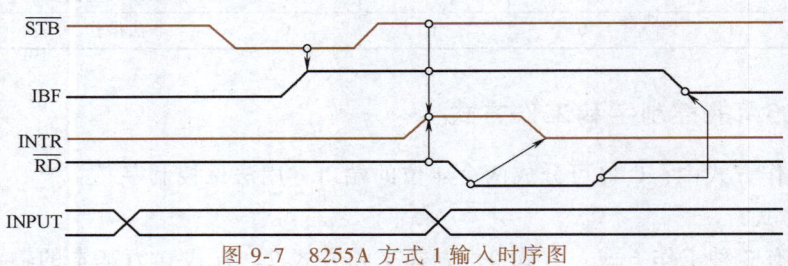

图 9-7 8255A 方式 1 输入时序图

2）方式 1 输出。8255A 工作在方式 1 下的 A 口和 B 口输出逻辑状态如图 9-8 所示，相应的状态控制信号含义如下：

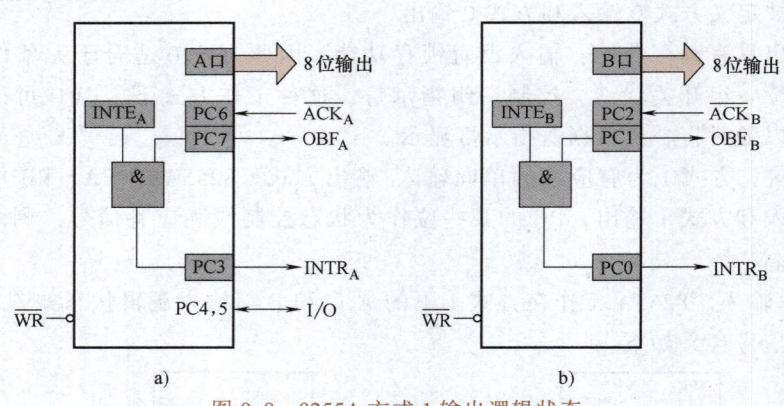

图 9-8 8255A 方式 1 输出逻辑状态
a) A 口方式 1 输出　b) B 口方式 1 输出

$\overline{OBF}$：输出缓冲器满，低电平有效。当该信号有效时，表示 CPU 已经将数据输出到指定的端口，外设可以取走数据。该信号在 $\overline{WR}$ 的上升沿有效，由 $\overline{ACK}$ 信号使其恢复为高电平。

$\overline{ACK}$：外设响应信号，低电平有效。当该信号有效时表示外设已经将数据取走，同时使得 $\overline{OBF}$ 无效（变为高电平）。

INTE：内部中断使能，可以通过对端口 C 的置位/复位操作，使得 INTE 允许中断或禁止中断。$INTE_A$ 由 PC6 控制，$INTE_B$ 由 PC2 控制。

INTR：中断请求信号线，高电平有效。如果通过 INTE 使得 INTR 有效，则在数据被取走时 INTR 端会产生一个负脉冲作为中断请求信号。

图 9-9 是 8255A 方式 1 的输出时序图。

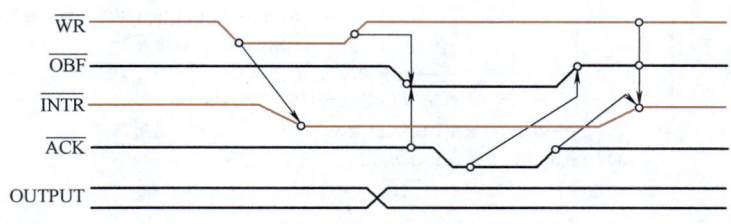

图 9-9　8255A 方式 1 输出时序图

（3）方式 2　方式 2 为有应答的双向输入/输出方式。只有 8255A 的 PA 可以被定义为方式 2，PC 的某些位作为状态控制线和应答信号，剩余的线可以作为 I/O 口使用。

方式 2 的逻辑状态如图 9-10 所示，时序图如图 9-11 所示。方式 2 实际上可以看作为方式 1 输入和输出的组合，因此相关的引脚信号、工作原理与方式 1 的定义都一样。

2. 控制字

8255A 有两种控制字：方式控制字和 PC 口的复位/置位控制字。这两个控制字的地址一样，它们的差别在于方式控制字的最高位为 1，PC 口的复位/置位控制字的最高位为 0。它们的格式如图 9-12 所示。

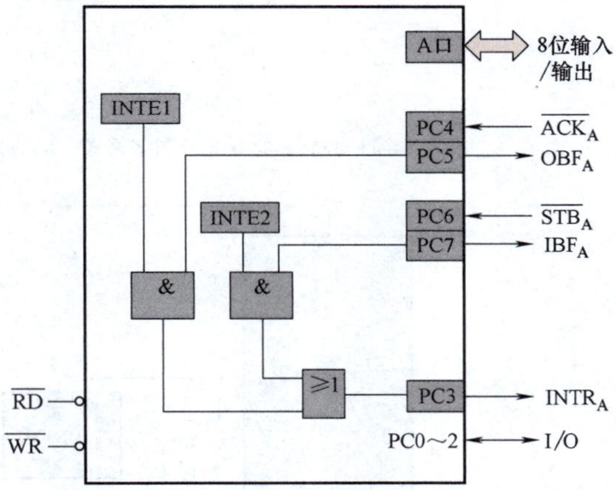

三、8255A 应用举例

8255A 可以直接与 MCS-51 单片机进行接口。

1. 方式 0 应用

如图 9-13 是 8032 扩展 8255A 的接口逻辑图，要求控制接于 PA 口上的 8 个指示灯，实现 L0~L3 灭，L4~L7 亮。

图 9-10　8255A 方式 2 逻辑状态

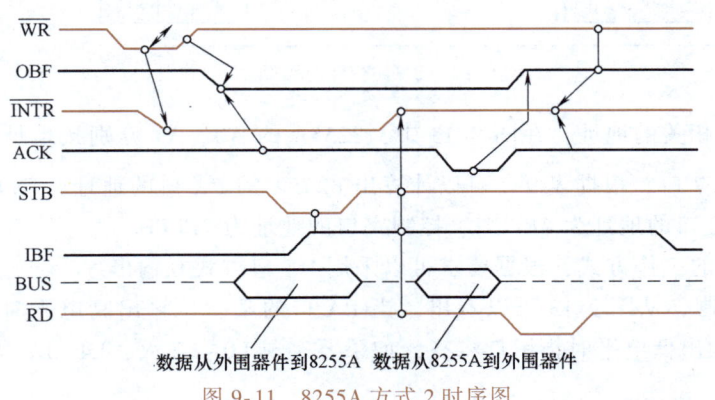

数据从外围器件到8255A　数据从8255A到外围器件

图 9-11　8255A 方式 2 时序图

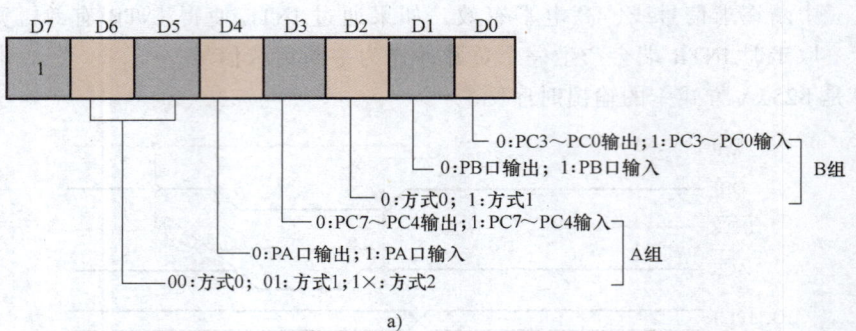

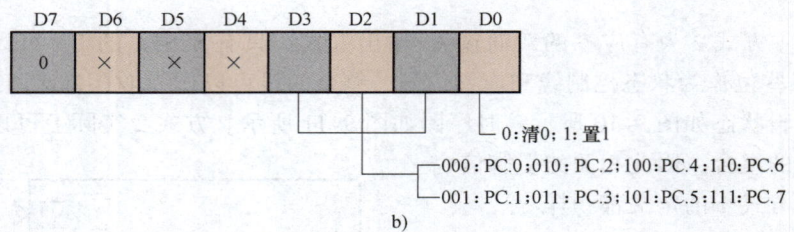

图 9-12 8255A 的控制字

a) 8255A 的方式控制字格式　b) 8255A 的 PC 口复位/置位控制字格式

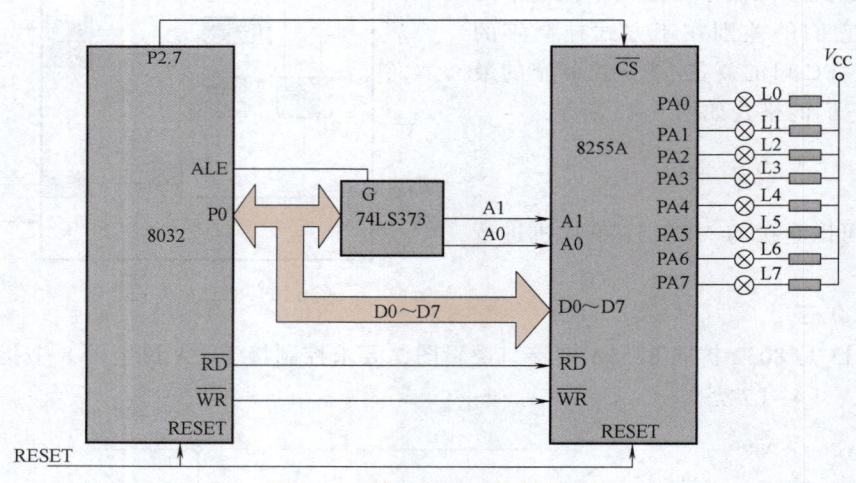

图 9-13 扩展 8255A 控制指示灯

计算 8255A 相关的地址,在图 9-13 中,8255A 的 A0、A1 分别接地址总线的 A0、A1,片选端 $\overline{CS}$ 接 P2.7 口,根据表 9-1 可以计算出 8255A 的 PA 口的地址为 7FFCH、PB 口的地址为 7FFDH、PC 口的地址为 7FFEH、控制字口的地址为 7FFFH。

确定 8255A 的工作方式,根据要求可以采用 PA 口方式 0 输出。

决定如何控制,从图 9-13 可以看出,当 PA 口的某一位输出高电平时指示灯将灭,当 PA 口的某一位输出低电平时指示灯将亮,如果要实现 L0~L3 灭,L4~L7 亮,则要求 PA 口输出 0FH。

根据以上分析可以编制如下子程序:

```
LED:    MOV     DPTR, #7FFFH    ;写方式控制字，PA 口方式 0 输出
        MOV     A, #80H
        MOVX    @DPTR, A
        MOV     DPTR, #7FFCH    ;往 PA 口写数，控制灯
        MOV     A, #0FH
        MOVX    @DPTR, A
        RET
```

2. 方式 1 应用

图 9-14 是 8032 扩展 8255A 的另一种接口逻辑图，要求根据外部设备的输入信号控制接于 PA 口上的 8 个指示灯，当外部设备输入 0 时 L0 亮，其他灯灭；输入 1 时 L1 亮，其他灯灭；……当外部设备输入值大于 7 时所有灯全灭。当外部设备输入数值后，会产生一负脉冲。

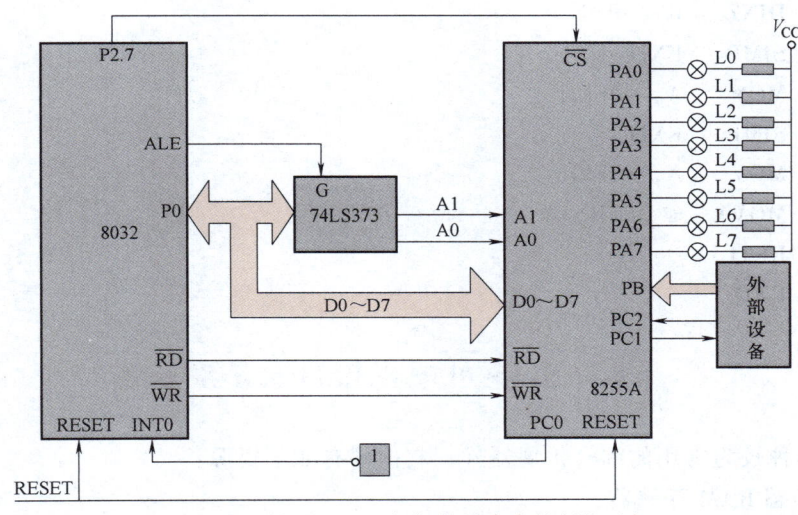

图 9-14 扩展 8255A 根据外设命令控制指示灯

与前一例一样，根据接线图可以确定 8255A 相关的地址，PA 口的地址为 7FFCH、PB 口的地址为 7FFDH、PC 口的地址为 7FFEH、控制字口的地址为 7FFFH。

根据要求可以决定 8255A 的工作方式：PA 口为方式 0 输出，PB 口为方式 1 输入。

根据要求可以编制出如下完整程序：

```
LED:    LJMP    MAIN
        ORG     0003H
        LJMP    INT_0
MAIN:   MOV     SP, #60H        ;初始化中断相关参数
        MOV     IE, #81H
        MOV     DPTR, #7FFFH    ;写方式控制字，PA 口方式 0 输出，PC7～PC4
                                 输出；PB 口方式 1 输入，PC3～PC0 输出
        MOV     A, #86H
        MOVX    @DPTR, A
```

```
        MOV   A, #05H           ;将PC2置为1,允许中断
        MOVX  @DPTR, A
        SJMP  $                 ;等待外部设备输入数据
INT_0:  MOV   DPTR, #7FFDH      ;从PB口读数据
        MOVX  A, @DPTR
        MOV   DPTR, #7FFCH      ;准备对PA口操作
        CJNE  A, #08H, NOR
NOR:    JNC   DARK              ;读入的数大于或等于8,所有灯全灭
        JZ    OUT0              ;读入的数等于0,L0亮
        MOV   R7, A             ;根据读入的数控制灯
        MOV   A, #0FEH
PRE:    RLC   A
        DJNZ  R7, PRE
        SJMP  EXIT
OUT0:   MOV   A, #0FEH
        SJMP  EXIT
DARK:   MOV   A, #0FFH
EXIT:   MOVX  @DPTR, A
        RETI
        END
```

第三节 8155 可编程接口及扩展技术

8155 是一种较为常用的综合扩展器件,它内部有如下资源:

256B 的静态 RAM 存储器;

3 个可编程的通用的输入/输出口,其中 PA、PB 口为 8 位,PC 口为 6 位,同时 PC 口还可以作为控制和状态口使用;

有一个 14 位的减法定时器/计数器。

一、8155 芯片的结构

图 9-15 是 8155 的内部结构和引脚图,其引脚功能如下:

RESET: 复位信号输入端,高电平有效,复位后 3 个端口被设为输入端;
AD0～AD7:   数据、地址复用总线,该总线采用分时复用的方法实现地址和数据信息
                 传输;
V_{CC}:   电源;
GND: 地线;
PA0～PA7:   A 组 8 位 I/O 口;
PB0～PB7:   B 组 8 位 I/O 口;
PC0～PC5:   C 组 6 位 I/O 口,还具备其他控制功能;

第九章　MCS-51单片机并行I/O接口的扩展

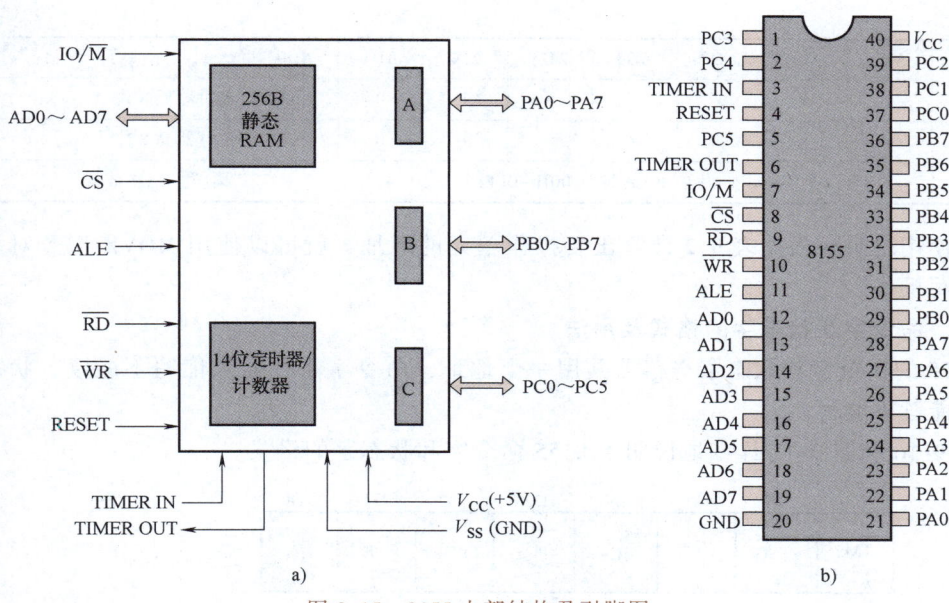

图 9-15　8155 内部结构及引脚图

$\overline{CS}$：　　　　片选信号输入线，低电平有效；

$IO/\overline{M}$：　　　I/O 口和 RAM 选择线，当该端输入 0（低电平）时选中 8155 的片内 RAM，当该端输入 1（高电平）时选中 8155 的片内其他资源：I/O 口、定时器/计数器、命令/状态寄存器；

$\overline{RD}$：　　　　读选通信号输入线，低电平有效；

$\overline{WR}$：　　　　写选通信号输入线，低电平有效；

ALE：　　　地址锁存允许信号。该信号在下降沿时将 AD0~AD7 总线上的状态锁存到 8155 内部锁存器中；

TIMER IN：　定时器/计数器输入端；

TIMER OUT：定时器/计数器输出端。

二、8155 的 RAM 和 I/O 端口寻址方法及应用

8155 在单片机应用扩展系统中的编址是和外部数据存储器进行统一编址的，由于 8155 有地址锁存允许信号 ALE，因此在实际使用时可以将单片机的 P0 口与 AD0~AD7 相接，单片机的 ALE 端与 8155 的 ALE 端相连，具体的读写操作见表 9-2。

表 9-2　8155 读写操作

$IO/\overline{M}$	AD7	AD6	AD5	AD4	AD3	AD2	AD1	AD0	功　能
1	×	×	×	×	×	0	0	0	命令/状态字
1	×	×	×	×	×	0	0	1	PA 口
1	×	×	×	×	×	0	1	0	PB 口
1	×	×	×	×	×	0	1	1	PC 口

(续)

IO/$\overline{M}$	AD7	AD6	AD5	AD4	AD3	AD2	AD1	AD0	功　能
1	×	×	×	×	×	1	0	0	定时器低 8 位
1	×	×	×	×	×	1	0	1	定时器高 8 位
0	片内 RAM 地址 00H~0FFH								读、写 RAM 数据

在使用时只要根据表 9-2 计算出要操作单元的地址，就可以使用 MOVX 指令对该单元进行读写操作。

三、命令字及状态字的格式及用法

8155 的命令字和状态字寄存器共用一个地址，命令字寄存器只能写不能读，状态字寄存器只能读不能写。

图 9-16 和图 9-17 详细地说明了 8155 命令字和状态字的格式。

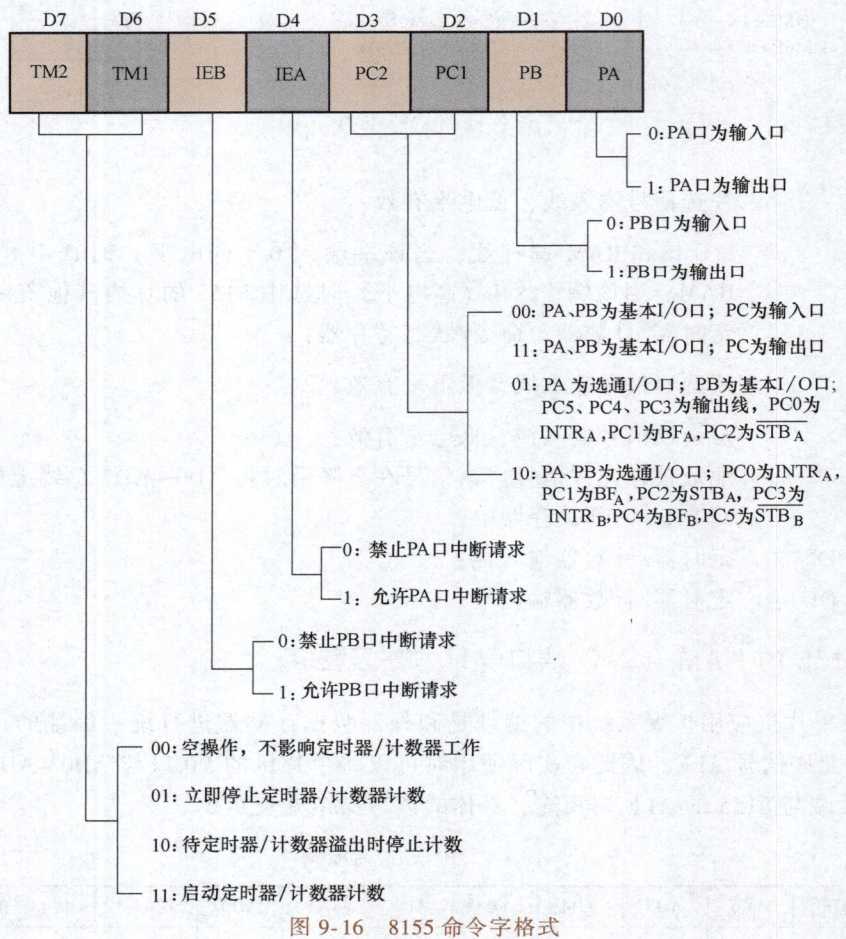

图 9-16　8155 命令字格式

四、8155 可编程接口控制应用

8155 的 PA 口、PB 口、PC 口和定时器/计数器都可以通过编程来实现不同的功能，其

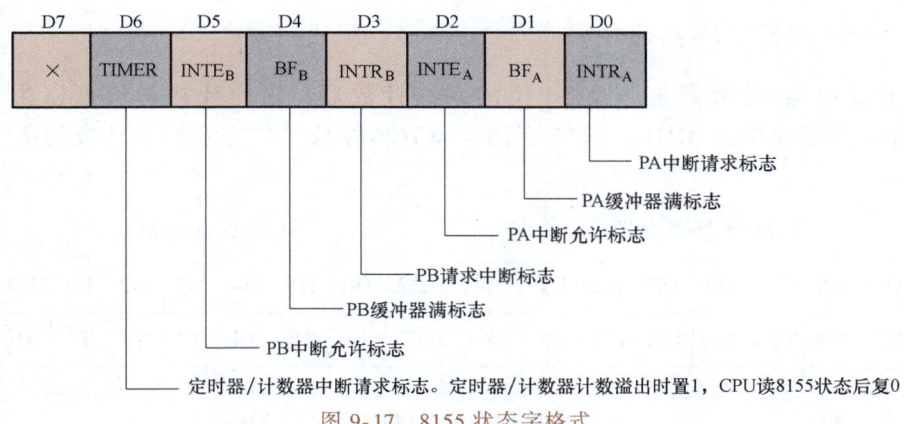

图9-17 8155状态字格式

中并行口具有多种工作方式,具体的工作方式定义可以根据图9-16所示的8155命令字设定。8155并行口的工作方式与8255A并行口的工作方式一致。

图9-18是8155与8032的一种接口逻辑图。从该图的接线可以得出图中8155的各项地址。RAM地址范围:3F00H~3FFFH,命令/状态字地址:7FF0H,PA口、PB口、PC口地址:7FF1H、7FF2H、7FF3H,定时器/计数器低、高字节地址:7FF4H、7FF5H。

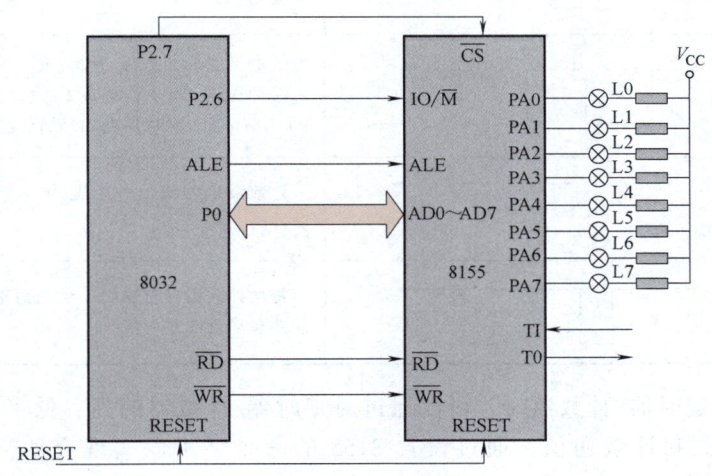

图9-18 扩展8155控制指示灯

如果要实现L0~L3灭、L4~L7亮,可以编制如下子程序:

```
LED:    MOV     DPTR,#7FF0H     ;写方式控制字,PA口为基本I/O
                                 口输出
        MOV     A,#01H
        MOVX    @DPTR,A
        MOV     DPTR,#7FF1H     ;往PA口写数,控制灯
        MOV     A,#0FH
        MOVX    @DPTR,A
        RET
```

五、8155 内部定时器应用

8155 的定时器/计数器是一个 14 位的减法计数器。它的计数初值可以为 0002H～3FFFH，最高计数速率为 4MHz。8155 有两个寄存器存放操作方式码和计数初值，其格式如下：

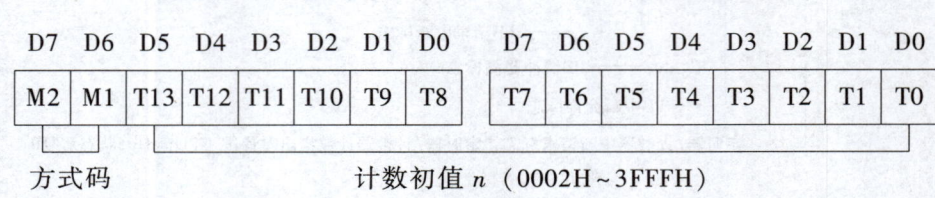

8155 的定时器/计数器有 4 种操作方式，见表 9-3。

表 9-3　8155 定时器/计数器的操作方式

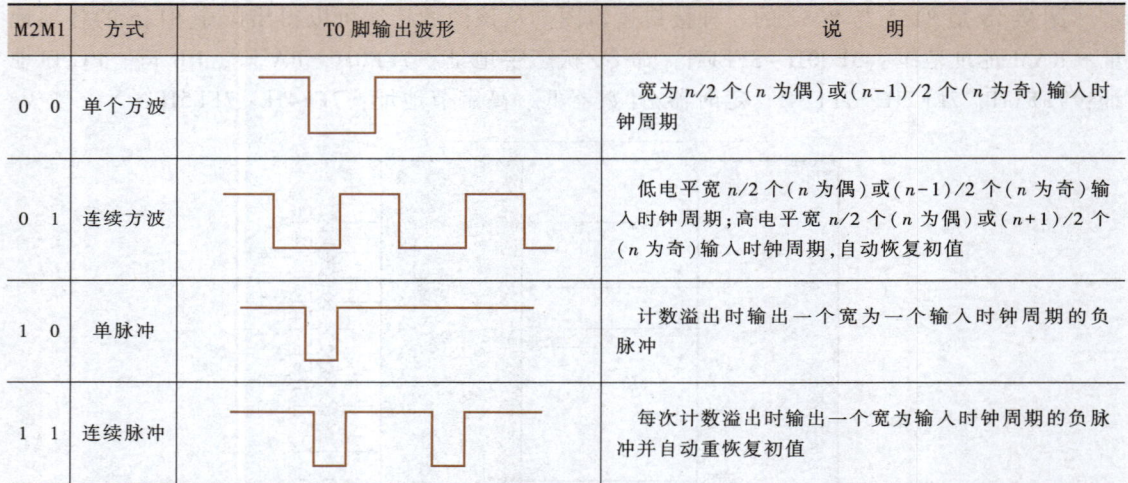

使用 8155 的定时器/计数器时，可以通过对定时器/计数器的高、低字节寄存器编程实现设置其工作方式和计数初值，通过设置 8155 的命令字可以实现启动、停止定时器/计数器。

如图 9-18 所示，要求使用 8155 的定时器/计数器使得 T0 口输出的脉冲周期是 TI 输入脉冲周期的 10 倍。

图 9-18 中，命令/状态字地址：7FF0H，定时器/计数器低、高字节地址：7FF4H、7FF5H。可以编制如下子程序：

```
PUS:    MOV     DPTR, #7FF4H    ;写定时器/计数器工作方式和初值,
                                 方式1初值10
        MOV     A, #10
        MOVX    @DPTR, A
        MOV     DPTR, #7FF5H
        MOV     A, #40H
```

第九章 MCS-51单片机并行I/O接口的扩展

```
        MOVX    @DPTR, A
        MOV     DPTR, #7FF0H    ;启动定时器/计数器
        MOV     A, #C0H
        MOVX    @DPTR, A
        RET
```

思考题与习题

9-1 在一个系统中采用同一个地址扩展一片 74LS377 作为输出口和一片 74LS245 作为输入口。

9-2 在一个系统中扩展一片 8255A，试编制 8255A 的初始化程序：A 口方式 0 输出，B 口方式 1 输入。

9-3 在一个系统中扩展一片 8155，试编制 8155 的初始化程序：A 口为选通输出，B 口为基本 I/O 输入。

9-4 在一个系统中扩展一片 8155，如果 TI 的输入脉冲频率为 1MHz，希望从 T0 输出频率为 10kHz 的方波。

科学家精神

"两弹一星"功勋科学家：
雷震海天

第十章

输入/输出设备及接口技术

第一节 七段 LED 显示器接口技术

一、显示器的结构

发光二极管 LED 显示器是单片机应用系统中常用的廉价输出设备，它由若干个发光二极管组成。当发光二极管导通时，相应的一个点或一个笔画发光。控制相应的二极管导通，就能显示出各种字符，尽管显示的字符形状有些失真，能显示的字符数量也有限，但控制简单，使用方便。发光二极管的阳极连在一起的称为共阳极显示器，阴极连在一起的称为共阴极显示器。常用的七段（若将小数点 dp 计算在内则为八段）LED 显示器结构如图 10-1 所示。

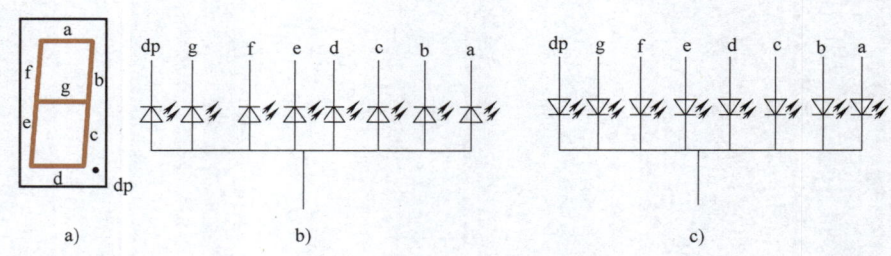

图 10-1 七段 LED 显示器的结构
a) 外形 b) 共阳极 c) 共阴极

二、七段 LED 显示器工作原理

七段 LED 显示器需要由驱动电路驱动。在七段 LED 显示器中，共阳极显示器用低电平驱动，共阴极显示器用高电平驱动。点亮显示器有静态和动态两种方式。

1. 静态显示器

所谓静态显示，就是当显示器显示某一字符时，相应段的发光二极管恒定地导通或截止。例如，七段显示器的 a、b、c、d、e、f 段导通，g、dp 段截止，则显示 0。这种显示方法的每一位都需要由一个 8 位输出口控制。作为 MCS-51 串行口方式 0 输出的应用，我们可以在串行口上扩展多片串行输入并行输出的移位寄存器 74LS164 作为静态显示器接口，图 10-2 给出了 8 位共阳极静态显示器的逻辑接口。设所显示的字符查表编程量参数放在相应的显示缓冲区单元中。

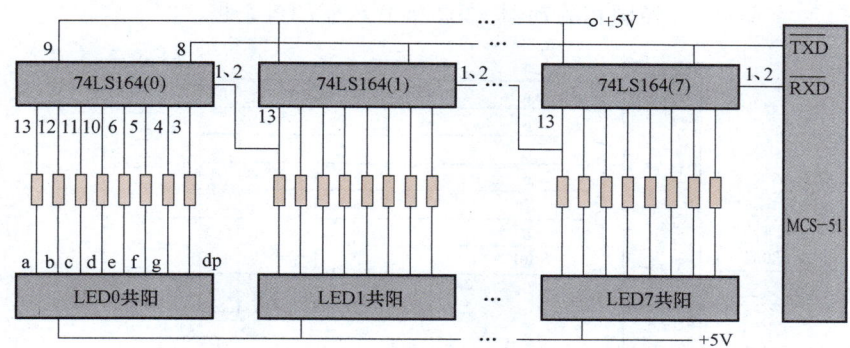

图 10-2 8 位静态显示器逻辑接口

下面列出更新显示器子程序清单：

```
DISPLAY： MOV   R7, #8            ; 8 位显示计数器
         MOV   R0, #78H           ; 78H~7FH 为显示器缓冲区
         MOV   DPTR, #TABLE       ; 显示字形码表首地址
LOOP1：  MOV   A, @R0             ; 取出要显示的编程量参数
         INC   R0                 ; 指向缓冲区下一地址
         MOVC  A, @A+DPTR         ; 取出显示字形码
         MOV   SBUF, A            ; 送出该 LED 上的字形码
LOOP2：  JNB   TI, LOOP2          ; 判断是否输出完毕
         CLR   TI                 ; 完，清发送中断标志
         DJNZ  R7, LOOP1          ; 8 位显示未完，继续
         RET
TABLE：  DB    0C0H, 0F9H, 0A4H, 0B0H, 99H    ; 0, 1, 2, 3, 4
         DB    92H, 82H, 0F8H, 80H, 90H       ; 5, 6, 7, 8, 9
         DB    88H, 83H, 0C6H, 0A1H, 86H      ; A, b, C, d, E
         DB    8EH, 0BFH, 8CH, 0F7H, 0FFH     ; F, —, P, —, 暗
```

静态显示器的优点是显示稳定，在发光二极管导通电流一定的情况下显示器的亮度高，控制系统在运行过程中，仅仅在需要更新显示内容时，CPU 才执行一次显示更新子程序，这样大大节省了 CPU 的时间，提高了 CPU 的工作效率；缺点是位数较多时，所需的 I/O 口太多，硬件开销太大，因此常采用另外一种显示方式——动态显示方式。

2. 动态显示器

所谓动态显示就是一位一位地轮流点亮各位显示器（扫描），对于显示器的每一位而言,每隔一段时间点亮一次。虽然在同一时刻只有一位显示器在工作(点亮),但利用人眼的视觉暂留效应和发光二极管熄灭时的余辉效应,看到的却是多个字符"同时"显示。显示器亮度既与点亮时的导通电流有关,也与点亮时间和间隔时间的比例有关。调整电流和时间参数,可实现亮度较高、较稳定的显示。若显示器的位数不大于 8 位,则控制显示器公共极电位只需一个 8 位 I/O 口(称为扫描口或字位口),控制各位 LED 显示器所显示的字形也需要一个 8 位口(称为数据口或字形口)。图 10-3 为 6 位共阴极动态显示器与 8155 的接口逻辑图。8155 端口 A 作为扫描口(字位口),经反相驱动器 75452 接显示器公共极,端口 B 作为段数据口(字形口),经同相驱动器 7407 接显示器的各个极。

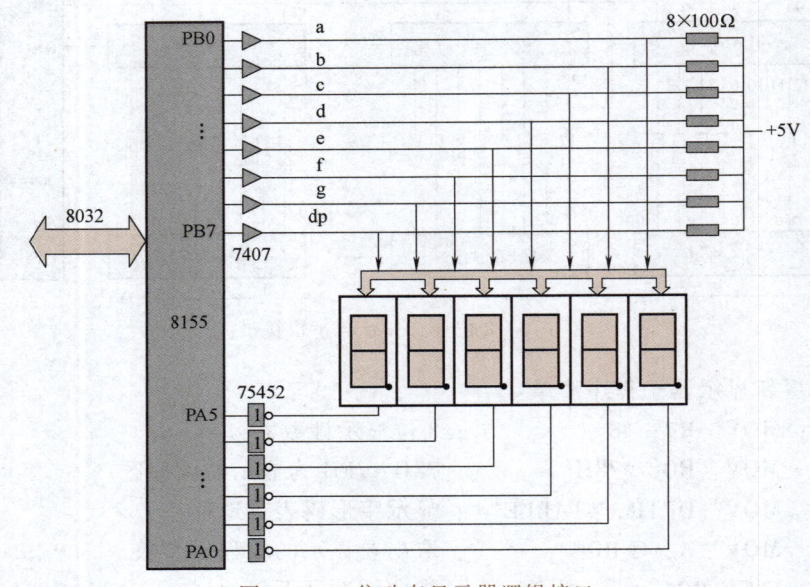

图 10-3 6 位动态显示器逻辑接口

对于图 10-3 所示的 6 位 LED 显示器,在 8032 单片机内部 RAM 中设置 6 个显示缓冲单元 78H~7DH,存放 6 位欲显示的字符数据,8155 的端口 A 扫描输出总是只有一位为高电平,即 6 位显示器中仅有一位公共阴极为低电平(只选中一位),其他位为高电平,8155 的端口 B 输出相应位的显示字符的段数据,使该位显示出相应字符,其他位为暗。依次改变端口 A 输出为高电平的位及端口 B 输出对应的段数据,6 位 LED 显示器就显示出缓冲器中字符数据所确定的字符。动态显示子程序流程图如图 10-4 所示。

程序清单如下:

```
KDIZHI    DATA    7F00H         ;8155 命令口地址(假定)
ADIZHI    DATA    7F01H         ;8155 的 A 口地址(假定)
BDIZHI    DATA    7F02H         ;8155 的 B 口地址(假定)
DIR: MOV    R0,#78H             ;显示数据缓冲区首地址送 R0
     MOV    A,#03H
     MOV    DPTR,#KDIZHI
     MOVX   @DPTR,A              ;8155 初始化,A 口为输出口,B 口为输出口
     MOV    R3,#00100000B        ;使显示器最左边位亮
```

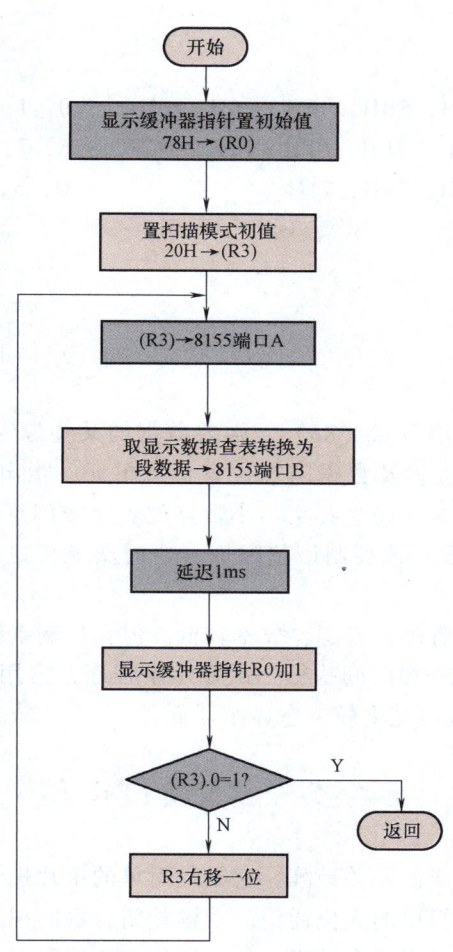

图 10-4　动态显示子程序流程图

```
LP1： MOV    DPTR，#ADIZHI    ；数据指针指向 A 口
      MOV    A，R3
      MOVX   @DPTR，A         ；送扫描值
      MOV    DPTR，#TAB       ；指向表格首地址
      MOV    A，@R0           ；取欲显示数据的字形码表位序
      MOVC   A，@A+DPTR       ；查表取出字形码
      MOV    DPTR，#BDIZHI    ；数据指针指向 B 口
      MOVX   @DPTR，A         ；送出显示
      ACALL  DELAY            ；调用延时子程序
      INC    R0               ；指向下一个显示缓冲区地址
      MOV    A，R3
      JB     ACC.0，LP2       ；判断是否扫描到第 6 个显示器
      RR     A                ；未到，扫描码右移 1 位
      MOV    R3，A
```

```
        AJMP   LP1
LP2: RET
TAB: DB    3FH, 06H, 5BH, 4FH, 66H, 6DH   ; 0, 1, 2, 3, 4, 5
     DB    7DH, 07H, 7FH, 6FH, 77H, 7CH   ; 6, 7, 8, 9, A, b
     DB    39H, 5EH, 79H, 71H             ; C, d, E, F
DELAY: MOV  R7, #02H                      ; 延时子程序
  DL1: MOV  R6, #0FFH
  DL2: DJNZ R6, DL2
       DJNZ R7, DL1
       RET
```

若某些字符的显示需要小数点（dp）及需要数据的某些位闪烁时（亮一段时间，熄一段时间），则可建立小数点位置及数据闪烁位置标志单元，指出小数点显示位置或闪烁位置。当显示扫描到相应位时（字位选择字与小数点位置字或闪烁位置字重合），在该位字形码中加入小数点（点亮 dp 段）或控制该位闪烁（定时给该位送字形码或熄灭码），完成带小数点或闪烁字符显示。

动态显示器的优点是节省硬件资源，成本较低。但在控制系统运行过程中，要保证显示器正常显示，CPU 必须每隔一段时间执行一次显示子程序，占用了 CPU 大量的时间，降低了 CPU 的工作效率，同时显示亮度较静态显示器低。

第二节　键盘接口技术

键盘是由若干个按键组成的开关矩阵，它是最简单的单片机输入设备，操作员可以通过键盘输入数据或命令，实现简单的人机通信。若键盘闭合键的识别是由专用硬件实现的，则称为编码键盘；若是用软件实现闭合键识别的，则称为非编码键盘。非编码键盘又分为行列式和独立式两种。本节主要讨论非编码键盘的工作原理、接口技术和程序设计。

键盘接口应有以下功能：
- 键扫描功能，即检测是否有键闭合；
- 键识别功能，确定被闭合键所在的行列位置；
- 产生相应的键的代码（键值）功能；
- 消除按键抖动及对付多键串按（复键）功能。

一、键盘工作原理

1. 独立式键盘

一个具有 4 个按键的独立式键盘如图 10-5a 所示，每一个按键的一端都接地，另一端接 8032 的 I/O 口。从图中可以看出，独立式键盘每一按键都需要一根 I/O 线，占用 8032 的硬件资源较多。因此独立式键盘只适合按键较少的场合。

对于图 10-5a 所示的键盘接口，键输入子程序如下：

```
KEY: MOV  P1, #0FFH
     MOV  A, P1                    ; 读入按键状态
```

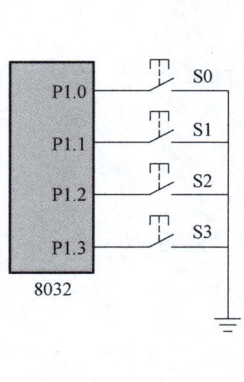
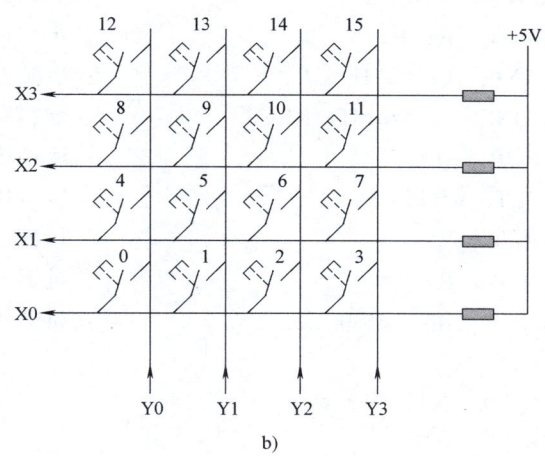

a)　　　　　　　　　　　　　　b)

图 10-5　键盘结构

a）独立式　b）行列式

```
        ANL    A, #0FH              ;屏蔽掉无用位
        CJNE   A, #0FH, KEY1        ;有键按下,转移
KEY3:   CLR    PSW.5                ;无键按下,清按键标志
        RET                         ;返回主程序
KEY1:   LCALL  DELAY                ;延迟去抖动
        MOV    A, P1                ;再次读入按键状态
        ANL    A, #0FH              ;屏蔽掉无用位
        CJNE   A, #0FH, KEY2        ;有键按下,转移
        SJMP   KEY3                 ;无键按下,转移
KEY2:   JB     ACC.0, KEY4          ;是否为"0"号键
        MOV    A, #0                ;键号为"0"
        SJMP   KEY5
KEY4:   JB     ACC.1, KEY6          ;是否为"1"号键
        MOV    A, #1                ;键号为"1"
        SJMP   KEY5
KEY6:   JB     ACC.2, KEY7          ;是否为"2"号键
        MOV    A, #2                ;键号为"2"
        SJMP   KEY5
KEY7:   JB     ACC.3, KEY3          ;是否为"3"号键
        MOV    A, #3                ;键号为"3"
KEY5:   PUSH   ACC                  ;保存键号
KEY8:   MOV    A, P1                ;读入键状态
        ANL    A, #0FH              ;屏蔽掉无用位
        CJNE   A, #0FH, KEY8        ;按键没释放,等待
```

```
        LCALL   DELAY               ;延迟去抖动
        MOV     A, P1               ;再次读入键状态
        ANL     A, #0FH             ;屏蔽掉无用位
        CJNE    A, #0FH, KEY8       ;键抖动,按键没释放,等待
        POP     ACC                 ;返回键号
        SETB    PSW.5               ;置按键标志
        RET                         ;返回主程序
DELAY:  MOV     R2, #20             ;延迟子程序,延迟10ms
DELAY1: MOV     R3, #250            ;机器周期2μs
        DJNZ    R3, $
        DJNZ    R2, DELAY1
        RET
```

2. 行列式键盘

一个 4 行×4 列的行列式键盘结构如图 10-5b 所示。图中键盘的行线 X0~X3 通过电阻接 +5V,当键盘没有键闭合时,所有的行线和列线断开,行线 X0~X3 均呈高电平。当键盘上某一键闭合时,该键所对应的行线与列线短路,此时该行线的电平将由被短路的列线电平所决定。如果将行线接至单片机的输入端口,列线接至单片机的输出端口,则在单片机的控制下使列线 Y0 为低电平,其余 3 根列线 Y1、Y2、Y3 均为高电平,然后单片机读输入口状态 (即键盘行线状态),若 X0、X1、X2、X3 均为高电平,则 Y0 这一列上没有键闭合,如果读出的行线状态不全为高电平,则为低电平的行线和 Y0 相交的键处于闭合状态。如果 Y0 这一列没有键闭合,紧接着使列线 Y1 为低电平,其余列线为高电平,用同样的方法检查 Y1 这一列有无键闭合,如此类推。这种逐行逐列地检查键盘状态的过程称为对键盘的扫描。CPU 对键盘的扫描可以采取程序控制的随机方式,CPU 空闲时才扫描键盘;也可以采取定时控制方式,每隔一段时间,CPU 对键盘扫描一次;还可以采用中断方式,当键盘上有键闭合时,向 CPU 请求中断,CPU 响应键盘发出的中断请求,对键盘进行扫描,以识别哪一个键处于闭合状态,并对键输入信息作相应处理。CPU 对键盘上闭合键号的确定,可以根据行线的状态计算求得,也可以查表求得。

图 10-5b 中,若 Y0 为低电平,按下 0 号键时,X0 上的电压波形如图 10-6 所示。图中 t_1 和 t_3 分别为键闭合和断开过程中的抖动期 (呈现一串脉冲),抖动时间的长短与键的机械特性有关,一般为 5~10ms;t_2 为稳定的闭合期,其时间长短由操作员的按键动作所决定,一般为几百毫秒至几秒;t_0、t_4 为断开期。为了保证 CPU 对键的闭合作一次且仅作一次处理,必须有去抖动处理,在键的稳定闭合期或断开期读键的状态。并判别出键由闭合到释放时,再作键输入处理。

图 10-6 键按下和释放时的行线电压波形

二、键盘接口及程序设计

图 10-7 为 4×8 键盘、6 位显示器和 8032 的接口电路。图中,8032 外接一片 8155,8155 的 RAM 地址为 7E00H~7EFFH,I/O 口地址为 7F00H~7F05H,8155 的 PA 口为输出口,控

制键盘的列线 Y0~Y7 的电位,作为键扫描口,同时又是 6 位显示器的扫描口,PB 口作为显示器的段数据输出口,8155 的 PC 口作为输入口,PC0~PC3 接行线 X0~X3,称为键输入口。

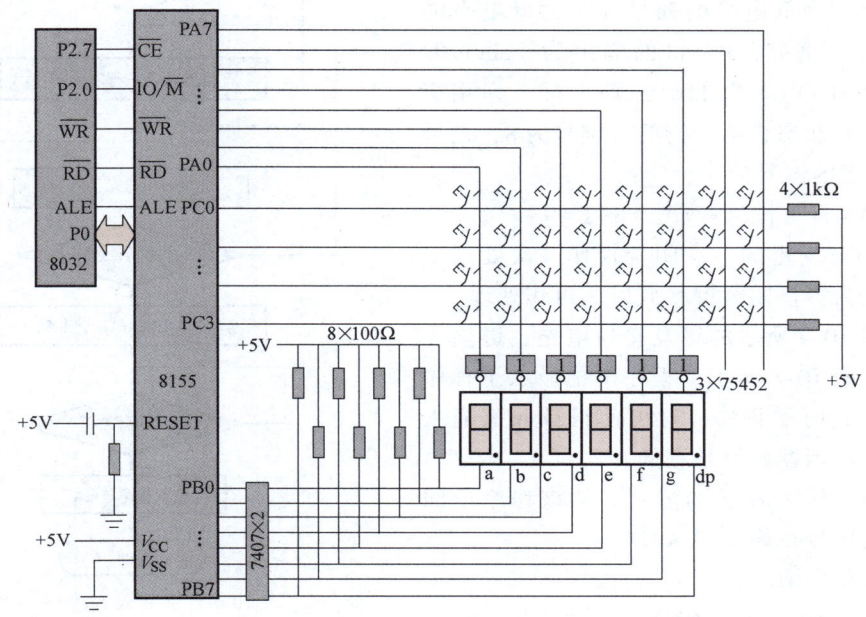

图 10-7 键盘显示器接口电路

键输入程序的功能包括以下 4 个方面:

(1) 判别键盘上有无键闭合 其方法为扫描口 PA0~PA7 输出全"0",读 PC 口的状态,若 PC0~PC3 为全"1"(键盘上行线全为高电平),则键盘上没有闭合键;若 PC0~PC3 不为全"1",则有键处于闭合状态。

(2) 去除键的机械抖动 其方法是识别到键盘上有键闭合后,延迟一段时间再判别键盘的状态,若仍有键闭合,则认为键盘上有一个键处于稳定的闭合期,否则认为是键的抖动。

(3) 判别闭合键的键号 方法为对键盘的列线进行扫描,扫描口 PA0~PA7 依次输出。

PA7	PA6	PA5	PA4	PA3	PA2	PA1	PA0
1	1	1	1	1	1	1	0
1	1	1	1	1	1	0	1
1	1	1	1	1	0	1	1
1	1	1	1	0	1	1	1
1	1	1	0	1	1	1	1
1	1	0	1	1	1	1	1
1	0	1	1	1	1	1	1
0	1	1	1	1	1	1	1

相应地顺次读出 PC 口的状态，若 PC0～PC3 为全"1"，则列线输出为"0"的这一列上没有键闭合，否则这一列上有键闭合。闭合键的键号等于为低电平的列号加上为低电平的行的首键号。例如，PA 口的输出为 11111101 时，读出 PC0～PC3 为 1101，则 1 行 1 列相交的键处于闭合状态，第一行的首键号为 8，列号为 1，闭合键的键号为

$$N = 行首键号 + 列号 = 8 + 1 = 9$$

（4）CPU 对键的一次闭合仅作一次处理 采用的方法为等待闭合键释放以后再作处理。

对于图 10-7 所示的键盘接口电路，键输入程序框图如图 10-8 所示。程序中把显示子程序作为去抖动延时子程序，这可使得进入键输入子程序后，显示器始终是亮的。

下面为键输入程序的清单，从该程序返回后输入键的键号在累加器 A 中。

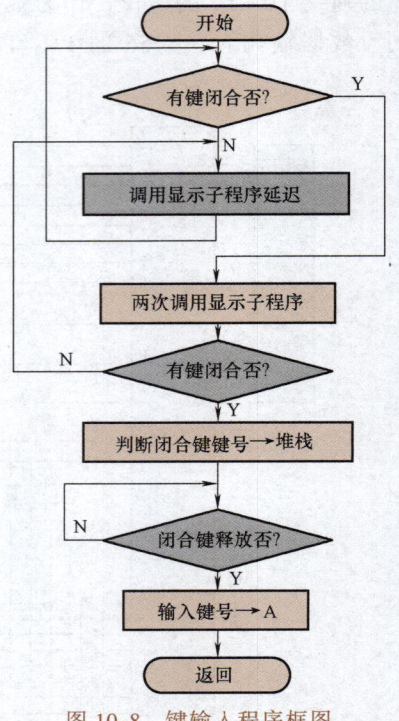

图 10-8 键输入程序框图

键输入程序清单：

```
KEY1:   MOV    A, #03H
        MOV    DPTR, #7F00H
        MOVX   @DPTR, A       ;8155 初始化 A 口、B 口为输出口，C 口为输入口
        ACALL  KS1            ;调用判有无键闭合子程序
        JNZ    LK1
        ACALL  DIR            ;调用显示子程序，延迟 6ms
        AJMP   KEY1
LK1:    ACALL  DIR            ;延迟 12ms
        ACALL  DIR
        ACALL  KS1            ;调用判有无闭合键子程序
        JNZ    LK2
        ACALL  DIR            ;调用显示子程序，延迟 6ms
        AJMP   KEY1
LK2:    MOV    R2, #0FEH      ;扫描模式→R2
        MOV    R4, #0
LK3:    MOV    DPTR, #7F01H   ;扫描模式→8155 A 口
        MOV    A, R2
        MOVX   @DPTR, A
        INC    DPTR
        INC    DPTR
```

```
            MOVX   A, @DPTR          ; 读 8155 C 口
            JB     ACC.0, LONE       ; 转判 1 行
            MOV    A, #00H           ; 0 行有键闭合, 首键号 0→A
            AJMP   LKP
    LONE:   JB     ACC.1, LTWO       ; 转判 2 行
            MOV    A, #08H           ; 1 行有键闭合, 首键号 8H→A
            AJMP   LKP
    LTWO:   JB     ACC.2, LTHR       ; 转判 3 行
            MOV    A, #10H           ; 2 行有键闭合, 首键号 10H→A
            AJMP   LKP
    LTHR:   JB     ACC.3, NEXT       ; 转判下一列
            MOV    A, #18H           ; 3 行有键闭合, 首键号 18H→A
    LKP:    ADD    A, R4             ; 求键号
            PUSH   ACC               ; 键号进栈保护
    LK4:    ACALL  DIR               ; 判键释放否
            ACALL  KS1
            JNZ    LK4
            POP    ACC               ; 键号→A
            RET
    NEXT:   INC    R4                ; 列计数器加 1
            MOV    A, R2             ; 判是否已扫到最后一列
            JNB    ACC.7, KND        ; 若仍无键入, 转 KND
            RL     A                 ; 扫描模式左移 1 位
            MOV    R2, A
            AJMP   LK3
    KND:    AJMP   KEY1
    KS1:    MOV    DPTR, #7F01H      ; 全 "0" →扫描口
            MOV    A, #00H
            MOVX   @DPTR, A
            INC    DPTR
            INC    DPTR
            MOVX   A, @DPTR          ; 读键入状态
            CPL    A
            ANL    A, #0FH           ; 屏蔽高位
            RET
    DIR:    ⋮
            RET
```

第三节 打印机接口技术

一、微型打印机简介

打印机是计算机系统最常用的硬拷贝输出设备,目前市场上的打印机规格、种类较多,原则上它们都可以作为单片机系统的外部设备,然而一般的单片机应用系统在体积、功耗、可靠性和价格方面有比较严格的要求,而对打印机的功能要求不高,因此在单片机系统中应用较多的是微型打印机,例如 PP40、TPμP-40A/16A、GP16 等智能微型打印机。

智能打印机的内部一般都有控制器,它能和主机之间实现命令、数据、状态的传递,控制打印机构将信息打印出来。有些计算器上使用的字轮式打印机只是一个打印机头,机械动作须由主机控制,如每行为 12 个字符的字轮式 VOESA 打印机,由于小巧、价廉而被选用。

打印机一般通过并行接口和主机 CPU 相连,也有少数打印机通过串行接口或直接连到系统的总线上。

PP40 打印机的工作速度较慢,但其体积小、价格低、可靠性高、工作时噪声小,能描绘出所有可显示的 ASCII 字符和精度较高的彩色图表,它和 CPU 的通信采用规范化的 Centronics 标准,因此,PP40 在单片机中用得较为普遍。下面以 PP40 为例进行介绍。

二、PP40 微型打印机

(一) PP40 的接口信号

PP40 和主机的接口信号见表 10-1。所有的 I/O 信号与 TTL 电平兼容。

DATA1~8:数据线;

$\overline{\text{STROBE}}$:选通输入信号线,它的上升沿将 DATA1~8 上的信息打入 PP40,并启动 PP40 机械装置开始描述;

BUSY:状态输出线。PP40 正在处理主机的命令或数据(描绘)时,BUSY 输出高电平,空闲时 BUSY 输出低电平。BUSY 可作为中断请求线或供 CPU 查询;

$\overline{\text{ACK}}$:响应输出线,当 PP40 接收并处理完主机的命令或数据时,$\overline{\text{ACK}}$ 输出一个负脉冲,它也可以作为中断请求线。

表 10-1 PP40 的接口信号

针位	信号	针位	信号	针位	信号	针位	信号
1	$\overline{\text{STROBE}}$	10	$\overline{\text{ACK}}$	19	GND*	28	GND*
2	DATA1	11	BUSY	20	GND*	29	GND*
3	DATA2	12	GND	21	GND*	30	GND
4	DATA3	13	NC	22	GND*	31	NC
5	DATA4	14	GND	23	GND*	32	NC
6	DATA5	15	GND	24	GND*	33	GND
7	DATA6	16	GND	25	GND*	34	NC
8	DATA7	17	GND	26	GND*	35	NC
9	DATA8	18	NC	27	GND*	36	NC

注:*表示用以和信号线绞线,以提高抗干扰能力;NC 为空脚。

PP40 和主机之间的通信时序如图 10-9 所示。

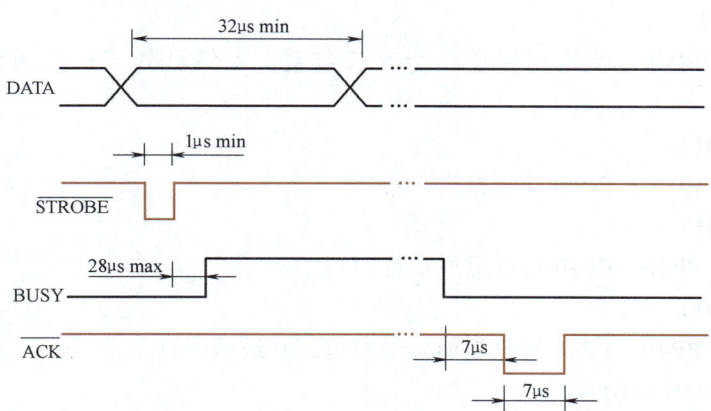

图 10-9 PP40 和主机之间的通信时序（Centronics）

（二）PP40 的操作方式

PP40 具有文本模式和图案模式两种操作方式，初始加电后为文本模式状态。PP40 处于文本模式状态时，主机将回车符（0DH）和方式控制编码 2（12H）写入 PP40，则由文本模式变为图案模式，再将回车符（0DH）和方式控制编码 1（11H）写入 PP40，又回到文本模式。PP40 在文本模式时，能打印所有的 ASCII 字符；在图案模式下，能描绘出用户设计的各种彩色图案。

1. 文本模式

PP40 的文本模式用于打印字符串，常用可打印的字符编码见表 10-2。

表 10-2 PP40 字符编码

	0	1	2	3	4	5	6	7
0				0	@	P	`	p
1		DC1	!	1	A	Q	a	q
2		DC2	"	2	B	R	b	r
3			#	3	C	S	c	s
4			$	4	D	T	d	t
5			%	5	E	U	e	u
6			&	6	F	V	f	v
7			'	7	G	W	g	w
8	BS		(	8	H	X	h	x
9			)	9	I	Y	i	y
A	LF		*	:	J	Z	j	z
B		LU	+	;	K	[	k	{
C			,	<	L	\	l	|
D	CR	NC	—	=	M	]	m	}
E			。	>	N	^	n	~
F			/	?	O	_	o	

注：DC1：配置控制 1（文本模式）
　　DC2：配置控制 2（图案模式）
　　NC：转色
　　CR：回车（笔返回左方位置）

表 10-2 中除了字符编码外，还列出了一些控制编码，它们的定义如下：
- 回位（08H）

将 08H 写入 PP40，使笔回到前一个字符位置，若笔已处于最左边位置，则该命令失效。
- 进纸（0AH）

将 0AH 写入 PP40，PP40 将纸推进一行。
- 退纸（0BH）

将 0BH 写入 PP40，PP40 将纸退后一行。
- 回车（0DH）

将 0DH 写入 PP40，PP40 将笔返回到最左边，并进纸一行。
- 方式控制编码 1（11H）

将 0DH 和 11H 依次写入 PP40，则将 PP40 置为文本模式。
- 方式控制编码 2（12H）

将 0DH 和 12H 依次写入 PP40，则将 PP40 置为图案模式。
- 转色（1DH）

将 1DH 写入 PP40，笔架转动一个位置，描图笔换一种颜色。

当超过一行的字符写入 PP40 后，PP40 自动回车并进纸一行。

2. **图案模式**

（1）绘图操作命令　PP40 在图案模式操作时，可提供多种绘图操作命令，供用户编制程序使用，以便绘画出各类图形，绘图命令格式和功能见表 10-3。

表 10-3　绘图命令格式和功能

命令	格式	功能
线形式	$Lp(p=0\sim15)$	所绘划线的形式。实线：$p=0$，点线：$p=1\sim15$，而且具有指定格式
重置	A	笔架返回 x 轴最左方，而 y 轴不变动。返回文字模式，并以笔架停留作为起点
回档	H	笔嘴升起返回起点
预备	I	以笔架位置作为起点
绘线	$D_{X,Y,\cdots,X_n,Y_n}$ $(-999 \leq X, Y \leq 999)$	由现时的笔嘴位置至 (X,Y) 连线
相对绘线	$J_{\Delta X,\Delta Y,\cdots,\Delta X_n,\Delta Y_n}$ $(-999 \leq \Delta X, \Delta Y \leq 999)$	由现时笔嘴位置划一与之在 X、Y 方向上分别相距 ΔX、ΔY 的直线
移动	$M_{X,Y}(-480 \leq X, Y \leq 480)$	笔嘴升起，移动至与起点在 X、Y 方向上分别相距 ΔX、ΔY 的点上
相对移动	$R_{\Delta X,\Delta Y}$ $(-480 \leq \Delta X, \Delta Y \leq 480)$	笔嘴升起，移动至与现时笔架在 X、Y 方向上分别相距 ΔX、ΔY 的点上
颜色转换	$Cn(n=0\sim3)$	颜色转换由 n 所指定 0：黑，1：蓝，2：绿，3：红
字符尺码	$Sn(n=0\sim63)$	指定字符尺码

(续)

命　令	格　式	功　能
字母编印方向	Qn(n=0~3)	指示文字编印方向(只在图案模式下适用)
编印	PC,C,…,Cn(n 无限制)	编印字符(C 为字符)
轴	Xp,q,r(p=0~1) (q=-999~999) (r=1~255)	由现时笔架位置绘划轴线 y 轴:p=0　　x 轴:p=1 q=点距　　r=重复系数

x、y 方向定义如图 10-10a 所示。字母编印方向定义如图 10-10b 所示。

X 指令示例，当执行指令"X1，100，5"（将 58H，31H，2CH，31H，30H，30H，2CH，35H，0DH 写入 PP40）后，描绘出的图形如图 10-10c 所示。

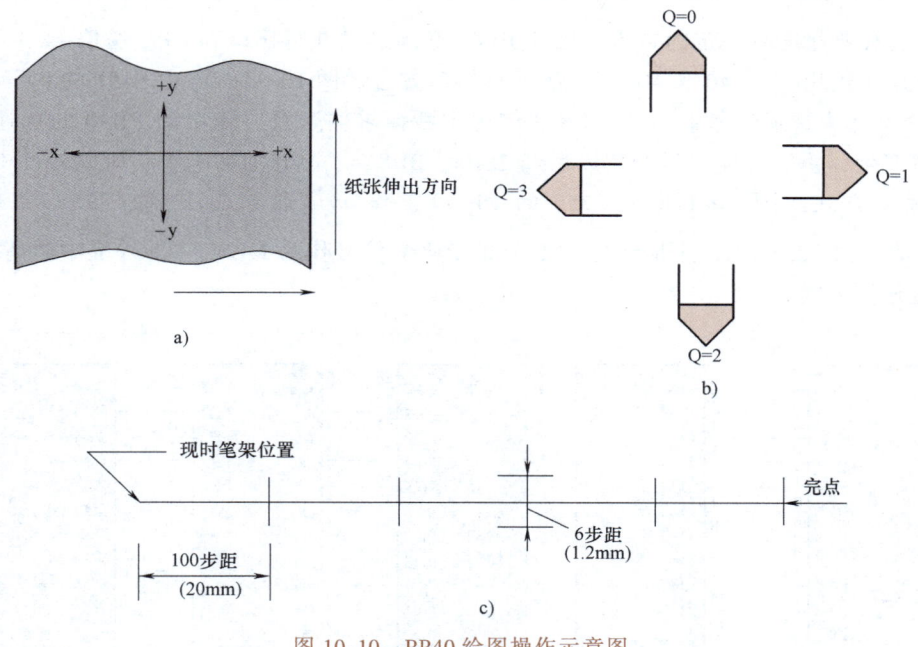

图 10-10　PP40 绘图操作示意图

a) x、y 方向图　b) 字母编印方向定义图　c) "X1，100，5"指令执行结果

PP40 的绘图命令可以分为 5 类：

- 不带参数的单字符指令，这一类指令包含 A、H 和 I 这 3 条指令。
- 只带一个参数的指令，这一类指令包含 L、C、S、Q 4 条指令，参数跟在命令符号后面。
- 带两个参数的指令，这一类指令包含 D、J、M、R 4 条指令，参数之间需以","作分隔符，指令以回车（0DH）结束。
- P 指令，编印字符指令，字符和字符之间以","分隔，以回车（0DH）结束。
- X 指令，绘制轴线指令，带 3 个参数，参数之间以","分隔，以回车结束。

（2）绘图命令缩写

- 单字符指令后可直接跟其他指令（返回文本命令除外，它后面必须跟回车符 0DH）。

例如：HJ300，-100 [CR] 等价于
　　H [CR]
　　J300，-100 [CR]
- 一个参数的指令，可以在参数后加","，后跟其他指令。

例如：L2，C3，Q3，S0，M-150，-200 [CR]
- 两个以上参数的指令必须以回车符（0DH）结束，不可省略。

（三）PP40 的接口方法

在设计一个打印机的接口电路时，既要考虑数据、状态线的特性（如是否为三态、负载等）和应答信号的时序，还必须考虑信息的有效宽度。若只从时序上考虑接口方法，忽略了信号的有效宽度时间，打印机将仍然不能正常工作。

图 10-9 所示的 PP40 接口时序波形中，对 DATA1～DATA8 上的数据信息和选通信号 $\overline{STROBE}$ 的有效宽度有一定的要求，因此 PP40 必须通过并行接口和 CPU 通信。

图 10-11 给出了 PP40 和 MCS-51 的两种接口方法。图 10-11a 中 MCS-51 的 P1 口作为数据口，P3.0 作为选通信号输出线，P3.3 作为中断请求输入线，输出到 PP40 的选通信号必须由软件产生，由于选通信号产生以后经 28μs，BUSY 才上升为高电平，所以外部中断应选用边沿触发方式。图 10-11b 中 8255 的 PB 口工作于选通输出方式，8255 给 PP40 的 $\overline{STROBE}$ 信号由 8255 PC1 引脚产生，PP40 的 BUSY 信号作为 MCS-51 的外部中断请求信号，采用边沿触发方式。

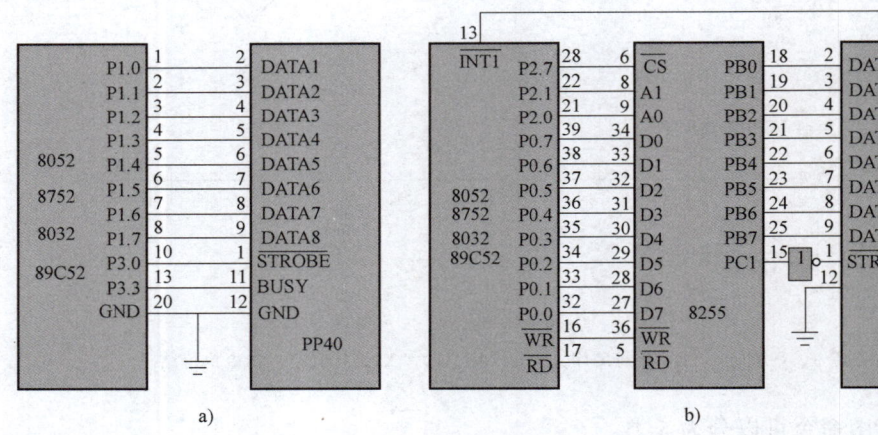

图 10-11　PP40 和 MCS-51 的两种接口方法

a）PP40 和 MCS-51 直接接口方法　b）PP40 和 8255 的接口方法

（四）打印程序设计举例

设计打印程序时，不仅要求所设计的打印程序尽可能少占用 RAM 存储器，还应考虑打印机速度比较低这个特点，设法提高 CPU 和打印机的并行工作程度。

1. PP40 文本模式程序设计

文本模式打印中最重要的应用是格式打印，例如：

POWER1：XXXXXXKWH

POWER2：XXXXXXKWH

POWER3：XXXXXXKWH

实现这种格式打印的最简单的方法是将所要打印的字符按一定的格式装配到打印缓冲器，打印时依次从缓冲器中取出字符输出到PP40，这种方法需要的RAM缓冲器比较大，不适合于没有外接RAM的单片机系统。

格式打印的内容一般可以分为两个部分，一部分是固定不变的字符串，包括单位、空格、回车等，另一部分是计算的数据结果，每次打印都是变化的。本例中固定的字符串有：

- □ POWER1：□
- □ POWER2：□
- □ POWER3：□
- □ KWH　回车

数据信息为3个字节：XXXXXX。

如果把固定的字符串存放于程序存储器中，打印时通过查表取出来输出到PP40，这样仅需要存放数据的缓冲器区，本例中缓冲器大小为9B。

在图10-11a中，对PP40的输出操作可以用查询方式也可以用中断方式控制，为了提高系统的并行性，我们采用中断方式控制。下面给出了程序框图（见图10-12）和清单。

x 主程序和中断服务程序之间的信息交换采用设置标志的方法，主程序循环查询打印结束标志（Bit2）以判断打印机是否打印完一组规定的信息。在实际应用中，主程序需查询一组标志，以转入不同的处理程序，这样才能使系统并行地工作。若采用实时多任务操作系统，则可以由任务调度来实现并行工作。

下面给出的主程序中用送数代替实际的计算结果，用踏步代替其他的工作，实际上主程序循环地采样、计算、打印……以完成系统规定的一系列操作。

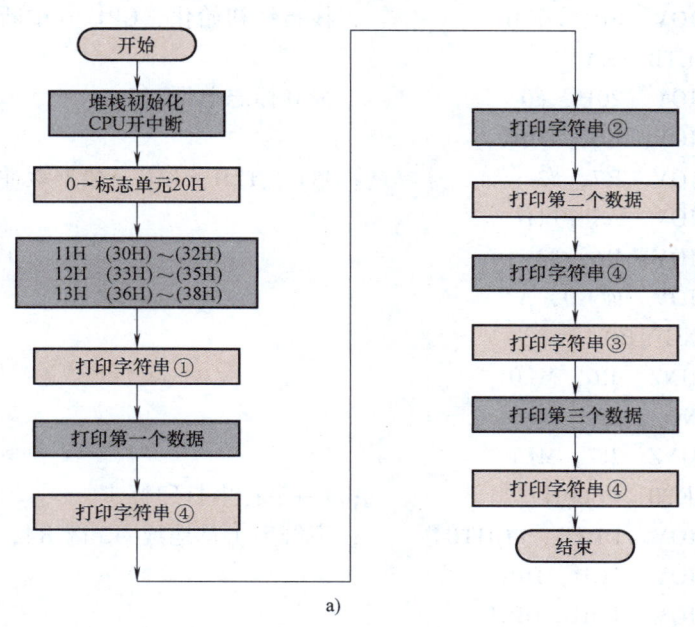

a)

图 10-12　PP40 文本模式打印示范程序框图（一）

a) 主程序框图

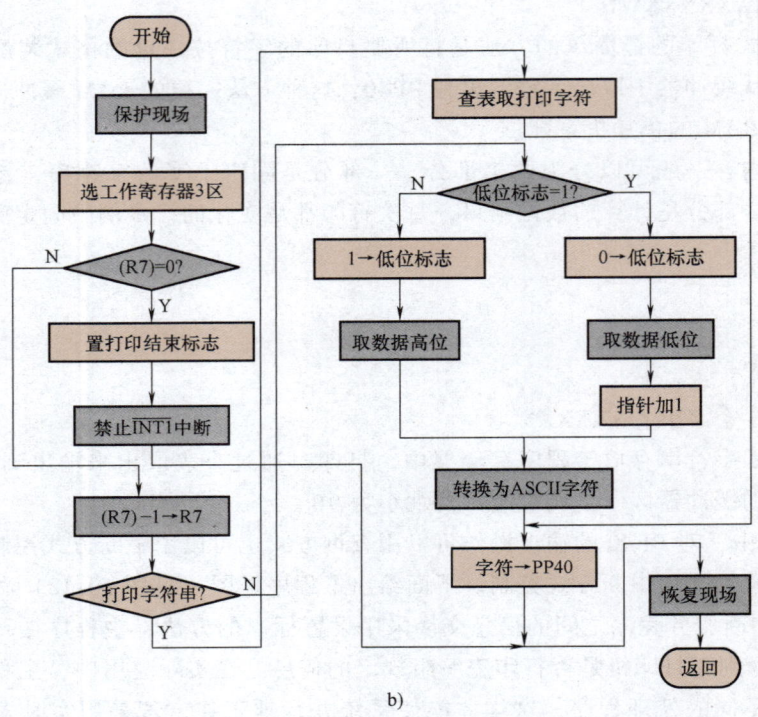

图 10-12　PP40 文本模式打印示范程序框图（二）
b）中断服务程序框图

主程序清单：
```
MAINA:  MOV   SP, #60H       ;栈指针初始化，CPU 开中断
        SETB  EA
        MOV   20H, #0        ;清 0 标志单元
        MOV   R0, #30H
        MOV   R7, #3         ;11H，12H，13H→数据缓冲器
        MOV   A, #11H
ML1:    MOV   R6, #3
ML0:    MOV   @R0, A
        INC   R0
        DJNZ  R6, ML0
        INC   A
        DJNZ  R7, ML1
        SETB  00H            ;1→字符串打印标志
        MOV   DPTR, #CHTB1   ;字符串①首地址→3 区 R4，R5
        MOV   1CH, DPL
        MOV   1DH, DPH
        MOV   1FH, #8        ;长度→3 区 R7
        LCALL MSUB           ;空格→PP40，开中断
```

```
WPT1:   JBC     02H, MLN1
        SJMP    WPT1                ;等待字符串①打印完
MLN1:   CLR     00H
        MOV     18H, #30H           ;数据缓冲器指针→3区R0
        MOV     1FH, #3             ;字节数→3区R7
        LCALL   MSUB                ;空格→PP40，开中
WPT2:   JBC     02H, MLN2           ;等待第一个数据打印完
        SJMP    WPT2
MLN2:   SETB    00H                 ;1→字符串打印标志
        MOV     DPTR, #CHTB4
        MOV     1CH, DPL            ;字符串④指针→R4R5
        MOV     1DH, DPH
        MOV     1FH, #8             ;长度→3区R7
        LCALL   MSUB                ;空格→PP40，允许 $\overline{INT1}$ 中断
WPT3:   JBC     02H, MLN3           ;等待字符串④打印完
        SJMP    WPT3
MLN3:   MOV     DPTR, #CHTB2        ;打印字符串②
        MOV     1CH, DPL
        MOV     1DH, DPH
        MOV     1FH, #8
        LCALL   MSUB
WPT4:   JBC     02H, MLN4
        SJMP    WPT4
MLN4:   CLR     00H                 ;打印第二个数据
        MOV     18H, #33H
        MOV     1FH, #3
        LCALL   MSUB
WPT5:   JBC     02H, MLN5
        SJMP    WPT5
MLN5:   SETB    00H                 ;打印字符串④
        MOV     DPTR, #CHTB4
        MOV     1CH, DPL
        MOV     1DH, DPH
        MOV     1FH, #8
        LCALL   MSUB
WPT6:   JBC     02H, MLN6
        SJMP    WPT6
MLN6:   MOV     DPTR, #CHTB3        ;打印字符串③
        MOV     1CH, DPL
        MOV     1DH, DPH
```

```
                MOV     1FH, #8
                LCALL   MSUB
WPT7:           JBC     02H, MLN7
                SJMP    WPT7
MLN7:           CLR     00H             ;打印第三个数据
                MOV     18H, #36H
                MOV     1FH, #3
                LCALL   MSUB
WPT8:           JBC     02H, MLN8
                SJMP    WPT8
MLN8:           SETB    00H
                MOV     DPTR, #CHTB4
                MOV     1CH, DPL        ;打印字符串④
                MOV     1DH, DPH
                MOV     1FH, #8
                LCALL   MSUB
WPT9:           JBC     02H, HERE
                SJMP    WPT9
HERE:           SJMP    HERE            ;踏步代替做其他工作
MSUB:           MOV     P1, #20H        ;空格→PP40
                CLR     P3.0
                NOP
                SETB    P3.0
                CLR     IE1
                SETB    IT1             ;允许 $\overline{INT1}$ 中断
                SETB    EX1
                RET
CHTB1:          DB      'POWER1:'
CHTB2:          DB      'POWER2:'
CHTB3:          DB      'POWER3:'
CHTB4:          DB      'KWH', 0DH, 0AH
PRINTA:         PUSH    ACC
                PUSH    PSW
                PUSH    DPL
                PUSH    DPH
                ORL     PSW, #18H
                CJNE    R7, #0, PRG0
                SETB    02H
                CLR     EX1
                SJMP    PRN2
```

```
PRG0:   DEC     R7
        JB      00H, PRCH
        JBC     01H, PRNL
        SETB    01H
        MOV     A, @R0
        SWAP    A
PRNN:   LCALL   HASC
PRC1:   MOV     P1, A
        CLR     P3.0
        NOP
        SETB    P3.0
PRN2:   POP     DPH
        POP     DPL
        POP     PSW
        POP     ACC
        RETI
PRNL:   MOV     A, @R0
        INC     R0
        SJMP    PRNN
PRCH:   CLR     A
        MOV     DPL, R4
        MOV     DPH, R5
        MOVC    A, @A+DPTR
        INC     DPTR
        MOV     R4, DPL
        MOV     R5, DPH
        SJMP    PRC1
HASC:   ANL     A, #0FH
        ADD     A, #90H
        DA      A
        ADDC    A, #40H
        DA      A
        RET
```

2. PP40 图案模式程序设计

PP40 工作于图案模式时，可以打印出各种图表和中文字符，PP40 图案模式程序设计的关键是掌握 PP40 的绘图命令的功能和使用方法。

对于一些常用的图形（如坐标图形、汉字），先设计出图形编码信息库，其方法是将图形符号分别安放在方格纸内，按 PP40 的步距，计算出图形中各个折点的坐标以及相互之间的关系，然后设计出连接各个折点绘出规定图形的命令表，再将命令表转换为 ASCII 字符编码，将一系列的图形命令编码依次存放在程序存储器中，便构成了图形编码信息库。程序中需打印时，计算出相应的图形信息在库中的地址，用查表方法依次取出该图形的命令编码信息输出到 PP40，PP40 便打印出指定的图形来。

对于一些随计算结果而变化的数据曲线，再根据计算的结果和某一个坐标系统，计算出各个数据的坐标参数，把它们作为绘图命令中的参数，将这些命令输出到 PP40，便可打印出各种曲线。

下面给出图 10-13 和图 10-14 所示的字符"九"和坐标轴的命令表。

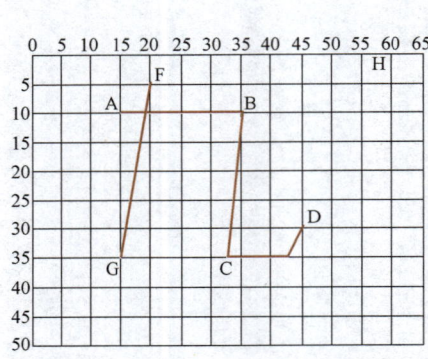

图 10-13　字符"九"的坐标图形

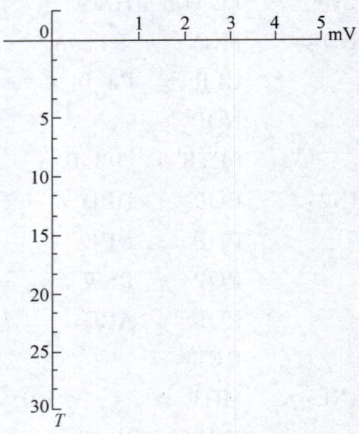

图 10-14　坐标轴图形

〈打印字符"九"的命令表〉

HM15，-10<CR>　　　　　　　　　　；笔架升起，移到 A 点

L0，J20，0，-2，-25，8，0，1，4<CR>　；描 AB、BC、CD、DE 字段

M20，-5<CR>　　　　　　　　　　　；移至 F 点

L0，J-5，-30<CR>　　　　　　　　　；描 FG 字段

<打印坐标轴图形的命令表>

IR30，0<CR>

IQ1<CR>

C1<CR>

X1，40，10<CR>

HR0，30<CR>

IP0<CR>

HR80，0<CR>

IP1<CR>

HR80，0<CR>

IP2<CR>

HR80，0<CR>

IP3<CR>

HR80，0<CR>

IP4<CR>

HR80，0<CR>
IP5<CR>
R25，0<CR>
IPmv<CR>
R-432，5<CR>
IC2<CR>
X0，-40，18<CR>
HR-30，0<CR>
HR-35，-120<CR>
IP5<CR>
HR0，-120<CR>
IP10<CR>
HR0，-120<CR>
IP15<CR>
HR0，-120<CR>
IP20<CR>
HR0，-120<CR>
IP25<CR>
HR0，-120<CR>
IP30<CR>
HR0，-23<CR>
IPt<CR>

对于图 10-11b 所示的接口方法，对 PP40 的输出控制可采用上一小节中说明的中断控制方法，也可以采用简单的查询方式，等待 PP40 处理完一个字符后再送第二个字符。

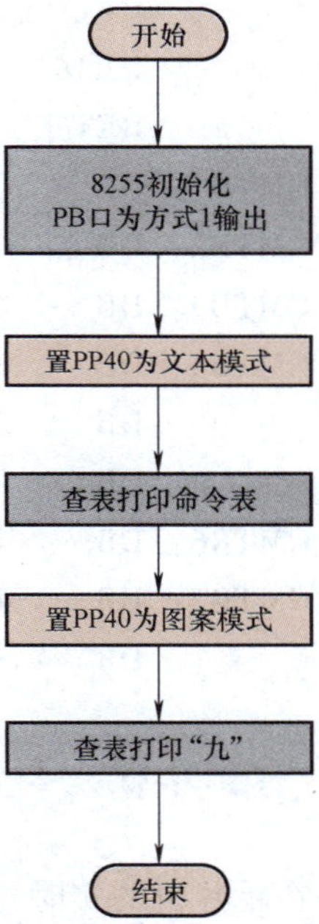

下面给出适合于图 10-11b 接口电路的打印字符"九"的程序框图（见图 10-15）和程序清单。

图 10-15 字符"九"的打印程序框图

```
MAING: MOV    P2，#7FH        ；8255 初始化
        MOV    A，#84H
        MOVX   @R0，A
        MOV    P2，#7DH
        MOV    DPTR，#CMTB1    ；置 PP40 为文本模式
        MOV    R7，#3
        LCALL  PRINT
        MOV    DPTR，#CMTB3    ；打印命令表
        MOV    R7，#48
        LCALL  PRINT
        MOV    DPTR，#CMTB2    ；置 PP40 为图案模式
        MOV    R7，#3
```

```
             LCALL   PRINT
             MOV     DPTR, #CMTB3      ;打印字符"九"图形
             MOV     R7, #48
             LCALL   PRINT
ABC:         SJMP    ABC
PRINT:       CLR     A
             MOVC    A, @A+DPTR
             MOVX    @R0, A
PL1:         JB      P3.3, PL1
             INC     DPTR
             DJNZ    R7, PRINT
             RET
CMTB1:  DB   0DH, 11H, 0DH
CMTB2:  DB   0DH, 12H, 0DH
CMTB3:  DB   48H, 4DH, 31H, 35H, 2CH, 2DH, 31H, 30H, 0DH
CMTB4:  DB   4CH, 30H, 2CH, 4AH, 32H, 30H, 2CH, 30H, 2CH
        DB   2DH, 32H, 35H, 2CH, 38H, 2CH, 30H, 2CH, 31H
        DB   2CH, 34H, 0DH
CMTB6:  DB   4DH, 32H, 30H, 2CH, 2DH, 35H, 0DH
CMTB7:  DB   4CH, 30H, 2CH, 4AH, 2DH, 35H, 2CH, 2DH
        DB   33H, 30H, 0DH
```

第四节 数-模（D-A）与模-数（A-D）转换电路接口技术

在单片机的实时控制和智能仪表等应用系统中，常需要将一些连续变化的物理量（如温度、压力、流量、速度等）转换成数字量，以便送入计算机内进行加工处理。计算机处理的结果，也常需要转换成模拟量，驱动相应的执行结构，实现对被控对象的控制。实现模拟量转换成数字量的器件称为模-数（A-D）转换器（ADC），实现数字量转换成模拟量的器件称为数-模（D-A）转换器（DAC）。

一、数-模（D-A）转换电路接口技术

（一）D-A 转换器的基本原理

D-A 转换器的基本原理可以简单总结为"按权展开，然后相加"几个字，即 D-A 转换器要把输入数字量中的每位按其权值分别转换成模拟量，并通过运算放大器求和相加，因此 D-A 转换器内部必须有一个解码网络，以实现按权值分别进行 D-A 转换。

在解码网络中，由于二进制加权电阻网络在 D-A 转换器位数较大时，会导致加权电阻阻值特别大，实际很难制造出来，即便制造出来，其精度也很难符合要求。因此现代 D-A 转换器几乎毫无例外地采用 T 形电阻网络进行解码。

为了说明 T 形电阻网络原理，现以 4 位 D-A 转换器为例加以介绍。图 10-16 为它的原理

框图。图中点画线框内为 T 形电阻网络（桥上电阻均为 R，桥臂电阻为 $2R$）；OA 为运算放大器（可外接），A 点为虚拟地（接近 0V）；V_{REF} 为参考电压，由稳压电源提供；$S_3 \sim S_0$ 为电子开关，受 4 位 DAC 寄存器中 b_3、b_2、b_1、b_0 的控制。为了分析问题，设 b_3、b_2、b_1、b_0 全为 "1"，故 $S_3 \sim S_0$ 全部和 "1" 端相连，如图 10-16 所示。根据基尔霍夫定律，如下关系成立：

$$I_3 = \frac{V_{REF}}{2R} = 2^3 \times \frac{V_{REF}}{2^4 R}$$

$$I_2 = \frac{I_3}{2} = 2^2 \times \frac{V_{REF}}{2^4 R}$$

$$I_1 = \frac{I_2}{2} = 2^1 \times \frac{V_{REF}}{2^4 R}$$

$$I_0 = \frac{I_1}{2} = 2^0 \times \frac{V_{REF}}{2^4 R}$$

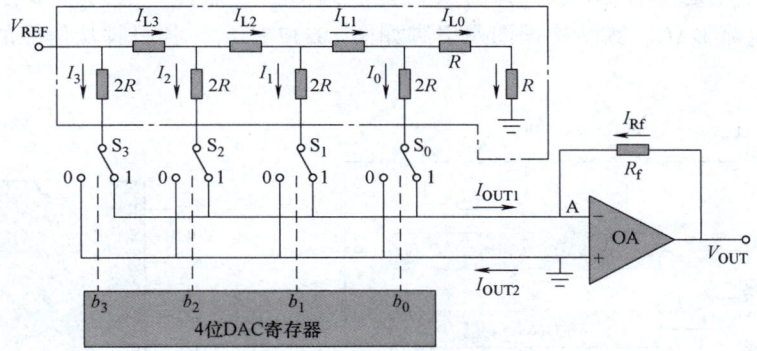

图 10-16　T 形电阻网络型 D-A 转换器

事实上，$S_3 \sim S_0$ 的状态是受 b_3、b_2、b_1、b_0 控制的，并不一定是全 "1"。若它们中有些位为 "0"，$S_3 \sim S_0$ 中相应开关会因与 "0" 端相接而无电流流入 A 点。为此，可以得到式（10-1）：

$$I_{OUT1} = b_3 I_3 + b_2 I_2 + b_1 I_1 + b_0 I_0$$
$$= (b_3 \times 2^3 + b_2 \times 2^2 + b_1 \times 2^1 + b_0 \times 2^0) \times \frac{V_{REF}}{2^4 R} \quad (10\text{-}1)$$

选取 $R_f = R$，并考虑 A 点为虚拟地，故有

$$I_{Rf} = -I_{OUT1}$$

因此，可以得到式（10-2）：

$$V_{OUT} = I_{Rf} R_f = -(b_3 \times 2^3 + b_2 \times 2^2 + b_1 \times 2^1 + b_0 \times 2^0) \times \frac{V_{REF}}{2^4 R} R_f = -B \frac{V_{REF}}{16} \quad (10\text{-}2)$$

对于 n 位 T 形电阻网络，式（10-2）可变为

$$V_{OUT} = -(b_{n-1} \times 2^{n-1} + b_{n-2} \times 2^{n-2} + \cdots + b_1 \times 2^1 + b_0 \times 2^0) \times \frac{V_{REF}}{2^n R} R_f = -B \frac{V_{REF}}{2^n}$$

$$(10\text{-}3)$$

上述讨论表明：D-A 转换过程主要由解码网络实现，而且是并行工作的。也就是说，D-A 转换器并行输入数字量，每位代码也是同时被转换成模拟量。这种转换方式的速度比较快，一般为微秒级，有的可达几十纳秒。

（二）D-A 转换器的性能指标

（1）分辨率　D-A 转换器能够转换的二进制的位数。位数越多，分辨率越高，一般为 8 位、10 位、12 位等。分辨率为 8 位时，若转换后电压的满量程为 5V，则它能输出可分辨的最小电压为 $5/255V \approx 20mV$。

（2）转换时间　一般在几十纳秒到几微秒。

（3）线性度　D-A 转换器模拟输出量偏离理想输出量的最大值。

（4）输出电平　有电流型和电压型两种。电流型输出电流在几毫安到几十毫安；电压型一般在 5~10V 之间，有的高电压型可达 24~30V。

（三）DAC0832 与单片机的接口

1. DAC0832 芯片

DAC0832 芯片是具有 20 个引脚的双列直插式 CMOS 器件，它内部具有两级数据寄存器，完成 8 位电流 DAC。其结构框图及引脚如图 10-17 所示，各引脚从信号的角度出发，可分为以下两种：

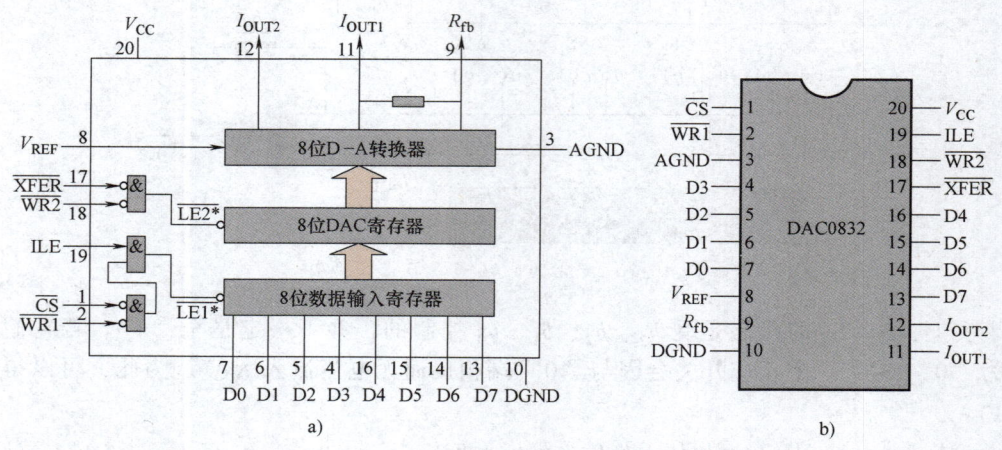

图 10-17　DAC0832 内部结构框图及引脚图
a）结构框图　b）引脚图

输入、输出信号：D0 ~ D7 为 8 位数据输入总线；I_{OUT1} 为 DAC 电流输出 1，I_{OUT2} 为 DAC 电流输出 2；$I_{OUT1}+I_{OUT2}$ 为常量；R_{fb} 为反馈信号输入端，反馈电阻在片内。

控制信号：ILE 为允许输入锁存信号；$\overline{WR1}$、$\overline{WR2}$ 分别为锁存输入数据及锁存从输入寄存器到 DAC 寄存器的写信号；$\overline{XFER}$ 为传送控制信号；$\overline{CS}$ 为片选信号。

电源 V_{CC} 为 DAC0832 主电源，其范围为+5 ~ +15V；V_{REF} 为基准电压，可在-10 ~ +10V 之间工作；AGND 是模拟信号地；DGND 为数字信号地。通常将 AGND 与 DGND 连在一点。

图 10-17 中，$LE1^*$ 为 8 位输入寄存器的锁存信号，当 $LE1^*$ 为高电平时，输入寄存器直通，其输出随输入数据变化而变化；当 $LE1^*$ 负跳变时，则将输入数据打入输入寄存器中。

$\overline{LE2}^*$ 为 8 位 DAC 寄存器的锁存信号,同 $\overline{LE1}^*$ 作用类似,当 $\overline{LE2}^*$ 为高电平时,DAC 寄存器直通;$\overline{LE2}^*$ 的负跳变将输入寄存器内容打入到 8 位 DAC 寄存器中。$\overline{LE1}^* = ILE \cdot \overline{CS} \cdot \overline{WR1}$,$\overline{LE2}^* = \overline{XFER} \cdot \overline{WR2}$,因此,当 ILE = 1,$\overline{CS}$ = 0,$\overline{WR1}$ 出现负跳变时,锁存信号 $\overline{LE1}^*$ 有效,将输入数据锁存到 8 位输入寄存器中。同理,当 $\overline{XFER}$ = 0,$\overline{WR2}$ 为负脉冲时,锁存信号 $\overline{LE2}^*$ 有效,将输入寄存器的数据打入 DAC 寄存器中。

DAC0832 电流转换稳定时间大约为 1μs。应注意,在一般情况下,$\overline{WR}$ 写脉冲的最小宽度不小于 500ns。即使 V_{CC} = +15V,亦不应小于 100ns。另外,保持数据有效时间不得小于 90ns。

2. DAC0832 与单片机接口

由于 DAC0832 片内含有两级 8 位数据寄存器,故使得它有如下几种工作方式。

(1) 直通方式 输入、输出工作在直通的状态,常用于连续反馈控制的环路中。

(2) 单缓冲器工作方式 其中一个寄存器始终工作在直通状态,另一个处于受控的锁存器状态。

(3) 双缓冲器工作方式 采用两步写操作来完成。可使 DAC 转换输出前一个数据的同时,采集下一个数据送到 8 位输入寄存器,以提高转换速度。

下面介绍 DAC0832 与单片机接口电路的几种工作方式及转换程序。

图 10-18 所示的电路中,DAC0832 工作在直通方式,其数据总线直接挂在 8032 单片机的 P1 口线上,采用直接寻址指令对 P1 口进行操作,具有转换速度快的特点。CPU 执行 "MOV P1, A" 指令(数字量在累加器 A 中)便完成一次 D-A 转换。

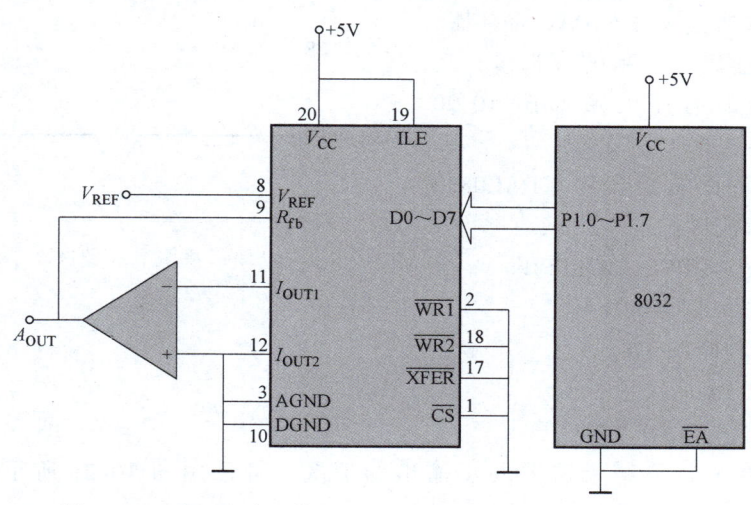

图 10-18 直通方式工作下的 DAC0832 与 8032 的接口逻辑图

DAC0832 采用单缓冲器工作方式的接口电路,如图 10-19 所示,它适合于系统中一路 D-A 转换结果输出或多路 D-A 转换但其结果不需要同时输出的场合。图中 ILE 接+5V 电源,$\overline{WR1}$ 和 $\overline{WR2}$ 连接到 8032 的 $\overline{WR}$,片选信号 $\overline{CS}$ 和控制传送信号 $\overline{XFER}$ 连接到地址线 P2.7。DAC0832 作为单片机的一个外部 I/O 口被 8032 访问,其口地址为 0XXXXXXXXXXXXXXB。

实现 D-A 转换的程序可为：

```
        MOV    DPTR，#7FFFH    ;0832 口地址送 DPTR
        MOV    A，    #data    ;数据送 A
        MOVX   @DPTR，A        ;执行 D-A 转换
        SJMP   $
```

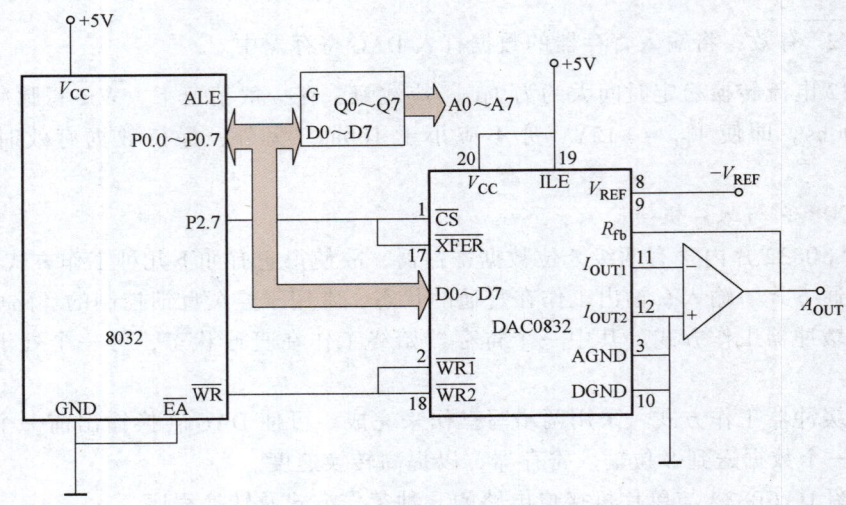

图 10-19　单路 DAC0832 与 8032 的接口逻辑图

单片机 8032 执行 "MOVX @DPTR，A" 指令时，CPU 对 DAC0832 实现一次写操作，把一个数据直接写入 DAC 寄存器，同时 DAC0832 输出一个新的模拟量，其对应控制信号的时序波形如图 10-20 所示。

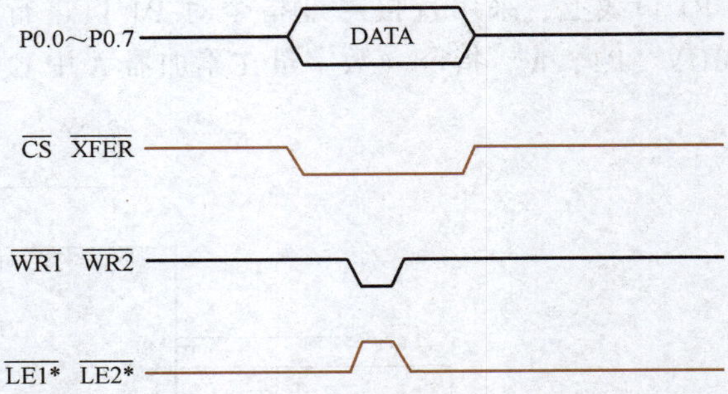

8032 执行下面转换程序，DAC0832 可输出连续锯齿波形：

```
        MOV    DPTR，#7FFFH
        MOV    A，#00H
LOOP：  MOVX   @DPTR，A
        INC    A
        AJMP   LOOP
```

图 10-20　单路 D-A 转换时序波形图

对于多路 D-A 转换结果需要同步输出的情况，可采用图 10-21 所示的接法。这时 DAC0832 工作在双缓冲器方式，由输入寄存器和 DAC 寄存器的锁存信号 $\overline{LE1^*}$ 和 $\overline{LE2^*}$ 分别予以控制。两片 0832 的 $\overline{WR1}$ 和 $\overline{WR2}$ 都连在一起接至 8032 的 $\overline{WR}$，但片选信号 $\overline{CS}$ 分别接至地址 A0 和 A1，其口地址分别设定为 00FEH 和 00FDH，两个 $\overline{XFER}$ 信号连在一起接至 A2 地址线，ILE 固定接至 V_{CC}。

CPU 执行下段程序，则将数据分时写入各个数据输入寄存器：

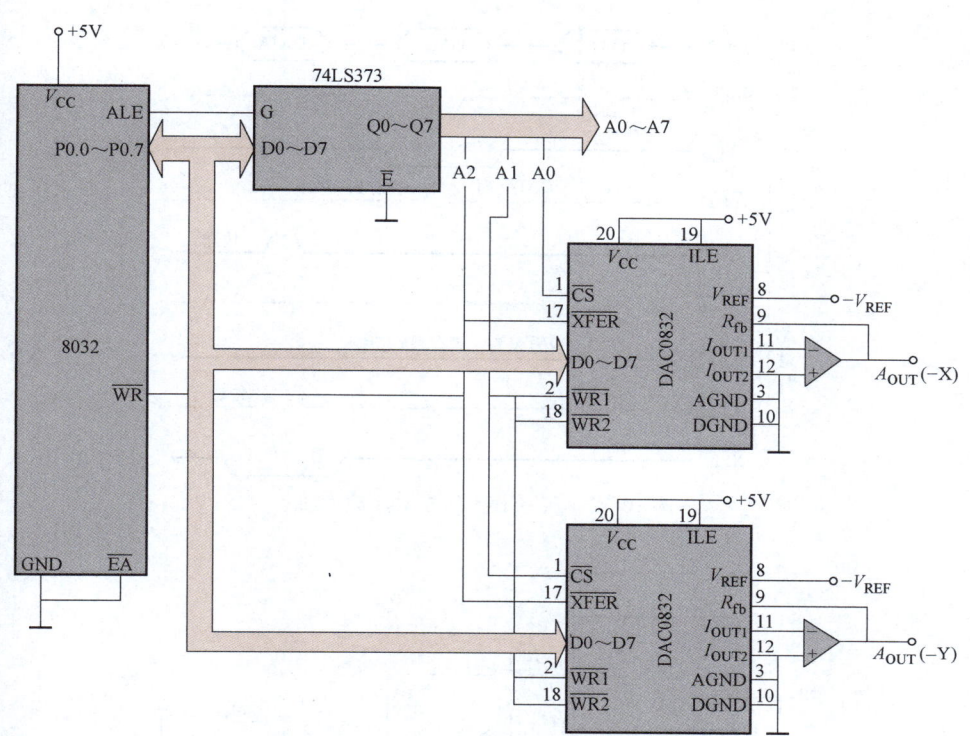

图 10-21　两片 DAC0832 与 8032 接口逻辑图

```
MOV     DPTR, #00FDH
MOV     A, #data_Y
MOVX    @DPTR, A        ;将 data_Y 写入 Y 号 0832 芯片内输入寄存器
INC     DPTR
MOV     A, #data_X
MOVX    @DPTR, A        ;将 data_X 写入 X 号 0832 芯片内输入寄存器
```

由于两个芯片的 $\overline{\text{XFER}}$ 都接至 A2，故产生传送信号的口地址选定为 00FBH。单片机执行以下程序，两片 DAC0832 输入寄存器的内容同时打入各个 DAC 寄存器，使它们同步地输出模拟量：

```
MOV     DPTR, #00FBH
MOVX    @DPTR, A        ;只需产生一次写操作，与 A 的内容无关
AJMP    $
```

8032 执行以上两段程序期间，两片 DAC0832 相应的控制信号时序波形如图 10-22 所示。

为满足某些实际应用所需，图 10-23 给出了 DAC0832 构成的双极性电压输出电路。若基准电压改变极性，则可实现完整的四象限输出。输出电源 $A_{\text{OUT}} = \pm V_{\text{REF}} \cdot \{(D-128)/128\}$ ($0 \leqslant D \leqslant 255$)。

3. 利用 DAC0832 产生各种波形的编程

在许多应用中，都要求产生一个线性增长的锯齿波电压，用来控制一个检测过程，移动记录笔或电子束等。采用图 10-19 所示的电路，其端口地址为 7FFFH。产生锯齿波形电压的

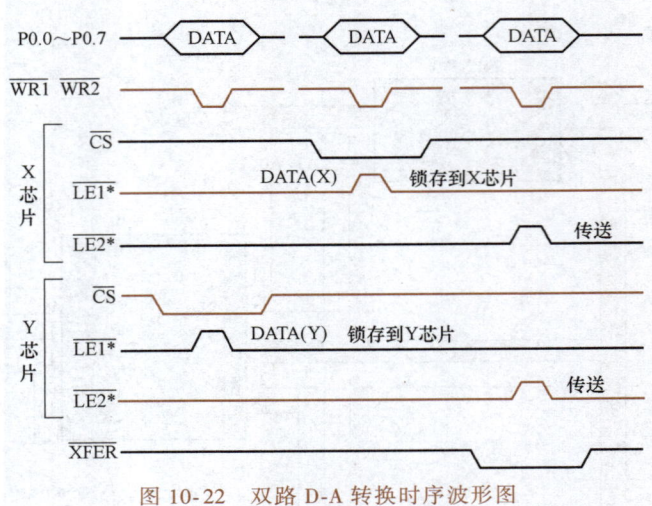

图 10-22 双路 D-A 转换时序波形图

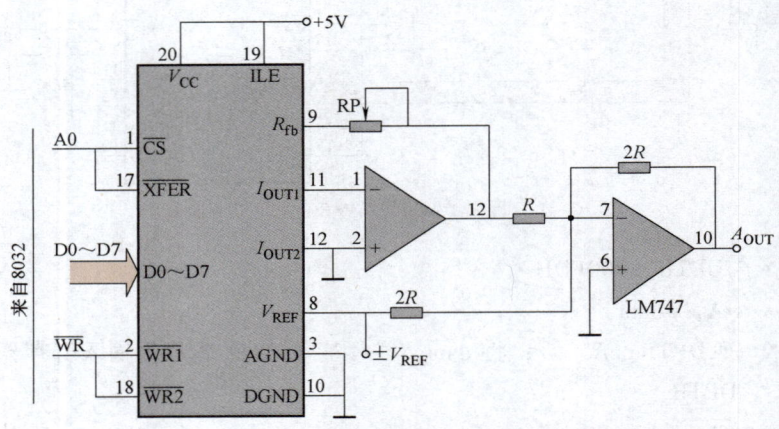

图 10-23 DAC0832 双极性电压输出电路连接图

软件如下：

```
        ORG     0000H
        MOV     DPTR,#7FFFH     ;送 DAC0832 口地址
        MOV     A,#0
LOOP:   MOVX    @DPTR,A
        INC     A
        MOV     R7,#data
        DJNZ    R7,$            ;延迟，改变 data，即改变锯齿波周期 T 值
        SJMP    LOOP
```

上述程序执行后在示波器上能观察到如图 10-24a 所示的连续锯齿波。

实际上，从零增长到最大电压，中间要分成 256 个小台阶，但从宏观来看，即为一个线性增长的电压波形。若需要一个负向的锯齿波形，则只需将程序中的"INC A"改为"DEC A"即可。

若把线性增长和线性下降的电压结合在一起，就可以形成三角波。具体程序如下：

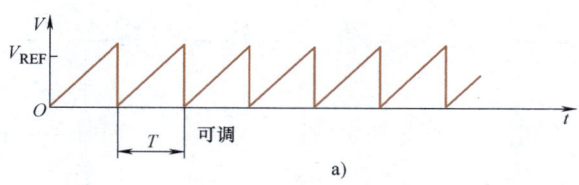

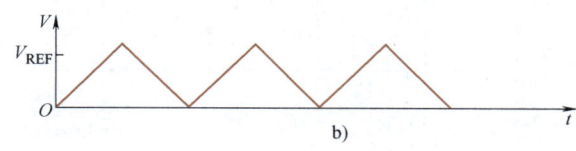

图 10-24 由软件产生的各种波形

a) 锯齿波形　b) 三角波形

```
        ORG    0000H
        MOV    DPTR, #7FFFH
        MOV    A, #0
LOOP1： MOVX   @DPTR, A
        INC    A            ;产生上升段电压波形
        JNZ    LOOP1
        MOV    A, #0FEH
LOOP2： MOVX   @DPTR, A
        DEC    A            ;产生下降段电压波形
        JNZ    LOOP2
        SJMP   LOOP1
```

CPU 执行上段程序产生的三角波形如图 10-24b 所示。若需要调节三角波的频率，则在程序中应加上可调延迟子程序。

（四）AD7520 与单片机的接口

1. AD7520

AD7520 为 10 位 D-A 转换器，转换时间为 500ns，输出电压为 100mV ~ V_{DD}，参考电压为 -25 ~ +25V，电源电压为 +5 ~ +15V，与 TTL/CMOS 电平兼容。

AD7520 芯片内不带输入数据存储器，其输出与 DAC0832 一样，亦为电流型。AD7520 的内部结构及引脚配置如图 10-25 所示。

2. AD7520 与 8032 的接口

AD7520 与 8032 的接口逻辑如图 10-26 所示。由于 AD7520 不带内部数据输入寄存器，因此，AD7520 的数据输入端 D0 ~ D7 需通过两个数据寄存器连至 8032 的 P0 口。8032 一次操作只能传送 8 位数据，所以必须分两次操作才能把一个 10 位数据送到外接的两个数据寄存器，进而由 AD7520 进行 D-A 转换。为了消除二次传送数据的时间差，避免输出电压波形出现毛刺，需将二次传送到外接数据寄存器中的 10 位数据同时送入 AD7520 中，为此采用二级数据缓冲器结构。在图 10-26 中的高两位 74LS74（1）和 74LS74（2）即为这种结构。

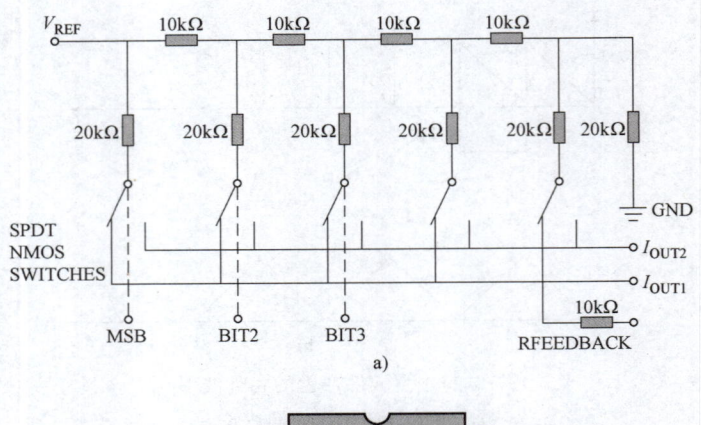

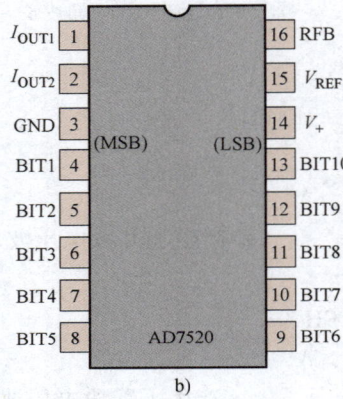

图 10-25　AD7520 内部结构图及引脚配置图

a）内部结构图　b）引脚配置图

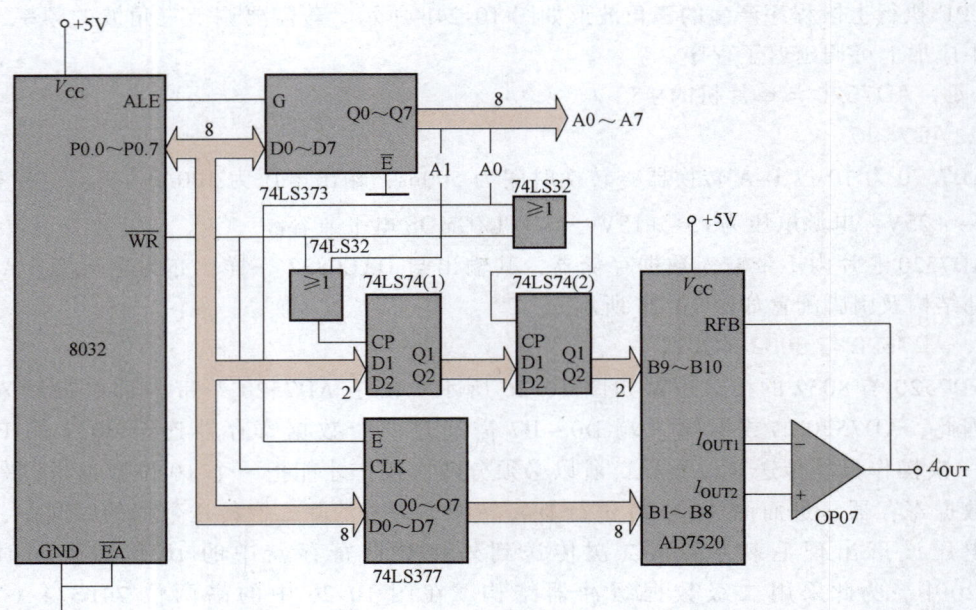

图 10-26　AD7520 与 8032 的接口逻辑图

8032 执行如下程序时,首先将高两位数据送到 74LS74(1) 中,第二步在将低 8 位数据打入 74LS377 中的同时,将 74LS74(1) 中的内容送到 74LS74(2) 中。与此同时,10 位数据同时进入 AD7520 进行 D-A 转换。

软件编程如下:

```
    MOV     DPTR, #00FDH
    MOV     A, #DATAH2
    MOVX    @DPTR, A         ; 高两位数据写入 74LS74(1) 中
    INC     DPTR
    MOV     A, #DATAL8
    MOVX    @DPTR, A         ; 低 8 位数据及高两位数据同时传送到 AD7520
    SJMP    $
```

其他不带输入数据寄存器的 10 位及 10 位以上的 D-A 转换器均可参考以上方法来设计硬件和编制程序。

(五) AD7528 与单片机的接口

1. AD7528

AD7528 为 8 位双路的 D-A 转换器,参考电压为 −25 ~ +25V,电源电压为 +5 ~ +15V,与 TTL/CMOS 电平兼容。

AD7528 芯片内主要有数据输入缓冲器、控制逻辑单元、双数据锁存器及双 DAC 转换电路,其输出与 DAC0832 一样,亦为电流型。AD7528 的内部结构框图如图 10-27 所示。

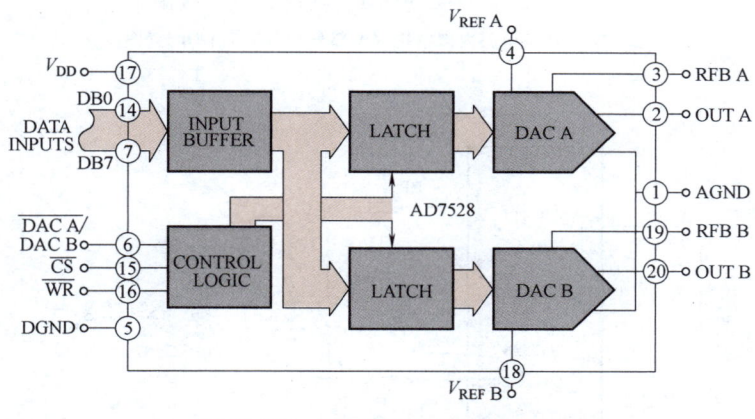

图 10-27 AD7528 的内部结构框图

AD7528 的 DAC 转换电路内部结构(A 部分、B 部分结构相同)及引脚配置如图 10-28 所示。

2. AD7528 与 8032 的接口

AD7528 与 8032 的接口逻辑图如图 10-29 所示。它可分时对双路 D-A 转换输出。图中 $\overline{CS}$ 连接 8032 的 A15,因此 AD7528 的片选地址为 0XXXXXXXXXXXXXXXB(X 为任意二进制,全取 1,则地址为 7FFFH),由 8032 的 P1.7 选择 AD7528 的 A 路或 B 路。对于需要多路 D-A 转换输出的场合,采用 AD7528 比采用 DAC0832 更加合适。

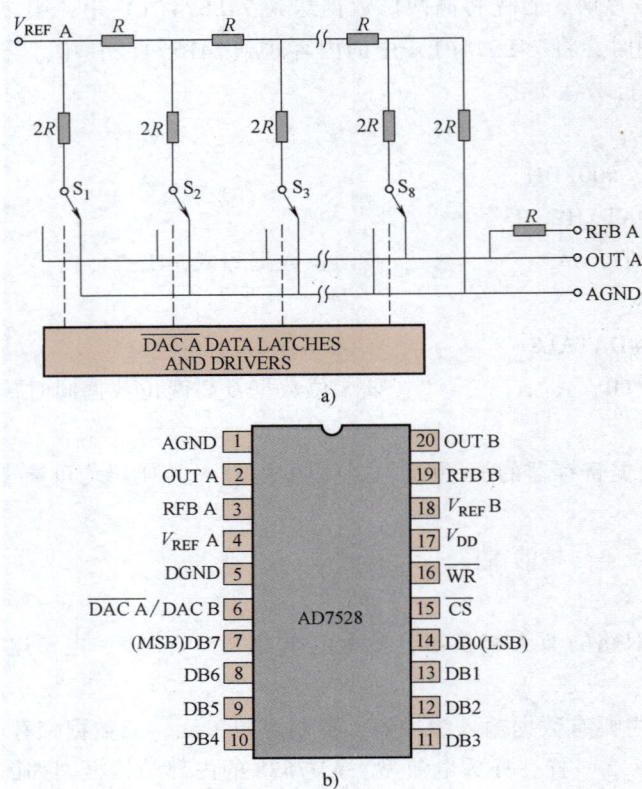

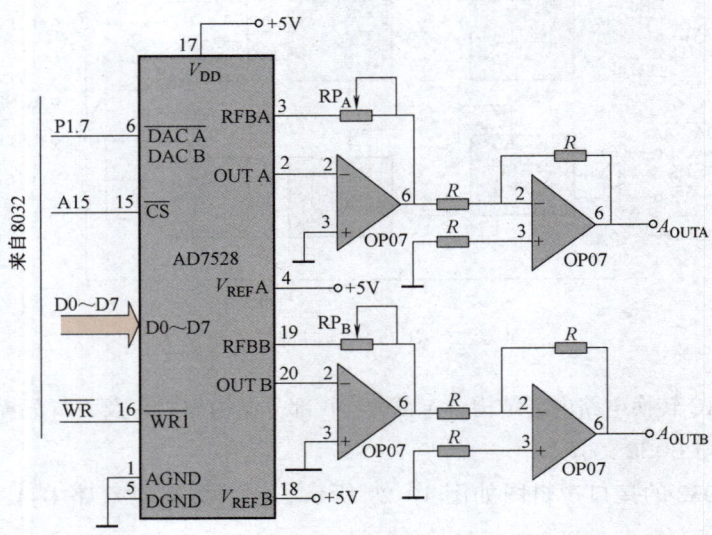

图 10-28　AD7528 内部结构图及引脚配置图

a）DAC 转换电路内部结构（A 部分）　b）引脚配置图

图 10-29　AD7528 与 8032 的接口逻辑图

CPU 执行下段程序，则将数据分时写入各个数据输入寄存器：
```
MOV     DPTR，#7FFFH
CLR     P1.7
MOV     A，#data_A
MOVX    @DPTR，A         ;将 data_A 写入 AD7528 芯片 A 路输出锁存器
SETB    P1.7
MOV     A，#data_B
MOVX    @DPTR，A         ;将 data_B 写入 AD7528 芯片 B 路输出锁存器
SJMP    $
```

二、模-数（A-D）转换电路接口技术

A-D 转换器是将模拟量转换成数字量的器件。模拟量可以是电压、电流等电信号，也可以是声、光、压力、温度、湿度等随时间连续变化的非电量的物理量。非电量的模拟量可以通过合适的传感器（如光电传感器、压力传感器、温度传感器）转换成电信号。模拟量只有被转换成数字量才能被计算机采集、分析、计算，图 10-30 示意了一个具有模拟量输入、输出的 MCS-51 系统。

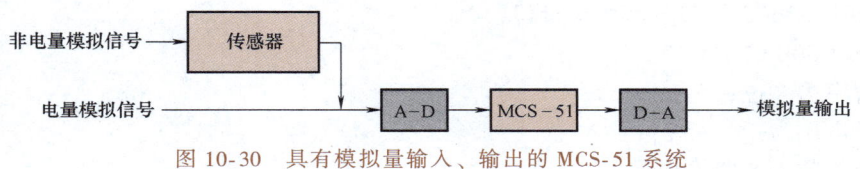

图 10-30　具有模拟量输入、输出的 MCS-51 系统

（一）A-D 转换器的基本原理

A-D 转换器的常用类型有：计数式 A-D 转换器、双积分式 A-D 转换器、逐次逼近式 A-D 转换器和并行 A-D 转换器等。在这些转换器中，主要区别是速度、精度和价格等。一般来说，速度越快、精度越高则价格也越高。计数式 A-D 转换器结构简单，但转换速度也很慢，所以很少采用。双积分式 A-D 转换器抗干扰能力强，转换精度也很高，但速度不够理想，常用于数字式测量仪表中。并行 A-D 转换器的转换速度最快，但因结构复杂而造价较高，故只用于那些转换速度极高的场合。逐次逼近式 A-D 转换器既照顾了转换速度，又具有一定的精度，是目前应用最多的一种。下面仅对逐次逼近式 A-D 转换器的工作原理作介绍。

逐次逼近式 A-D 转换器也称为连续比较式 A-D 转换器。它的原理如图 10-31 所示。逐次逼近式的转换方法是用一系列的基准电压同输入电压比较，以逐位确定转换后数据的各位是 1 还是 0，确定次序是从高位到低位进行。它

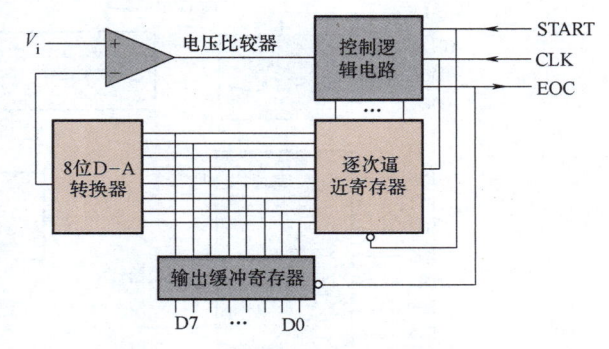

图 10-31　逐次逼近式 A-D 转换器原理图

由电压比较器、D-A 转换器、控制逻辑电路、逐次逼近寄存器和输出缓冲寄存器组成。

在进行逐次逼近式转换时，首先将最高位置 1，这就相当于取最大允许电压的 1/2 与输

入电压相比较，如果比较器输出为低，即输入值小于最大允许值的 1/2，则最高位置 0，此后次高位置 1，相当于在 1/2 范围中再作对半搜索。如果搜索值超过最大允许电压的 1/2 范围，那么最高位和次高位均为 1，这相当于在另一个 1/2 范围中再作对半搜索。因此逐次逼近法也称为二分搜索法或对半搜索法。此类型的 A-D 转换器的优点是转换速度较快，精度较高，缺点是易受干扰。

（二）A-D 转换器的性能指标

（1）分辨率　分辨率表示转换器对微小输入量变化的敏感程度，通常用转换器输出数字量的位数来表示。例如对 8 位 A-D 转换器，其数字输出量的变化范围为 0~255，当输入电压的满刻度为 5V 时，数字量每变化一个数字所对应输入模拟电压的值为 $5/255V \approx 19.6mV$，其分辨能力即为 19.6mV。

（2）量程　量程是指所能转换的电压范围，如 5V、10V、±5V 等。

（3）精度　精度是指转换后所得结果相对于实际值的准确度，有绝对精度和相对精度两种表示方法。常用数字量的位数作为度量绝对精度的单位，如精度为 ±1/2LSB，而用百分比来表示满量程时的相对误差，如 ±0.05%。

（4）转换时间　转换时间指的是从发出启动转换命令到转换结束获得整个数字信号为止所需的时间间隔。

（三）ADC0809 及其与单片机接口

1. ADC0809 的主要特性

- 分辨率为 8 位；
- 转换电压为 −5~+5V；
- 转换路数为 8 路模拟量；
- 转换时间为 100μs；
- 转换绝对误差小于 ±1LSB；
- 功耗仅为 15mW；
- 单一 +5V 电源。

2. ADC0809 内部结构及引脚功能

ADC0809 的内部结构如图 10-32 所示，它由片内带有锁存功能的八通道模拟开关、一个

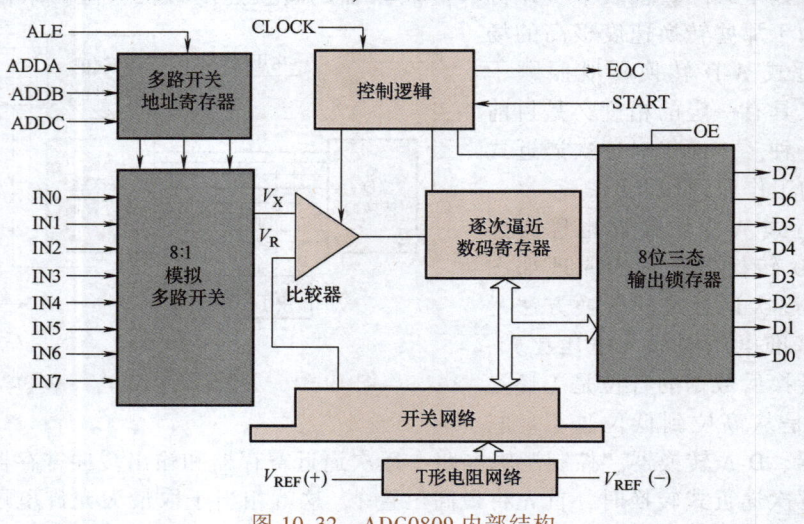

图 10-32　ADC0809 内部结构

高阻抗斩波比较器、一个带有 256 个电阻分压器的树状开关网络、一个控制逻辑环节、8 位逐次逼近数码寄存器和 8 位三态输出锁存器组成。

8 个输入模拟量受多路开关地址寄存器控制，当选中某路时，该路模拟信号 V_X 进入比较器与 D-A 输出的 V_R 比较，直至 V_R 与 V_X 相等或达到允许误差为止，然后将对应的 V_X 的数码寄存器值送入三态输出锁存器。当 OE 有效时，便可输出对应 V_X 的 8 位数码。

ADC0809 的引脚如图 10-33 所示，它采用 28 脚双列直插式封装。各引脚功能如下：

（1）D0~D7　8 位数字量输出端。可直接接入单片机的数据总线。

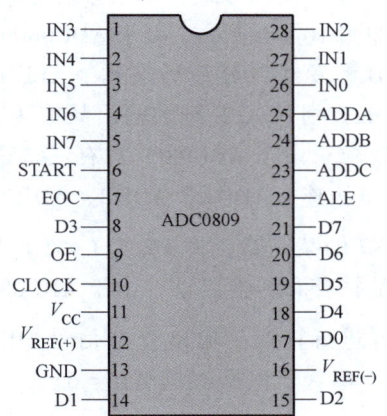

图 10-33　ADC0809 引脚图

（2）IN0~IN7　8 路模拟量输入端。在多路开关控制下，任一瞬间只能有一路模拟量经相应通道输入到 A-D 转换器中的比较器。

（3）ALE　地址锁存信号输入端。该信号的上升沿可将地址选择信号 ADDA、ADDB、ADDC 锁入地址寄存器内。

（4）START　启动 A-D 转换信号输入端。该信号的上升沿用以清除 ADC 内部寄存器，下降沿用以启动 A-D 转换器工作。

（5）EOC　转换结束信号输出端。转换结束后，该端将由低电平跳转为高电平。

（6）OE　输出允许控制端，高电平有效，该信号用以打开三态数据输出锁存器，将转换后的 8 位数送至单片机的数据总线上。

（7）CLOCK　转换定时时钟输入端，它的频率决定了 A-D 转换器的转换速度。时钟频率既不能高于 640kHz，也不能低于 100kHz，对应的转换速度为 100μs。

（8）$V_{REF(+)}$、$V_{REF(-)}$　A-D 转换器参考电压的正、负端。它们可以不与本机电源和地相连，但 $V_{REF(+)} \leqslant V_{CC}$，$V_{REF(-)} \geqslant GND$，应保证 $V_{REF(+)} + V_{REF(-)} = V_{CC}$。

（9）ADDA、ADDB、ADDC　多路开关地址选择输入端。其取值与通道对应关系见表 10-4。

（10）V_{CC}、GND　+5V 电源及地。

表 10-4　ADDA、ADDB、ADDC 与通道的对应关系

多路开关地址线			被选中的输入通道	对应通道口地址
ADDC	ADDB	ADDA		
0	0	0	IN0	00H
0	0	1	IN1	01H
0	1	0	IN2	02H
0	1	1	IN3	03H
1	0	0	IN4	04H
1	0	1	IN5	05H
1	1	0	IN6	06H
1	1	1	IN7	07H

3. ADC0809 与 MCS-51 系列单片机的接口

（1）查询方式 采用查询方式进行 A-D 转换的 ADC0809 与 8032 单片机的查询方式接口如图 10-34 所示。由于 ADC0809 片内无时钟，故利用 8032 提供的地址锁存允许信号 ALE 经 D 触发器二分频后获得。ALE 的频率为 8032 时钟频率的 1/6。如果 8032 时钟频率为 6MHz，则其 ALE 脚的输出频率为 1MHz，再二分频后为 500kHz，符合 ADC0809 中 CLOCK 的要求。由于 ADC0809 具有三态输出锁存器，故其 8 位数据输出线 D0~D7 直接与 8032 的 P0 口相连。ADDA、ADDB、ADDC 分别与 8032 的地址总线 A0、A1、A2 相连，以选中 IN0~IN7 的某一路。将 P2.7（A15）作为片选信号，由单片机的写信号 $\overline{WR}$ 控制 ADC0809 的地址锁存和转换启动。由于 ADC0809 的 ALE 和 START 连在一起，故在锁存通道的同时，启动并进行转换，输出允许信号 OE 由 8032 的读信号 $\overline{RD}$ 与 P2.7（A15）组合产生，显然 P2.7 应为低电平（即 A15=0）。

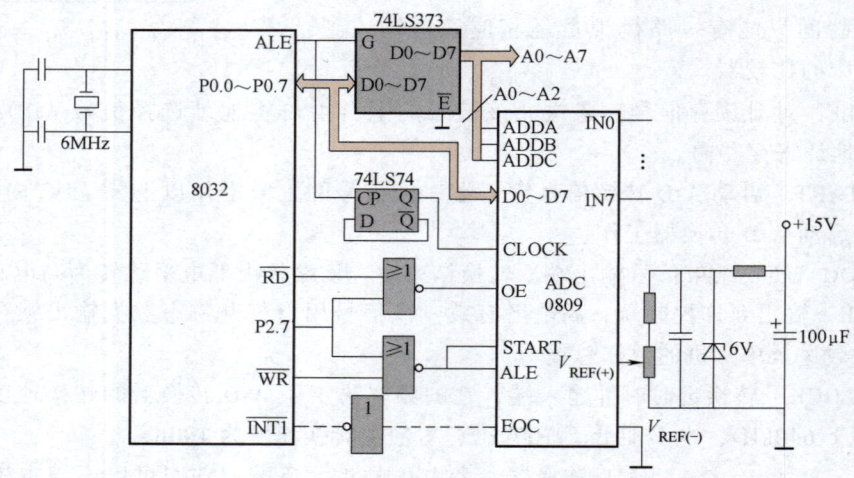

图 10-34 ADC0809 与 8032 单片机的查询方式接口

以下程序采用软件延时方法，分别对 8 路模拟信号轮流采样一次，并依次把转换结果存储到片内 RAM 以 DATA 为起始地址的连续单元中。

```
MAIN:   MOV     R1, #DATA        ；置数据区指针初值
        MOV     DPTR, #07FF8H    ；指向通道 0
        MOV     R7, #08H         ；置通道数
LOOP:   MOVX    @DPTR, A         ；启动 A-D 转换
        MOV     R6, #11H         ；软件延时 100μs 左右，等待转换结果
DLAY:   NOP
        NOP
        NOP
        DJNZ    R6, DLAY
        MOVX    A, @DPTR         ；读取 A-D 转换结果
        MOV     @R1, A           ；存储于数据区
        INC     DPTR             ；指向下一个通道
```

```
        INC    R1                    ;修改数据区指针
        DJNZ   R7,LOOP               ;判断 8 个通道是否转换完毕
```

（2）中断方式　ADC0809 与 8032 的中断方式接口电路只需将图 10-34 中 ADC0809 的 EOC 端经一反相器连接到 8032 的 $\overline{INT1}$ 端即可。采用中断方式可大大节省 CPU 的时间。当转换结束时，EOC 向 8032 发出中断请求信号，CPU 响应中断请求，由中断服务子程序读取 A-D 转换结果并存储于 RAM 中，然后启动 ADC0809 的下一次转换。

以下程序用中断方式，读取 IN0 通道输入的模拟量经 ADC0809 转换后的数据，并送至片内 RAM 以 DATA 为首地址的连续单元中。

```
        ORG    0000H                 ;主程序
        SJMP   MAIN
        ORG    0013H                 ;INT1 中断服务程序入口
        AJMP   SUB                   ;转至真正中断服务程序入口
MAIN:   MOV    R1,#DATA              ;置数据区首地址
        SETB   IT1                   ;INT1 边沿触发
        SETB   EX1                   ;允许 INT1 中断
        SETB   EA                    ;CPU 开放中断
        MOV    DPTR,#07FF8H          ;指向 IN0
        MOVX   @DPTR,A               ;启动 A-D 转换
LOOP:   NOP                          ;等待中断
        AJMP   LOOP
SUB:    PUSH   PSW                   ;保护现场
        PUSH   ACC
        PUSH   DPL
        PUSH   DPH
        MOV    DPTR,#07FF8H          ;指向 IN0 口
        MOVX   A,@DPTR               ;读取转换后的数据
        MOV    @R1,A                 ;数据存入以 DATA 为首地址的内部 RAM 中
        INC    R1                    ;修改数据区指针
        MOVX   @DPTR,A               ;再次启动 A-D 转换
        POP    DPH                   ;恢复现场
        POP    DPL
        POP    ACC
        POP    PSW
        RETI                         ;中断返回
```

（四）TLC1543 带串行控制和 11 个输入端的 10 位模-数转换器及其与单片机接口

1．TLC1543 的主要特性

- 分辨率为 10 位；
- 11 路模拟输入通道；

- 3路内置自测试方式;
- 片内的采样与保持电路;
- 转换绝对误差小于±1LSB Max;
- 片内系统时钟;
- 转换结束（EOC）输出;
- 采用 CMOS 技术。

2. TLC1543 内部结构及引脚功能

TLC1543 的内部结构如图 10-35 所示，它由片内带有锁存功能的 14 通道模拟开关（14-Channel Analog Multiplexer）、采样保持器（Sample and Hold）、输入地址寄存器（Input Address Register）、自测试参考（Self-test Reference）、10 位模拟量到数字量转换器（10-Bit Analog-to-Digital Converter）、输出数据寄存器（Output Data Register）、10 位到 1 位数据选择驱动器（10-to-1 Data Selector and Driver）、系统时钟、控制逻辑及 I/O 计数器（System Clock, Control Logic and I/O Counters）组成。

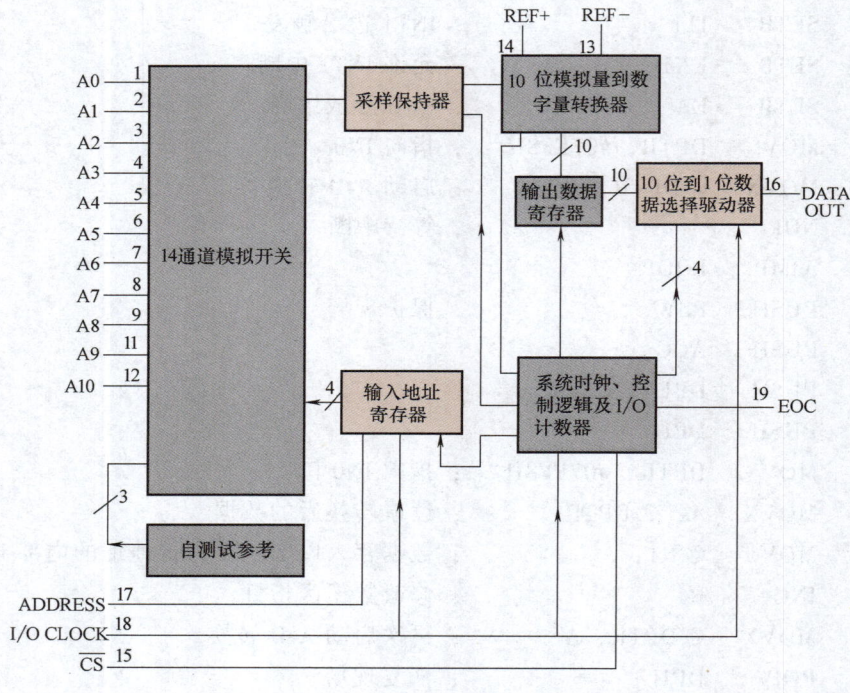

图 10-35　TLC1543 的内部结构

11 个输入模拟量及 3 个自测试参考受多路开关地址寄存器控制，当选中某路时，该路模拟信号 V_X 进入采样保持器采样保持，10 位模拟量到数字量转换器开始将模拟量转换成数字量，并送输出数据寄存器，由系统时钟控制转换数据串行地输出。

TLC1543 的引脚如图 10-36 所示，它采用 20 脚双列直插式封装，各引脚功能如下。

（1）A0～A10　11 路模拟量输入端。在多路开关控制下，任一瞬间只能有一路模拟量经相应通道采样保持、转换。驱动源的阻抗必须小于或等于 1kΩ。

(2) $\overline{CS}$ 在 $\overline{CS}$ 片选端的一个由高至低的变化将复位内部计数器并控制和使能 DATA OUT、ADDRESS 和 I/O CLOCK。一个由低至高的变化将在一个设置时间内禁止 ADDRESS 和 I/O CLOCK。

(3) ADDRESS 串行数据输入端。一个4位的串行地址选择下一个即将被转换的所需的模拟输入或测试电压,串行数据以 MSB 为前导并在 I/O CLOCK 的前4个上升沿被移入。在4个地址位被读入地址寄存器后,这个输入端对后续的信号无效。

(4) DATA OUT 用于 A-D 转换结果输出的三态串行输出端。DATA OUT 在 $\overline{CS}$ 为高时处于高阻状态。$\overline{CS}$ 一旦有效,按照前一次转换结果的 MSB 值将 DATA OUT 从高阻抗状态转变成相应的逻辑电平。I/O CLOCK 的下一个下降沿将根据 MSB 的下一位将 DATA OUT 驱动成相应的逻辑电平,剩下的各位将依次移出,而 LSB 在 I/O CLOCK 的第9个下降沿出现。在 I/O CLOCK 的第10个下降沿,DATA OUT 端被驱动为逻辑低电平,因此多于10个时钟时串行接口传送的是一些"0"。

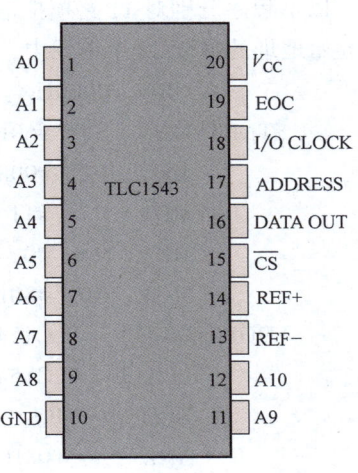

图 10-36 TLC1543 的引脚图

(5) EOC 转换结束端。在第十个 I/O CLOCK 该输出端从逻辑高电平变为低电平并保持低直到转换完成及数据准备传输。

(6) GND 地。

(7) I/O CLOCK 输入/输出时钟端。I/O CLOCK 接收串行输入并完成以下4个功能:

1) 在 I/O CLOCK 的前4个上升沿,它将4个输入地址位输入地址寄存器。在第4个上升沿之后多路器地址有效。

2) 在 I/O CLOCK 的第4个下降沿,在选定的多路器输入端上的模拟输入电压开始向电容充电并持续到 I/O CLOCK 的第10个下降沿。

3) 它将前一次转换的数据的其余9位移出 DATA OUT 端。

4) 在 I/O CLOCK 的第10个下降沿,它将转换的控制信号传送到内部的状态寄存器。

(8) REF+ 正基准电压。基准电压的正端(通常为 V_{CC})被加到 REF+。最大的输入电压范围取决于加到本端与加到 REF-端的电压差。

(9) REF- 负基准电压。基准电压的低端(通常为地)被加到 REF-。

(10) V_{CC} 正电源端。

3. TLC1543 与 MCS-51 单片机的接口

TLC1543 与 8032 单片机的接口如图 10-37 所示。

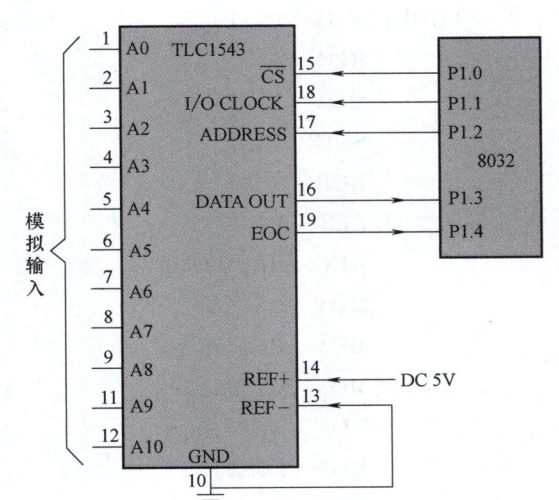

图 10-37 TLC1543 与 8032 单片机的接口

以下程序分别对 11 路模拟信号轮流采样一次，并依次把转换结果存储到片内 RAM 以 30H 为起始地址的连续 22 个单元中，且高字节在前，低字节在后。设通道地址存放在 R4 中。

```
        ORG    0000H
START:  MOV    SP, #60H              ; 堆栈指针初始化
        MOV    P1, #00011101B        ; P1 口引脚初始化
        MOV    R7, #11               ; 通道数位 11
        MOV    R4, #0                ; 通道地址从零开始
        MOV    R0, #30H              ; 转换结果存储首地址
LOOP3:  LCALL  TLC1543               ; 启动
        LCALL  TLC1543               ; 采样结果
        XCH    A, R5                 ; 高两位交换到 A 中
        ANL    A, #03H               ; 屏蔽掉无用位
        MOV    @R0, A                ; 存储高两位
        INC    R0                    ; 存储地址加 1
        XCH    A, R5                 ; 低 8 位交换到 A 中
        MOV    @R0, A                ; 存储低 8 位
        INC    R0                    ; 存储地址加 1
        INC    R4                    ; 通道地址加 1
        DJNZ   R7, LOOP3             ; 11 通道采样未完继续
        SJMP   $                     ; 采样完毕，等待下一次复位运行
采样子程序：
TLC1543:MOV    A, R4                 ; 通道地址送 A
        SWAP   A                     ; 有效 4 位地址交换到高 4 位
        CLR    P1.0                  ; 选中 TLC1543
        MOV    R6, #2                ; 准备读取转换数据高两位
LOOP1:  MOV    C, P1.3               ; 转换数据高位
        RLC    A
        MOV    P1.2, C               ; 输出地址
        SETB   P1.1                  ; 输出时钟
        NOP
        CLR    P1.1
        DJNZ   R6, LOOP1
        MOV    R5, A                 ; 高两位暂存
        MOV    R6, #8                ; 准备读取转换数据低 8 位
LOOP2:  MOV    C, P1.3               ; 转换数据位
        RLC    A
        MOV    P1.2, C               ; 输出地址
        SETB   P1.1                  ; 输出时钟
        NOP
```

```
CLR    P1.1
DJNZ   R6，LOOP2
SETB   P1.0                    ；TLC1543 输出高阻，禁止地址及时钟输入
RET
```

以上程序用累加器和带进位的左循环移位的指令来合成 SPI 功能,读入转换结果的高两位的第一位到进位(C)位。累加器内容通过进位位左移,通道地址第一位通过 P1.2 输出。然后由 P1.1 先高后低翻转来提供串行时钟。这个时序再重复两次,完成转换数据的高两位传送。低 8 位由重复 8 次时钟脉冲和数据传送的整个序列来传送。注意,程序中,采样每一通道重复调用 TLC1543 子程序两次,第一次调用 TLC1543 子程序,采样的结果是前一通道转换的数据,而不是本次转换结果,所以采用第二次调用 TLC1543 子程序来完成本通道的数据转换。

第五节 串行通信接口技术

一、RS-232C 串行通信接口

(一) 接口标准

RS-232C 是美国电子工业协会推广使用的一种串行通信总线标准,是 DCE(数据通信设备,如微机)和 DTE(数据终端设备,如 CTR)间传输串行数据的接口总线。采用 RS-232C 标准一方面可提高这些设备的通用性,另一方面也增强了数据传输的可靠性。RS-232C 的可靠传输距离为 15m,最高传输速率约 20kbit/s,信号的逻辑"0"电平为+3~+15V,逻辑"1"电平为-3~-15V。RS-232C 总线上传输的异步通信典型格式如图 10-38 所示。

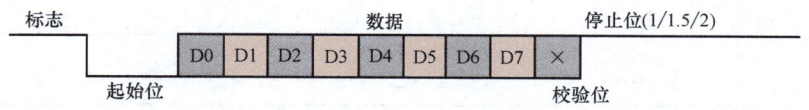

图 10-38 RS-232C 异步通信典型格式

RS-232C 串行总线接口有 DB-25 和 DB-9 两种,完整的 RS-232C 总线由 25 根信号线组成,DB-25 是 RS-232C 总线的标准连接器,表 10-5 列出了 RS-232C 信号线名称、符号及其对应在 DB-25 上的针脚号。表 10-6 为 DB-9 的对应针脚定义。

表 10-5 RS-232C 信号线名称、符号及其对应在 DB-25 上的针脚号

分 类	符号	名 称	针脚号	说 明
地线、数据信号线		机架保护地(屏蔽地)	1	
		信号地(公共地)	7	
	TXD	数据发送线	2	
	RXD	数据接收线	3	在无数据信息传输或收/发数据信息间隔期,RXD/TXD 电平为"1"
	STXD	辅助信道数据发送线	14	辅助信道传输速率较主信道低,其余相同
	SRXD	辅助信道数据接收线	16	

(续)

分类	符号	名称	针脚号	说明
定时信号线		DCE 发送信号定时	15	●指示被传输的每个 bit 信息的中心位置
		DCE 接收信号定时	17	
		DTE 发送信号定时	24	
控制线	RTS	请求发送	4	DTE 发给 DCE
	CTS	允许发送	5	DCE 发给 DTE
	DSR	DCE 装置就绪	6	
	DTR	DTE 装置就绪	20	DTE 发给 DCE
	DCD	接收信号(载波)检测	8	DTE 收到一个满足一定标准的信号时置位
		振铃指示	22	由 DCE 收到振铃信号时置位
		信号质量检测	21	由 DCE 根据数据信息是否有错而置位或复位
		数据信号速率选择	23	指定两种传输速率中的一种
	SRTS	辅助信道请求发送	19	
	SCTS	辅助信道允许发送	13	
	SDCD	辅助信道接收检测	12	
备用线			9	未定义 保留供 DCE 装置测试用
			10	
			11	
			18	
			25	

表 10-6 RS-232C 信号线及其在 DB-9 上的针脚定义

针脚号	符号	名称	针脚号	符号	名称
1		机架保护地	6	DSR	数据装置准备
2	RXD	数据接收线	7	RTS	请求发送
3	TXD	数据发送线	8	CTS	清除发送
4	DTR	数据终端准备	9		未定义
5	GND	信号地			

(二) RS-232C 电平与 TTL 电平的转换

由于 RS-232C 总线上传输的信号的逻辑电平与 TTL 逻辑电平差异很大,所以就存在这两种电平的转换问题。这里介绍几种常用的电平转换电路。

1. 分立元件电平转换电路

图 10-39 和图 10-40 是两种分立元件电平转换器电路图。

相比之下,图 10-40 所示电路只需要单一+5V 电源,因此比图 10-39 所示的电路实用。

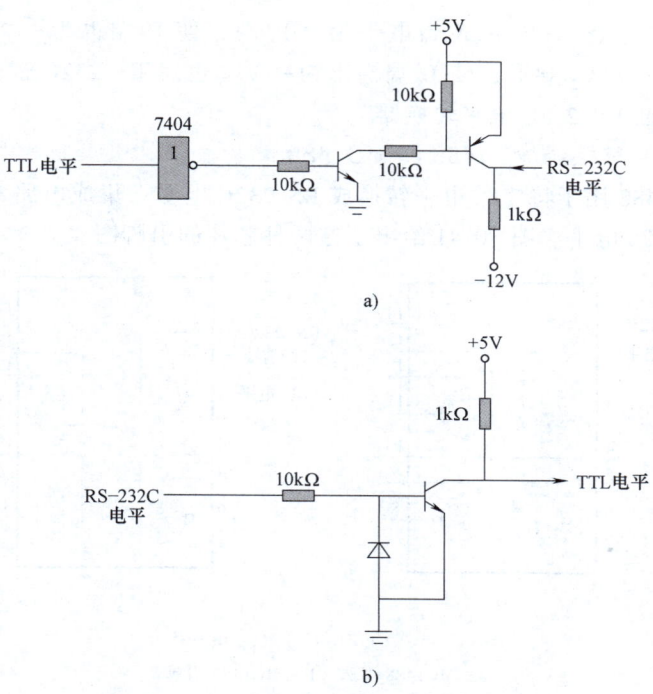

图 10-39 分立元件电平转换器电路之一

a) TTL 电平→RS-232C 电平 b) RS-232C 电平→TTL 电平

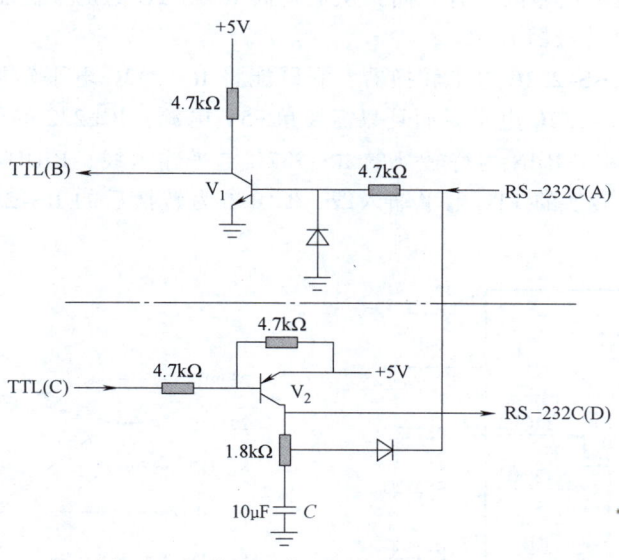

图 10-40 分立元件电平转换器电路之二

图 10-40 中点画线以上部分实现 RS-232C 电平转换成 TTL 电平,其原理是:若输入端 A 为 RS-232C 的逻辑电平 "0" (+12V),则晶体管 V_1 导通,B 端输出 TTL 逻辑电平 "0";若输入端 A 为 RS-232C 的逻辑电平 "1" (-12V),则晶体管 V_1 截止,B 端输出 TTL 逻辑电平 "1"。图中点画线以下部分实现 TTL 电平转换成 RS-232C 电平,其原理是:若输入端 C 为 TTL 逻辑电平 "1",则晶体管 V_2 截止,借助 RS-232C 输出停止位时 A 端电平为-12V,电

容 C 被充电到 -12V（RS-232C 的逻辑电平为"1"），使 D 端也为 -12V；若输入 C 端为 TTL 逻辑电平"0"，则 V_2 导通，使 D 端输出为 +5V（也属 RS-232C 逻辑电平"0"），故此部分电路也称"准 RS-232C 电平转换器"。

2. 集成电路电平转换器 MC1488 和 MC1489

集成电路 MC1488 用于将 TTL 电平转换成 RS-232C 电平；集成电路 MC1489 用于将 RS-232C 电平转换成 TTL 电平。图 10-41 给出了这两种芯片的引脚图。

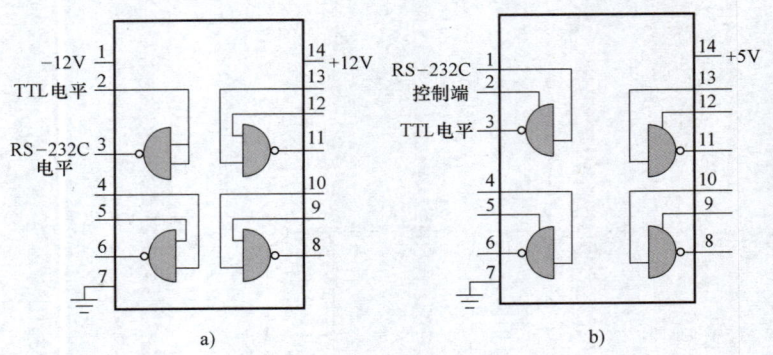

图 10-41　MC1488 和 MC1489 引脚

a) MC1488 引脚　b) MC1489 引脚

MC1489 的 2、5、9、12 脚为控制脚，使用时需外接一个电容（0.001～0.01μF）至地来控制 RS-232C 总线上信号的上升时间，从而提高 RS-232C 的抗干扰能力。

3. 集成电路电平转换器 ICL232

这是一种新颖的 RS-232C 电平转换器，它既能将 RS-232C 电平转换成 TTL 电平，也能将 TTL 电平转换成 RS-232C 电平，而且只需要单 +5V 电源，ICL232 的引脚分布及外接电路如图 10-42 所示。其中：RiIN 为待转换的 RS-232C 电平输入线，RiOUT 为转换后的 TTL 电平输出线；TiIN 为待转换的 TTL 电平输入线，TiOUT 为转换后的 RS-232C 电平输出线，使用十分方便。

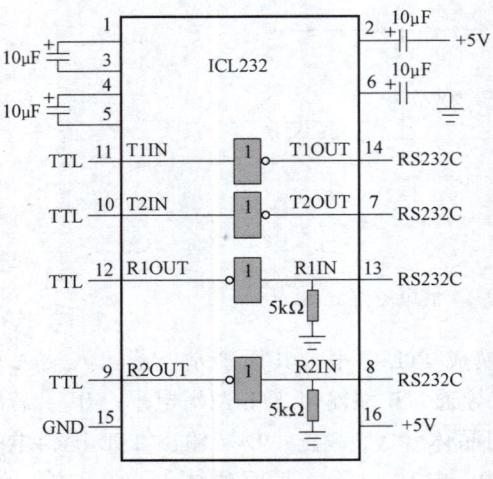

图 10-42　ICL232 引脚分布及外接电路

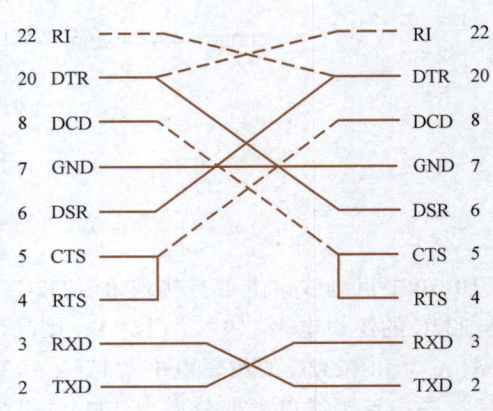

图 10-43　简化的 RS-232C 接口

（三）RS-232C 在 MCS-51 系统中的应用

RS-232C 虽共有 25 根信号线，但在近程通信不需要调制解调器的情况下，一般只用少量信号线。在图 10-43 所示的 RS-232C 连接方式中：将两端的 TXD（数据发送）和 RXD（数据接收）信号线交叉连接，使一端的数据输出是另一端的数据输入；将每端的 RTS（请求发送）和 CTS（清除发送）各自连接，使得发送请求总是允许的；将两端的 DSR（数据设备准备好）和 DTR（数据终端准备好）信号线交叉连接，使得双方都认为对方已准备好；此外，可以将一端的 DCD（载波检测）、RI（响铃）信号线分别连另一端的 RTS、DTR，这是因为 RTS 类似 CD（载波）检出信号、DTR 相当于 RI 信号。

若采用直接通信，则通常只用 TXD、RXD、GND 这 3 根信号线，如图 10-44 所示。

图 10-44　直接通信的 RS-232C 接口

下面以 MCS-51 单片机串行口与计算机串行口通信为例来说明 RS-232C 在 MCS-51 系统中的应用，如图 10-45 所示。

这里采用三线式，可实现 MCS-51 和相距较远的计算机终端间的双向数据传送，由于计算机具有 RS-232C 串行接口，所以只需在 MCS-51 的 RXD、TXD 处加电平转换器。其中图 10-45a 用的是集成电路电平转换器，图 10-45b 用的是分立元件电平转换器。

如果 MCS-51 采用 11.0592MHz 晶振串行口选用方式 1，定时器 T1 作为波特率发生器，波特率设为 9600，T1 工作于方式 2，那么 CPU 执行以下程序可实现 MCS-51 与计算机之间的数据传送。程序中 LJXH 为计算机与 8032 单片机通信的握手信号（即引导信号），只有当 8032 单片机收到的数据为 LJXH 时，表示后面收到的数据才是有效数据，一般 LJXH 取值为 80H~90H，以便区别于 ASCII 码和汉字内码；N 为接收的有效数据字节数；DATA 为存储有效数据起始单元。

```
TONGXUN: MOV   SP, #60H        ;设堆栈指针
         MOV   TMOD, #20H      ;设 T1 为方式 2，作波特率发生器用
         MOV   TH1, #0FDH      ;设波特率为 9600
         MOV   TL1, #0FDH
         MOV   SCON, #50H      ;设串行口通信方式 1，允许接收发送
         MOV   PCON, #0        ;波特率不加倍
         SETB  TR1             ;启动 T1 运行
LOOP1:   JBC   RI, NEXT1       ;等待接收
         AJMP  LOOP1
NEXT1:   MOV   A, SBUF         ;接收计算机数据
         CJNE  A, #LJXH, LOOP1 ;不为联机引导信号，重新接收
         MOV   SBUF, A         ;回送给计算机，表示已联机，准备接收数据
         MOV   R7, #N          ;接收 N 字节有效数据
         MOV   R0, #DATA       ;存储到以 DATA 开始的字节单元
```

```
LOOP2: JNB    RI, LOOP2
       CLR    RI
       MOV    A, SBUF
       MOV    @R0, A
       INC    R0
       DJNZ   R7, LOOP2
       CLR    TI              ;清发送标志
       MOV    A, #0           ;接收完毕,通知计算机
       MOV    SBUF, A
       JNB    TI, $
       CLR    TI
       ……                     ;数据处理,进行其他操作
       AJMP   LOOP1           ;转下一次接收
       END
```

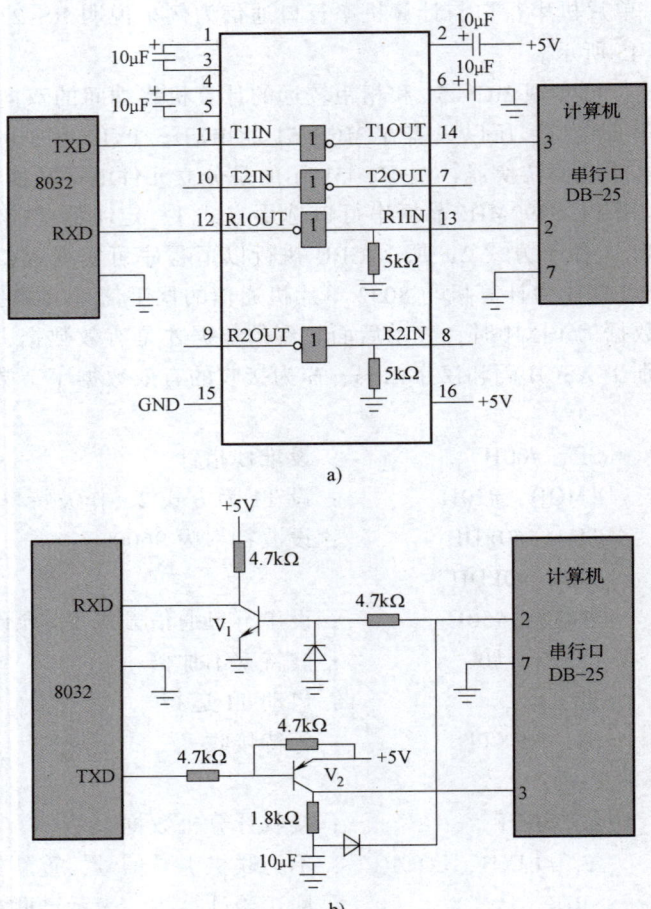

图 10-45 MCS-51 与计算机的串行通信接口

a) 集成电路电平转换器 b) 分立元件电平转换器

二、RS-485 串行通信接口

随着自动控制技术的发展及其在工程中的广泛应用，一个系统往往由分散目标监控系统、数据采集系统、智能仪表等几部分组成，它们之间存在着长距离通信的问题。普通的 TTL 电路，由于驱动能力差、抗干扰性能差等原因使得信号传输的距离较短。RS-232C 标准规定，驱动器允许有 2500pF 的电容负载，通信距离将受此电容的限制；另外，RS-232C 属于单端信号传输，存在共地噪声和不可抑制的共模干扰。

在要求通信距离为几十米至上千米时，目前广泛采用 RS-485 收发器，它采用平衡发送和差分接收，具有抑制共模干扰的能力。由于使用 RS-485 总线，用两对双绞线就能实现多站联网构成分布式系统的全双工通信。它具有设备简单、价格低廉、通信距离远的特点，故在工程项目中得到了广泛应用。

（一）集成电路 RS-485 与 TTL 电平转换器 MAX489

MAX489 是一种 RS-485 与 TTL 电平转换器，MAX489 的引脚分布如图 10-46 所示。其中：A、B 为 RS-485 差分输入线；RO 为转换后的 TTL 电平输出线，$\overline{RE}$ 为输入允许控制线，低电平有效；DI 为待转换的 TTL 电平输入线，Z、Y 为 RS-485 差分输出线；DE 为输出允许控制线，高电平有效。MAX489 为单一+5V 电源供电，可构成全双工通信网络，在通信网络总线上最多可挂接 128 路分布系统，因此使用十分方便。

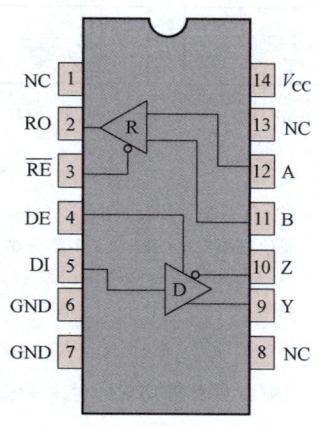

图 10-46　MAX489 引脚分布

（二）MAX489 应用线路

为了提高通信的可靠性，通信线路一般采用两对双绞线构成，如图 10-47a 所示。图 10-47b 所示的线路为多路分布式系统的通信网络，图中在最近和最远端的差分输出和差分输入端需要分别接一个 120Ω 电阻，以抑制线路电容的耦合干扰。图 10-47a 为一对一通信线路，任意一个 MAX489 端都可定义为主机通信端，主机可以是 PC 也可以是单片机。图 10-47b 为多路分布系统，系统中只能有一个主机，其他为分机系统，主机一般为 PC，因此主机和 MAX489 之间还存在着 RS-232C 与 RS-485 电平转换的问题，这可采用前面所学到的 ICL232 集成电路电平转换器来解决。

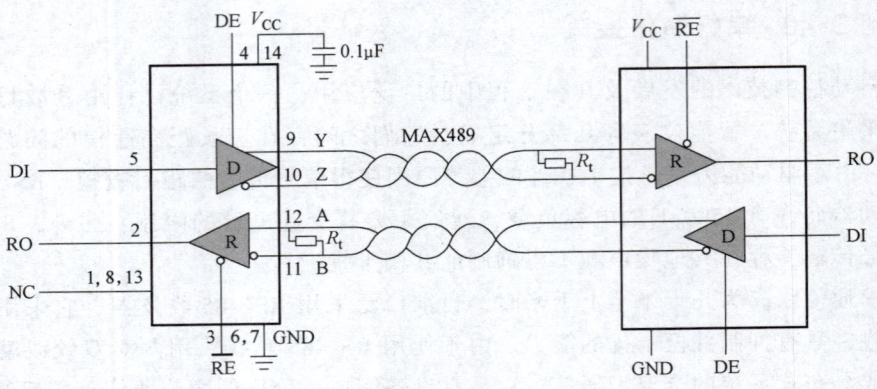

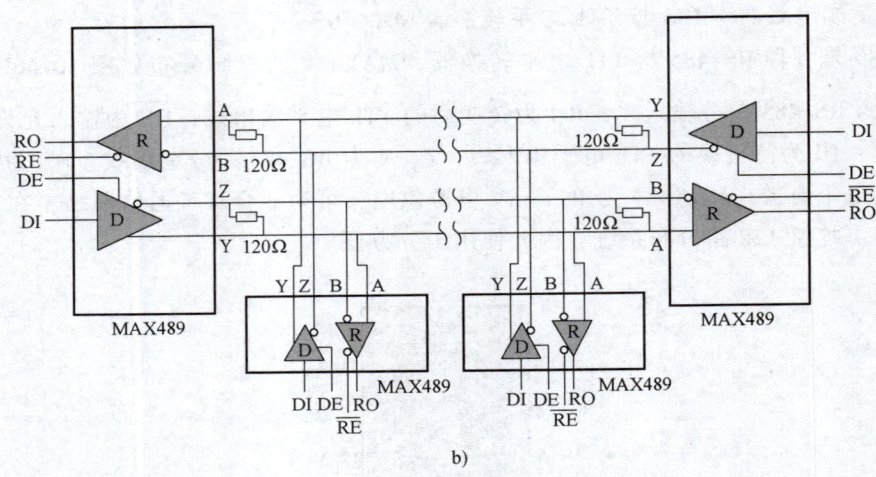

图 10-47 RS-485 通信应用线路

a) RS-485 一对一通信线路 b) RS-485 多路分布式系统通信线路

思考题与习题

10-1 七段 LED 显示器的结构形式有哪两种？静态显示器和动态显示器各有何优缺点？它们的工作原理如何？

10-2 键盘接口应具备哪些功能？有哪些类型的键盘？各有何特点？

10-3 按键抖动期与什么因素有关？怎样克服按键抖动引起的误操作？

10-4 按照图 10-7 所示的键盘显示器电路，请编写程序，用查询的方法将键盘上输入的键号送显示器显示出来。

10-5 试画出 8155 和 PP40 的接口电路，并编写一个打印"中国"两字的程序。

10-6 请指出 PP40 下列绘图命令的功能，并编制一个程序使 PP40 打印出这些命令的清单。

M20, 40, 0

J30, 0

R-30, 0

J-5, -30

R5, 15
J25, 0
R-13, 13
J0, -29
R-13, 0
J29, 0
R-9, 7
J7, -7
M60, 40
R0, -7

10-7　DAC0832 有哪几种工作方式？各有何特点？

10-8　模-数转换器的主要参数有哪些？ADC0809 参数如何？时钟频率范围是多少？

10-9　在一个晶振频率为 12MHz 的 8032 系统中，接有一片 D-A 器件 DAC0832，它的地址为 7FFFH，输出电压为 0~5V。请画出有关逻辑框图，并编写一个程序，使其运行后能在示波器上显示出锯齿波（设示波器 X 向扫描频率为 50μs/格，Y 向扫描频率为 1V/格）。

10-10　在一个晶振频率为 12MHz 的 8032 系统中，接有一片 A-D 器件 ADC0809，它的地址为 7FF8H~7FFFH。试画出有关逻辑框图。并编写一个程序，使其运行后能每隔 2ms 定时采样通道 2，每次采样 5 个数据，保存在 8032 内部 RAM 50H~54H 中。

10-11　参照图 10-29 和图 10-37，设计电路。并编写程序，使其运行后能对 TLC1543 通道 0 和通道 1 采样。通道 0 采样数据除 4 后送 AD7528 的 A 输出；通道 1 采样数据除 8 后送 AD7528 的 B 输出。调节 TLC1543 通道 0 和通道 1 的模拟输入电压，请在示波器上观察 AD7528 的 A 和 B 输出。

10-12　TTL 逻辑电平和 RS-232C 逻辑电平是怎样规定的？试比较串行通信中，采用 TTL 电平、RS-232C 电平及 RS-485 电平各有何特点？通信距离如何？

10-13　采用集成电路 ICL232 和 MAX489，设计一 RS-232C 与 RS-485 电平转换器电路。

科学家精神

"两弹一星"功勋科学家：
彭恒武

第十一章

MCS-51单片机基于Proteus的仿真

第一节 软件简介

学习 MCS-51 单片机动手实践很重要，单片机设计的结果是否正确需要通过实际硬件电路调试来验证，但这在实际中往往受硬件条件的限制而有一定的困难。所以，利用仿真软件进行验证成为一种事半功倍、行之有效的方法。单片机的仿真一般要用到两个软件：Keil C51 和 Proteus，Keil C51 主要用于汇编源程序的编辑和调试，Proteus 主要用于与单片机有关的电路设计与仿真。

一、代码编译工具

MCS-51 单片机开发软件基本都选用 Keil C51 集成开发环境。Keil C51 是德国 Keil Software 公司（已被 ARM 公司收购）出品的 51 系列兼容单片机 C 语言软件开发系统，集成了编译器、宏汇编器、调试器、实时内核、单板计算机和仿真器等，目前最新版本是 μVision5，单片机汇编程序调试界面如图 11-1 所示。

二、代码调试工具

Keil C51 集成开发环境既可编译汇编程序，也可编译 C51 源程序，它自带一个功能强大的仿真调试器，这种软仿真可以查看编译后的汇编代码，单步调试可以跟踪各个寄存器的状态变化，但是软仿真是无法得到真实的外部输入状态的，如仿真真实开发板的按键输入等。

代码调试时若要知道编译器是否按照要求进行代码的编译处理，可以设置让编译器输出它是如何编译、生成链接文件的，可以查看编译器编译 C 源程序生成的汇编代码、链接的符号、内存分配等信息。

如图 11-2 所示，Keil C51 需在 "Options for Target 'Target 1'" 对话框中的 "Listing" 选项卡上进行设置。图中 "C Compiler Listing" 选项组是 C 编译器输出选项，选中 "Assembly Code" 复选按钮，即输出 C 编译对应的汇编代码，保存在文件 .lst 中；"C Preprocessor

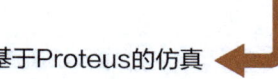

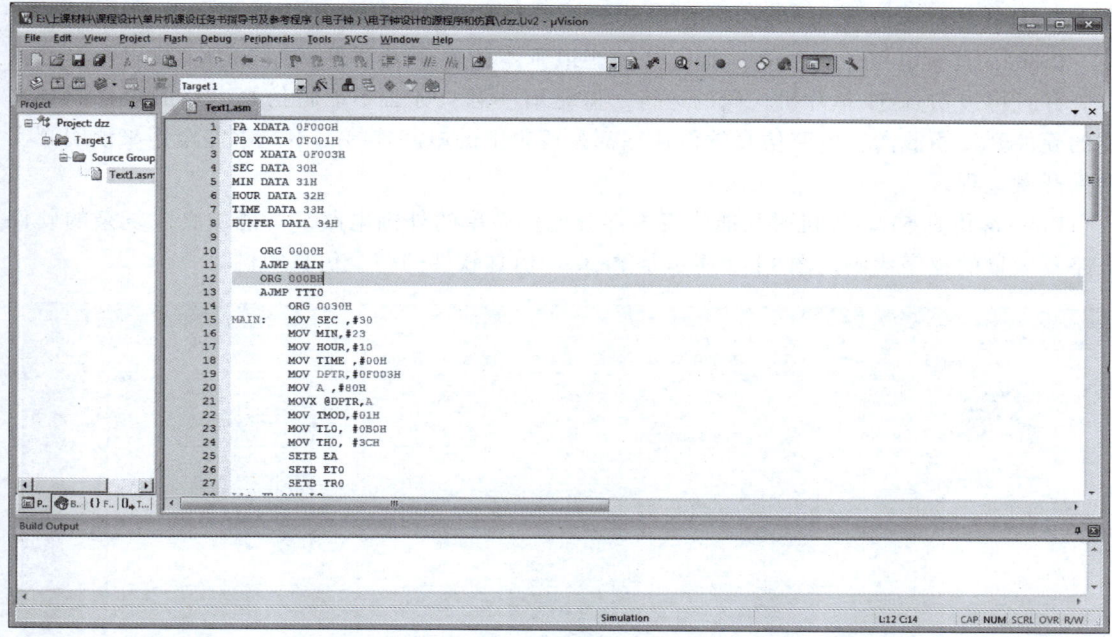

图 11-1　Keil μVision 调试界面

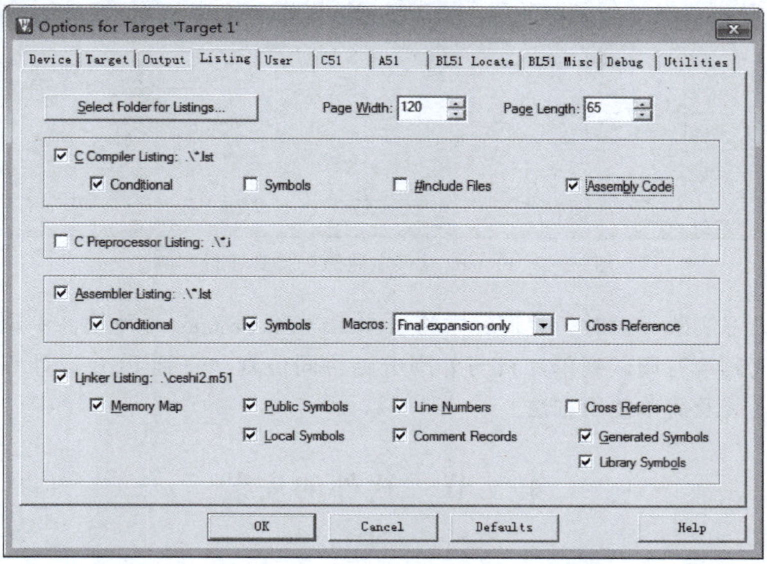

图 11-2　Keil μVision 编译设置界面

Listing"选项组为 C 编译器预处理输出的信息;"Assembler Listing"选项组为汇编器输出的处理信息;"Linker Listing"选项组为链接器输出的处理信息(在扩展名为 .m51 的文件中),这包括编译器对内存的分配、各个函数符号等。通常编译后的汇编代码以及代码的链接信息可以跟踪查看,以判断代码的问题所在。

三、Proteus 仿真软件

Proteus 软件是英国 Lab Center Electronics 公司开发的 EDA 工具软件,它不仅具有其他

EDA 工具软件都有的仿真功能，还能仿真单片机及外围元器件。

Proteus 具有电路仿真功能，能仿真一些最基本的电子元器件，如 LED、数码管、键盘等，并且可以仿真 51 单片机代码的运行。但是请注意，务必不能将仿真电路的效果图与真实的硬件开发相混淆，电路仿真软件往往都是逻辑上的电路连接，不能够完全用来说明真实硬件开发过程。

Proteus 仿真 51 单片机时只能仿真少部分比较简单的外围电路，不能仿真太复杂的硬件电路及大量的程序代码。图 11-3 所示是 Proteus 仿真软件的一个仿真实例。

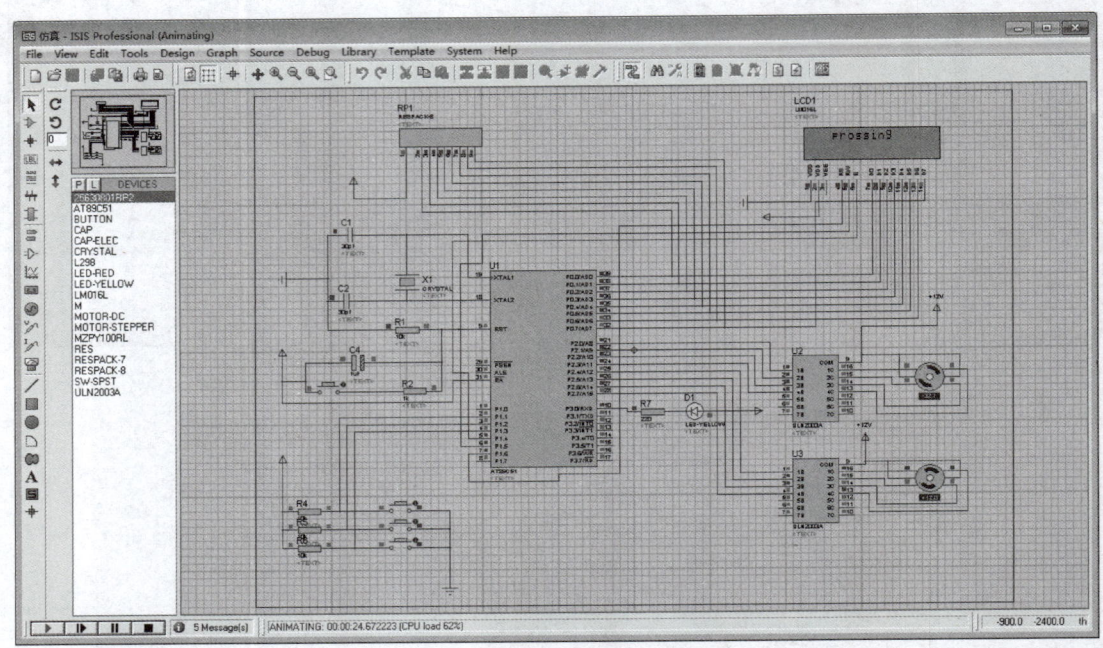

图 11-3 Proteus 软件电路原理仿真运行实例

在单片机学习实践开发时，我们经常将 Keil C51 和 Proteus 两种软件一同使用，可完成原理图布图、代码编写调试到单片机与外围电路协同仿真，直到 PCB 设计等工作。下面介绍两种软件的安装及简单使用方法。

第二节 软件的安装

一、Keil C51 软件的安装

1. 官网下载

目前（2018 年 10 月）Keil C51 官方最新版本是 V9.59，官方下载地址：https://www.keil.com/download/product/，打开上面链接，单击"C51"，如图 11-4 所示。

单击"C51V959.EXE"，选择保存路径，单击"下载"按钮，如图 11-5 所示。

2. 安装

Keil C51 支持的操作系统有 Windows Vista、Windows 7、Windows 8 和 Windows 10。进入

第十一章　MCS-51单片机基于Proteus的仿真

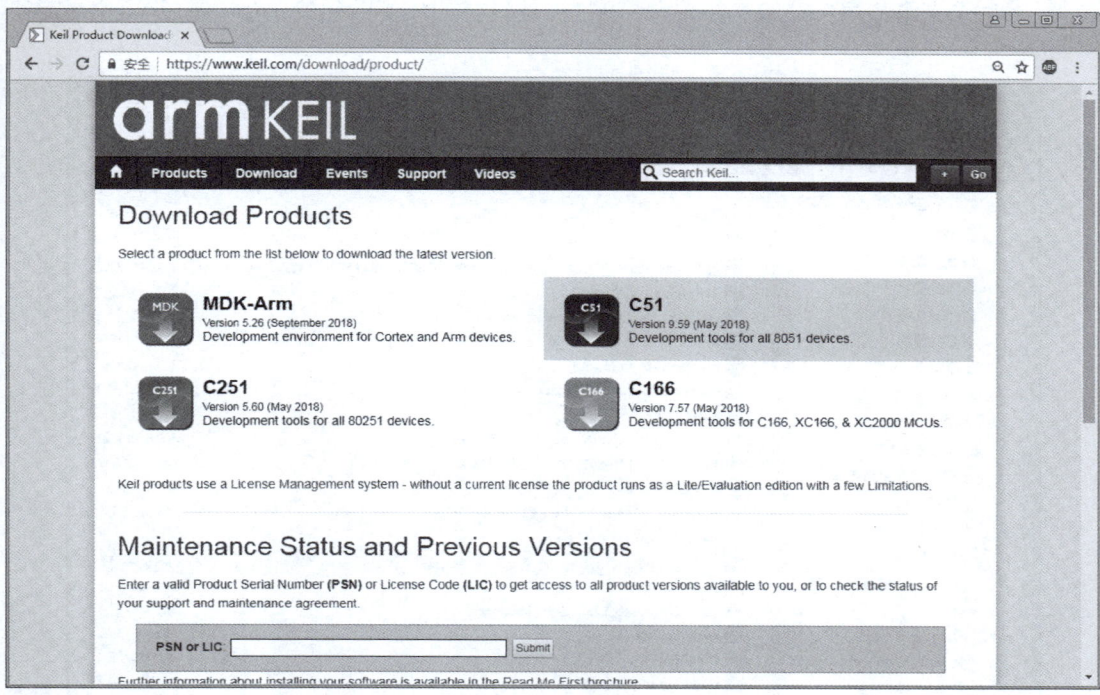

图 11-4　Keil C51 下载页面（a）

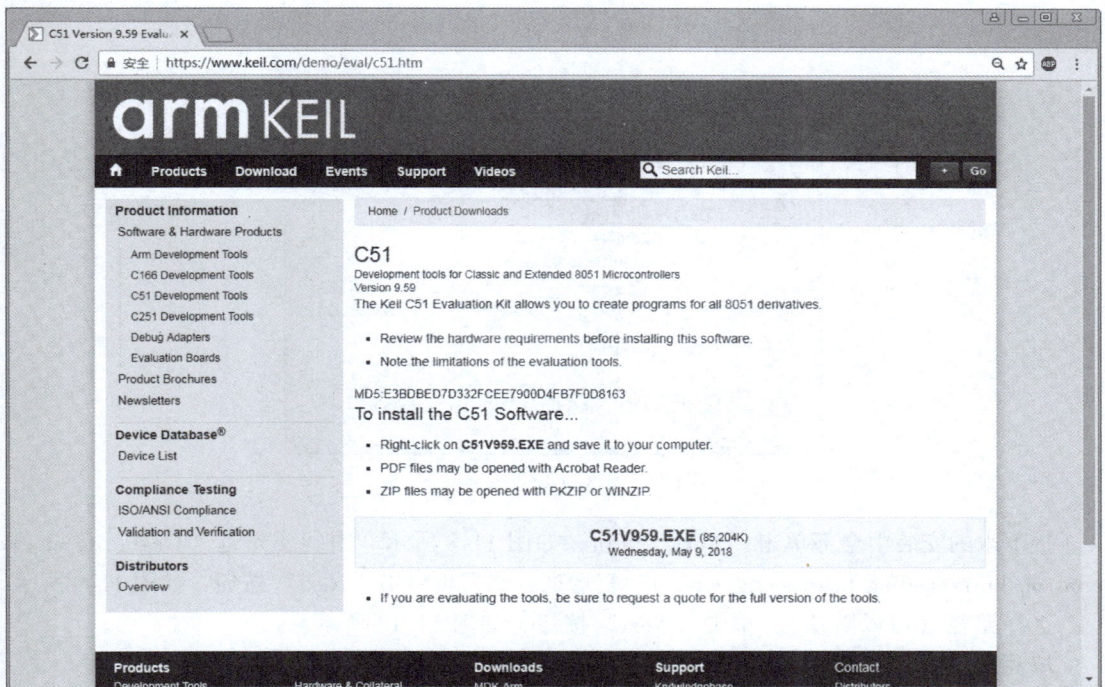

图 11-5　Keil C51 下载页面（b）

下载目录，双击安装包，进入安装向导界面，单击"运行（R）"按钮，如图 11-6 和图 11-7 所示。

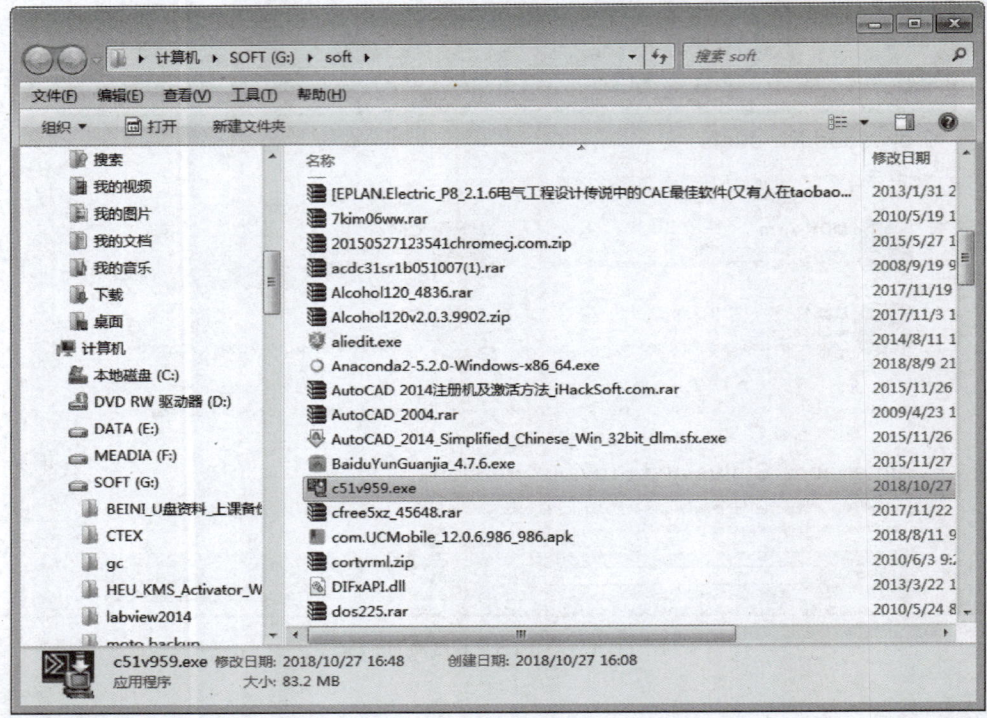

图 11-6　Keil C51 安装（a）

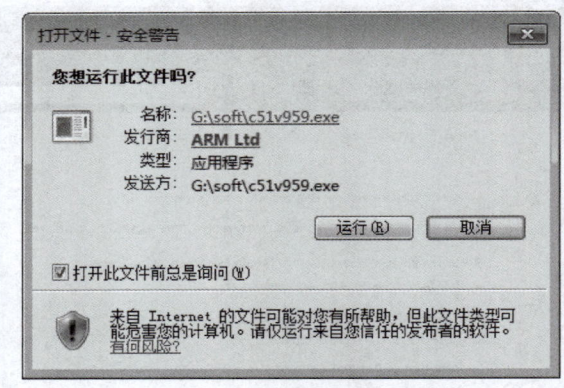

图 11-7　Keil C51 安装（b）

接下来的安装中全部单击"Next"按钮，如图 11-8 所示。中间要勾选"I agree to all the terms of the preceding License Agreement"复选框，然后再单击"Next"按钮，如图 11-9 所示。

选择路径（可以默认），单击"Next"按钮，如图 11-10 所示。

填写信息（可以随便填写），单击"Next"按钮，如图 11-11 所示。

安装过程需要等待 2min，如图 11-12 所示。最后单击"Finish"按钮完成安装，如图 11-13 所示。

第十一章　MCS-51单片机基于Proteus的仿真

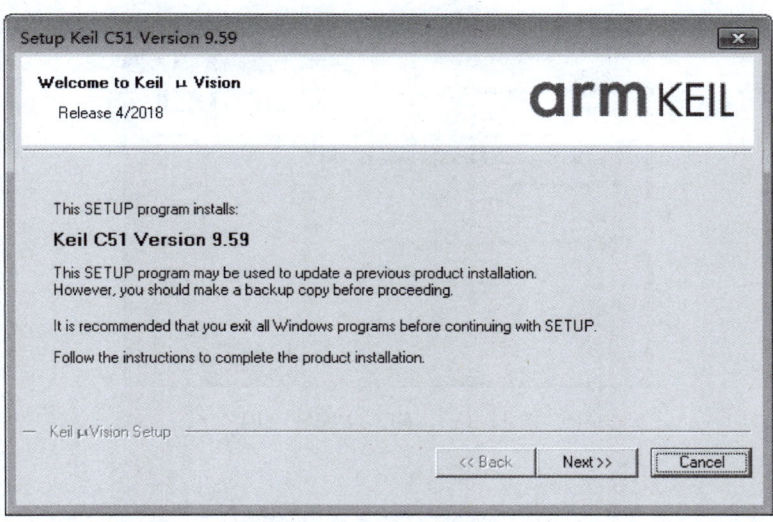

图 11-8　Keil C51 安装（c）

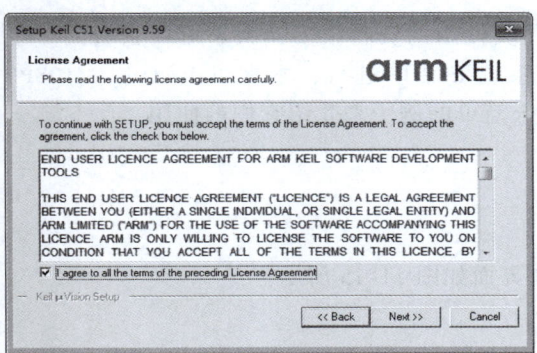

图 11-9　Keil C51 安装（d）

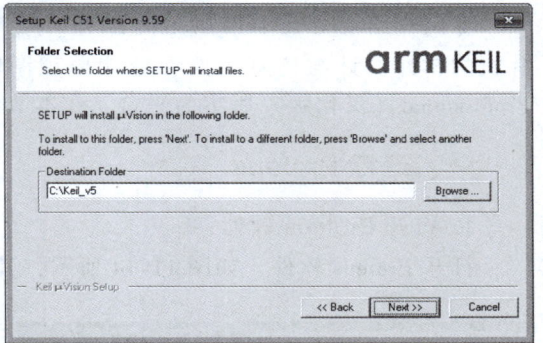

图 11-10　Keil C51 安装（e）

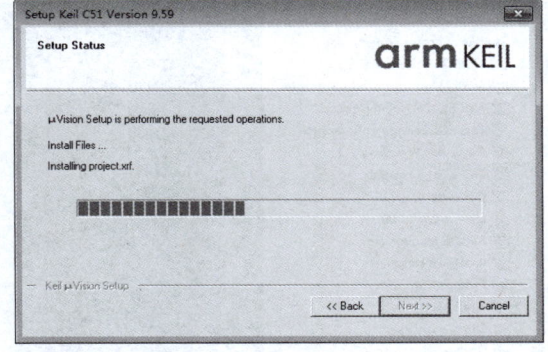

图 11-11　Keil C51 安装（f）　　　　图 11-12　Keil C51 安装（g）

至此 Keil C51 就安装完成，可以新建工程使用了。但为了不受编译代码大小限制和不影响用户体验，就需要购买授权，或注册。

二、Proteus 的安装

Proteus 的安装很简单，可以参考有关资料，这里从略。

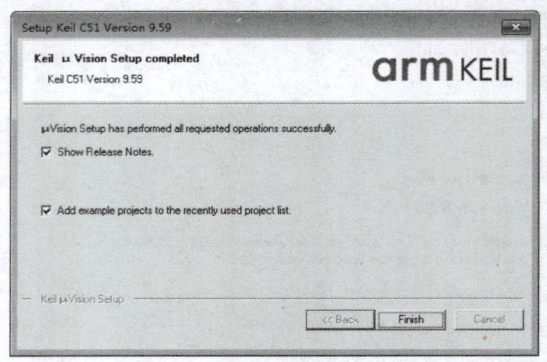

图 11-13　Keil C51 安装（h）

第三节　运行与调试

专门介绍 Keil C51 和 Proteus 编程、原理和仿真使用的资料很多，大家可以去查阅。单片机的软件设计与仿真主要在智能原理图输入系统 ISIS 中进行，本书以 Proteus 7.10SP0 Professional（汉化版）版本为平台，在本节以一个简单的例子来介绍它们的使用。

一、运行 Proteus

1. 打开 Proteus 软件

打开 Proteus 软件，如图 11-14 所示，其工作界面如图 11-15 所示。

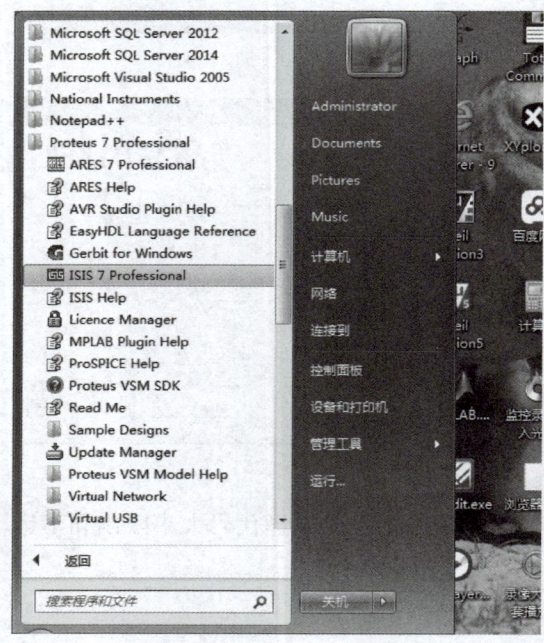

图 11-14　打开 Proteus 软件

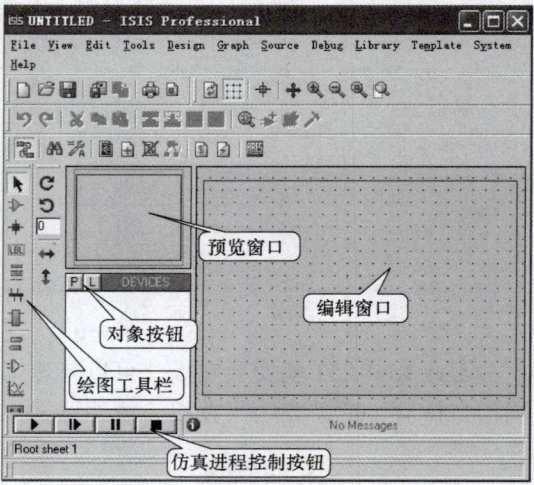

图 11-15　Proteus ISIS 的工作界面

第十一章　MCS-51单片机基于Proteus的仿真

2. 新建一个文件

新建一个文件并保存，如图 11-16 和图 11-17 所示。

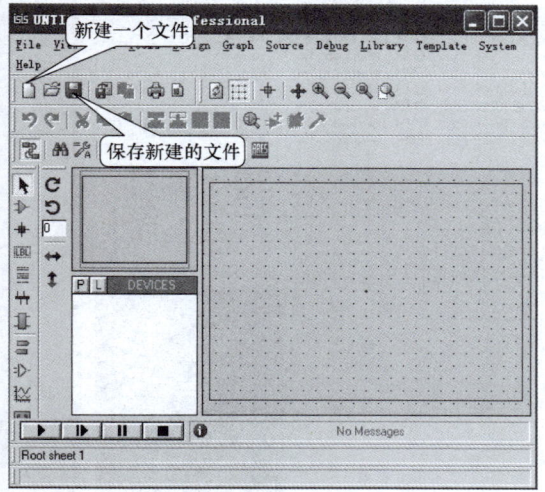

图 11-16　新建并保存一个文件

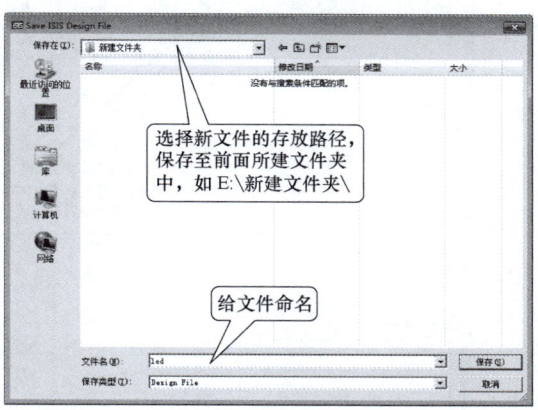

图 11-17　给文件命名

3. 添加系统所需元器件

如图 11-18 所示，单击"选择元器件"按钮，弹出选择元器件对话框，如图 11-19 所示。在该对话框的"Keywords"文本框中输入需要添加的元器件的名称，然后单击"OK"按钮，接着在编辑窗口的合适位置单击鼠标左键放置该元器件，如图 11-20 所示。放置好后，就可以对其进行一些基本的操作，如图 11-21 所示。

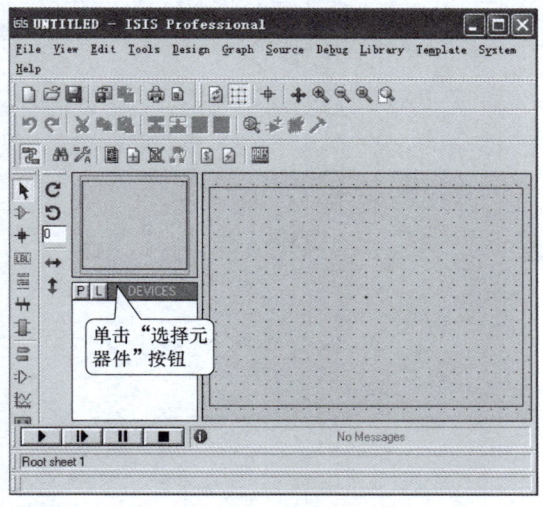

图 11-18　打开选择元器件对话框

4. 重复添加元器件

重复图 11-18～图 11-21 的操作，把系统所需要的所有元器件均添加至编辑窗口，如图 11-22 所示。

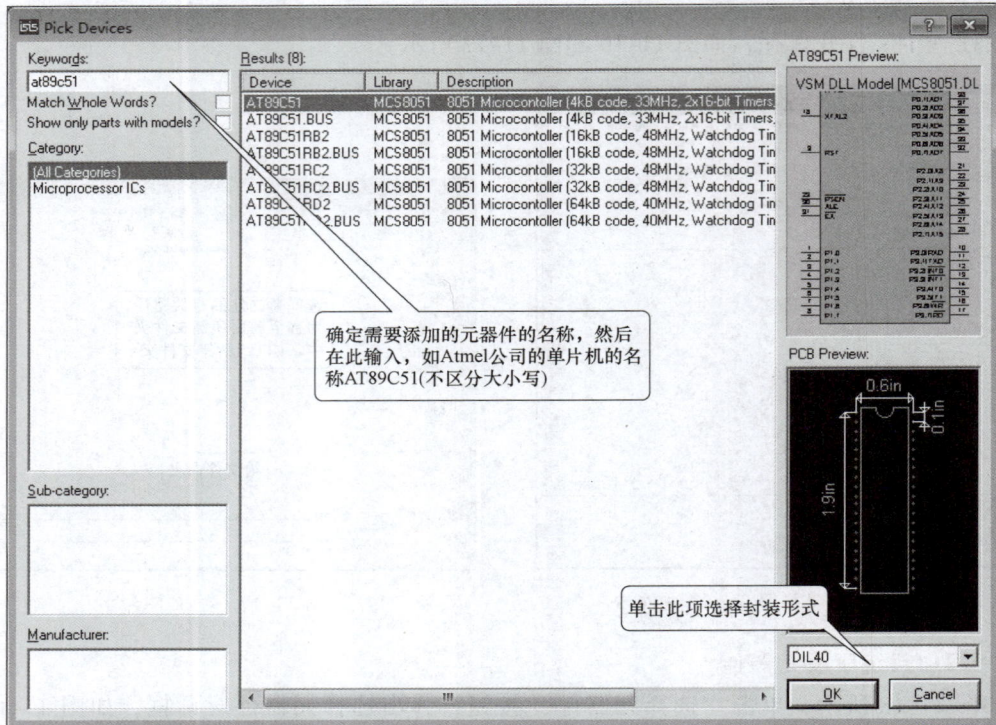

图 11-19 选择所需元器件

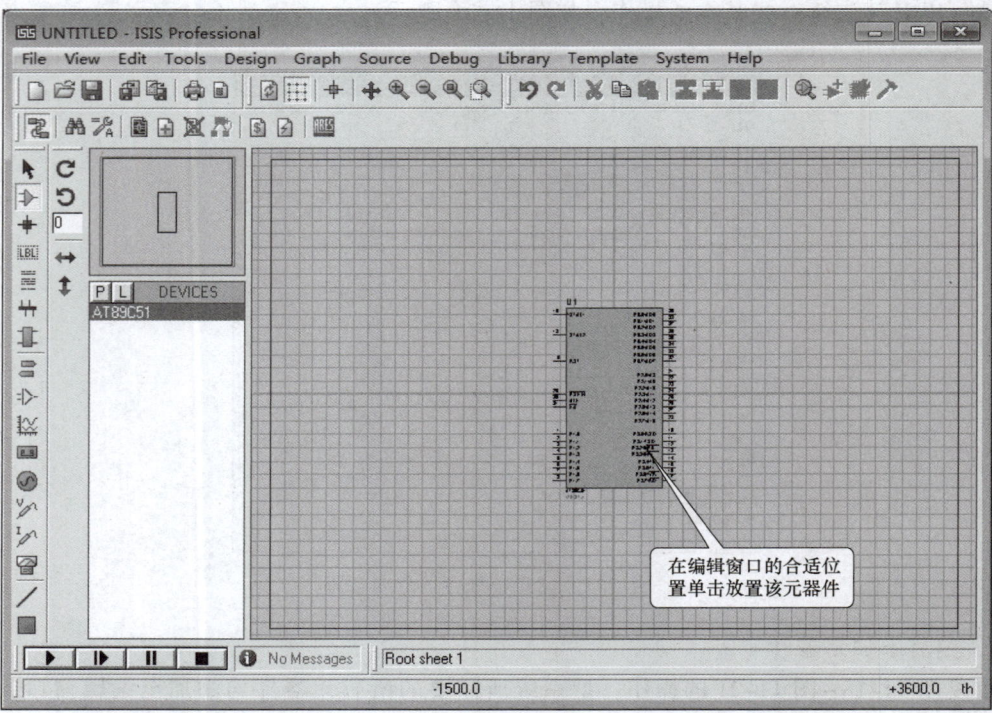

图 11-20 放置元器件

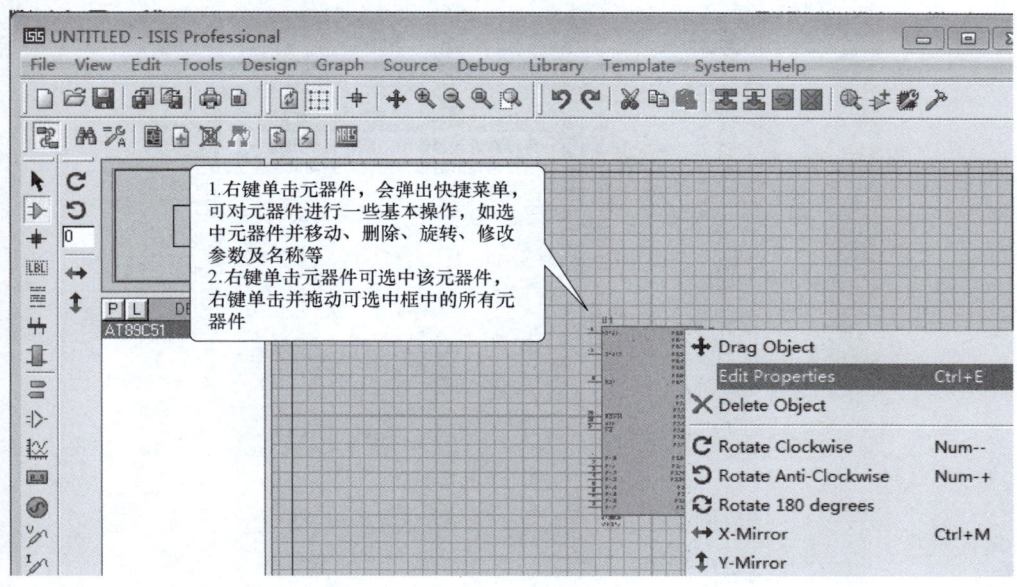

图 11-21　对元器件进行一些基本的操作

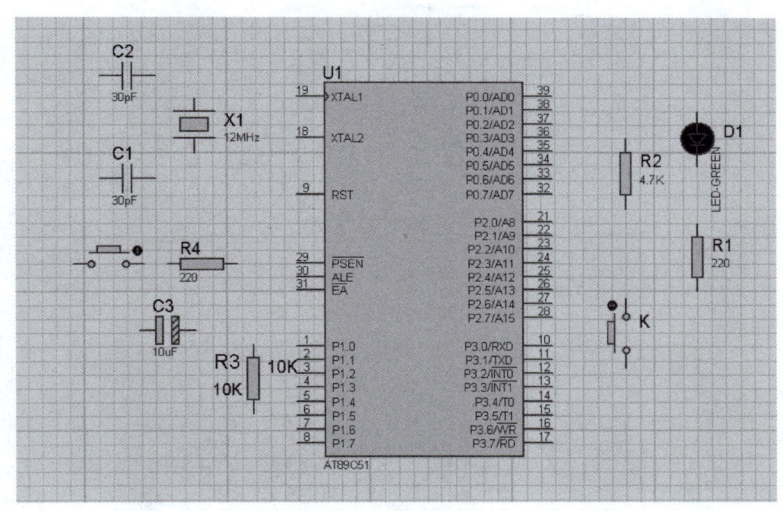

图 11-22　添加系统所需元器件

5. 连接导线

如图 11-23 所示，根据电路原理将元器件用导线连接起来。

6. 重复连接导线

重复图 11-23 的操作，直到所有导线连接完毕，最后效果如图 11-24 所示。

7. 添加系统所需接地和电源符号

添加接地和电源符号，如图 11-25 所示。

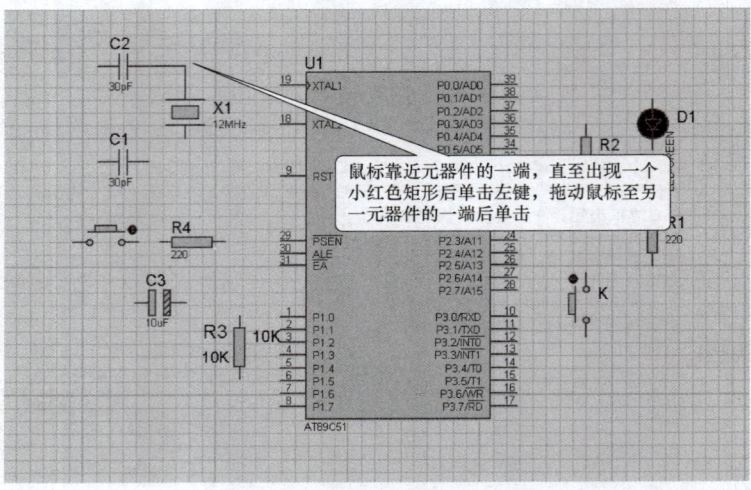

图 11-23 连接导线

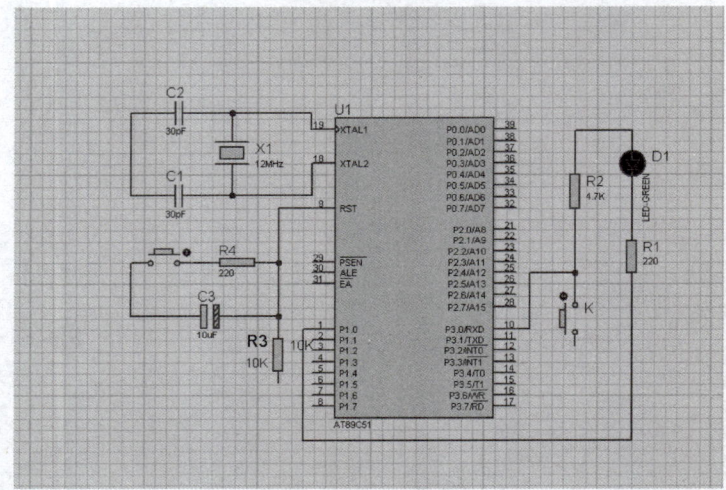

图 11-24 连接导线完毕

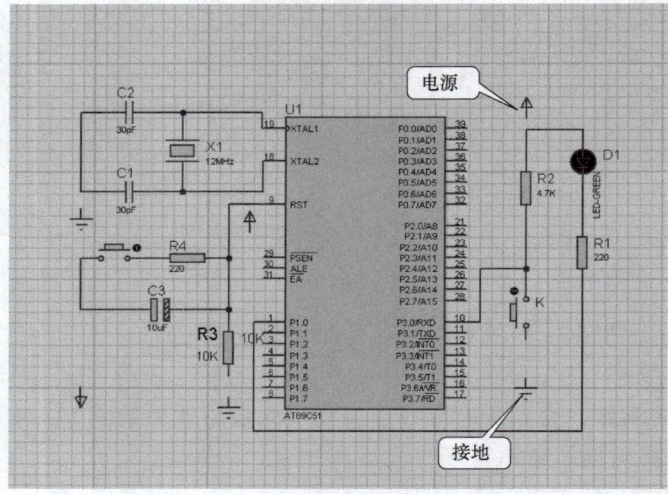

图 11-25 添加接地和电源符号

8. 完成电路原理设计图

依据图 11-25 所示添加系统所需电源及接地符号并连线，最后整个系统的电路原理图如图 11-26 所示。

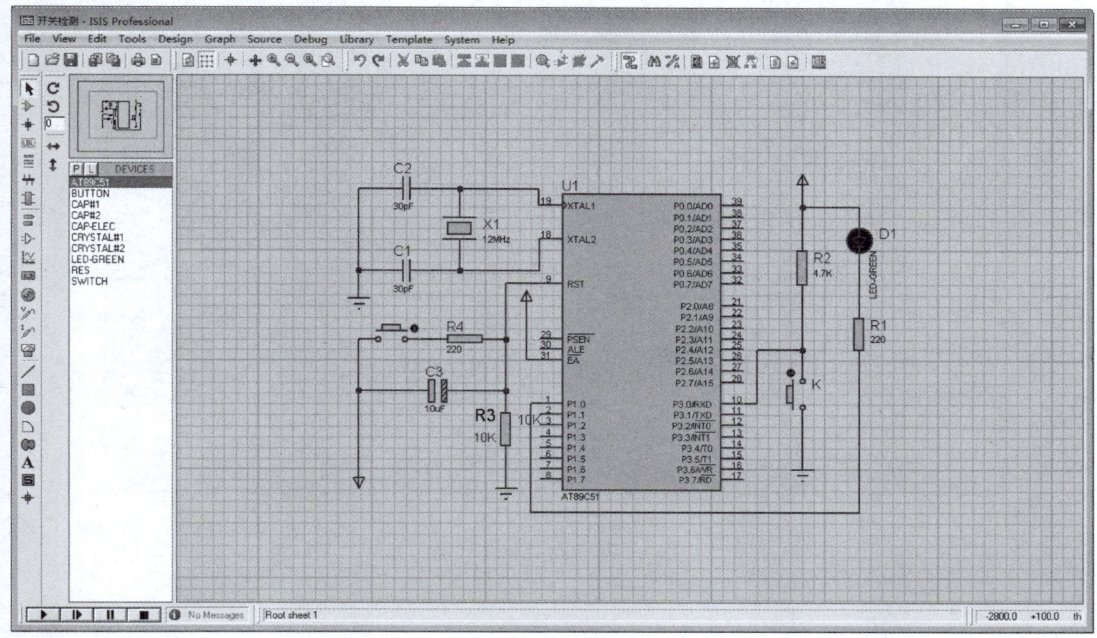

图 11-26 系统电路原理图

这样电路原理图就完成了，下面介绍怎样编写汇编源程序。

二、运行 Keil μVision5

1. 打开 Keil μVision5 软件

单击"开始"→"程序"→"Keil μVision5"命令，如图 11-27 所示。

2. 新建一个工程

单击"Project"→"程序"→"New Project"命令 新建一个工程，并给新建的工程命名如图 11-28 和图 11-29 所示。选择单片机的厂家和型号，如图 11-30 所示。

3. 新建一个汇编语言程序文件

新建一个汇编语言程序文件并命名，如图 11-31 和图 11-32 所示。

图 11-27 打开 Keil μVision5 软件

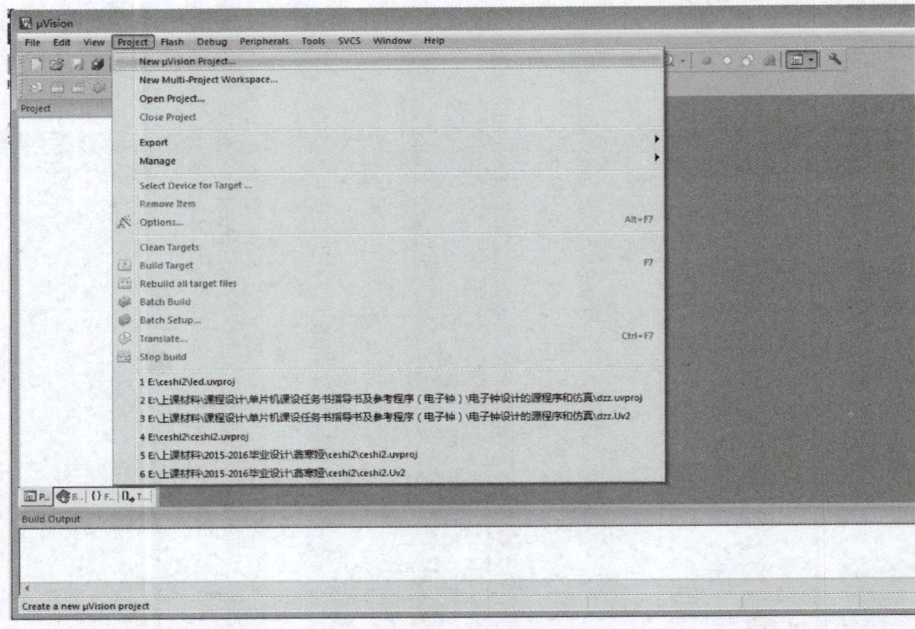

图 11-28　新建一个工程

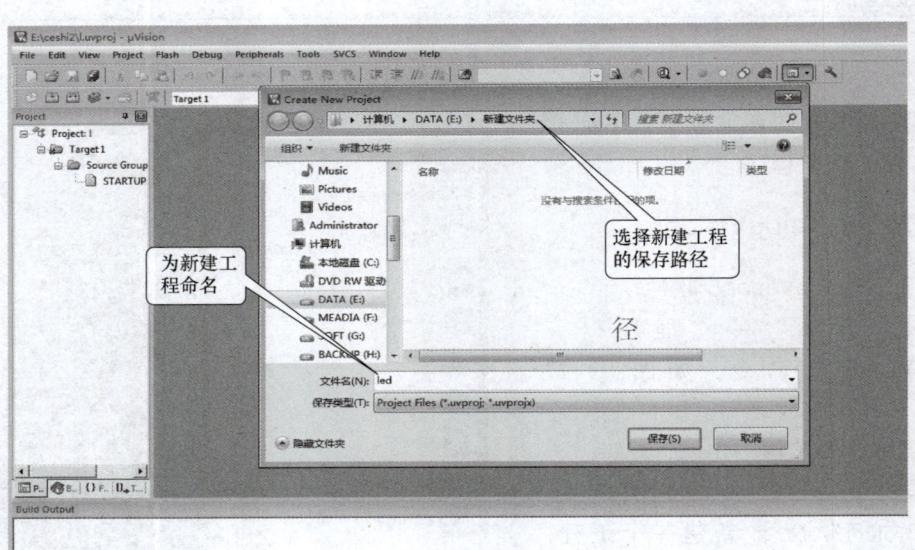

图 11-29　给新建的工程命名

4. 编写汇编语言程序

汇编语言程序如图 11-33 所示。

5. 编译文件

设置参数、修改单片机晶振频率、编译程序，分别如图 11-34~图 11-36 所示。

第十一章 MCS-51单片机基于Proteus的仿真

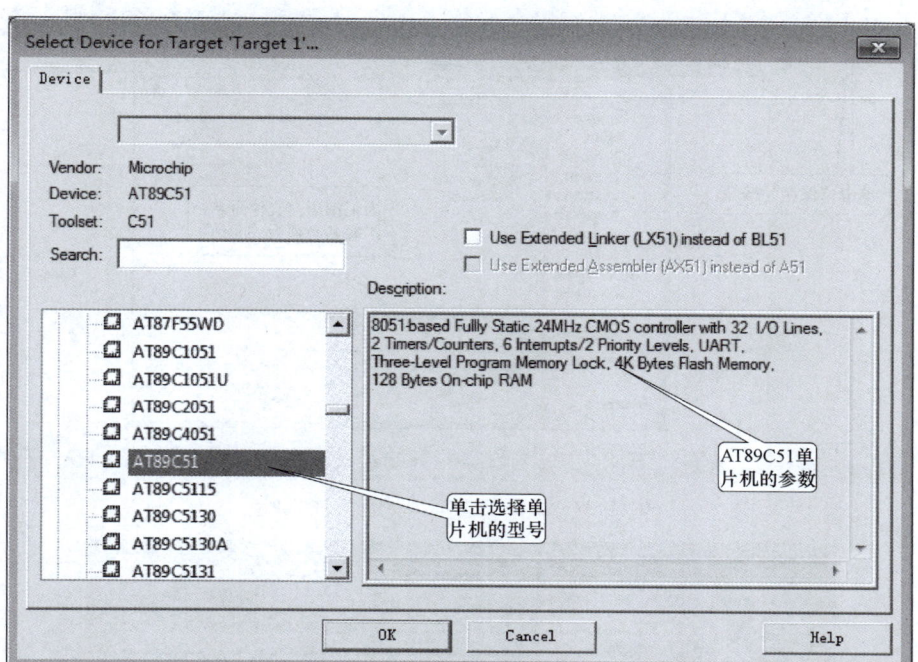

图 11-30 选择单片机的厂家和型号

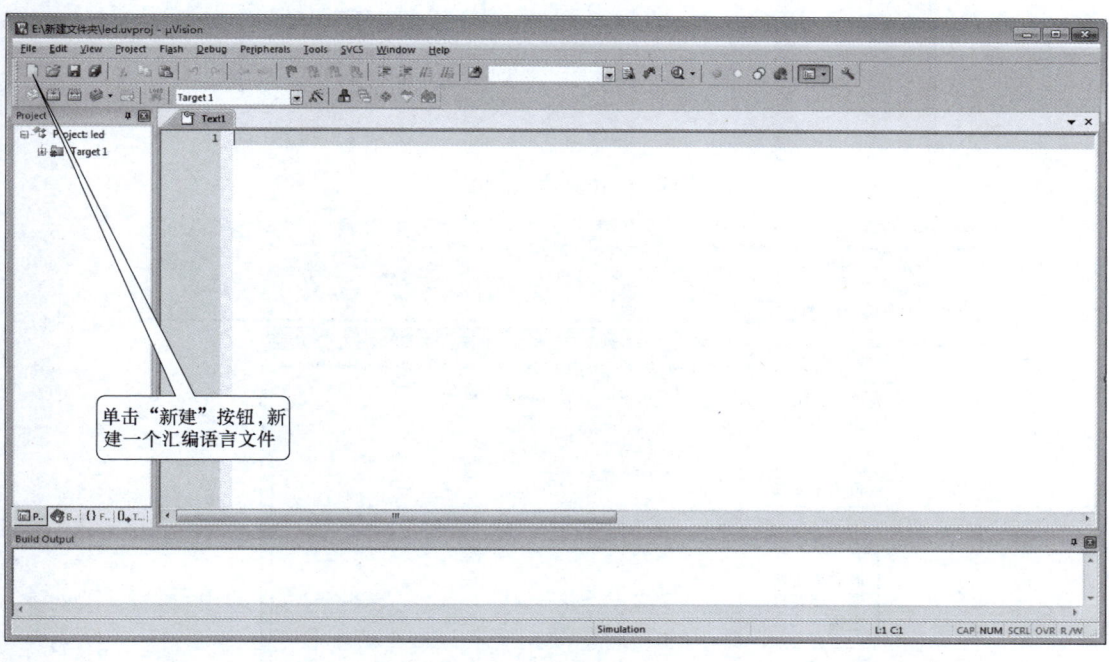

图 11-31 新建一个汇编语言文件

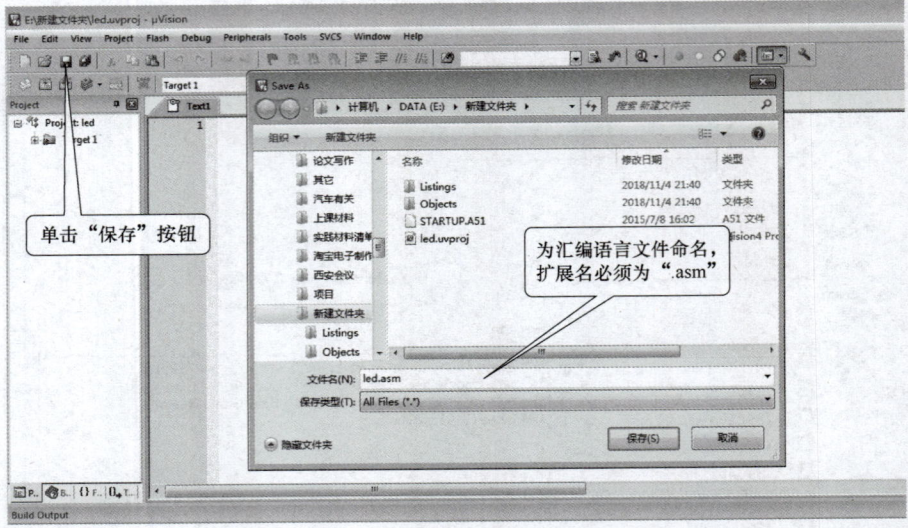

图 11-32 给新建的汇编语言文件命名

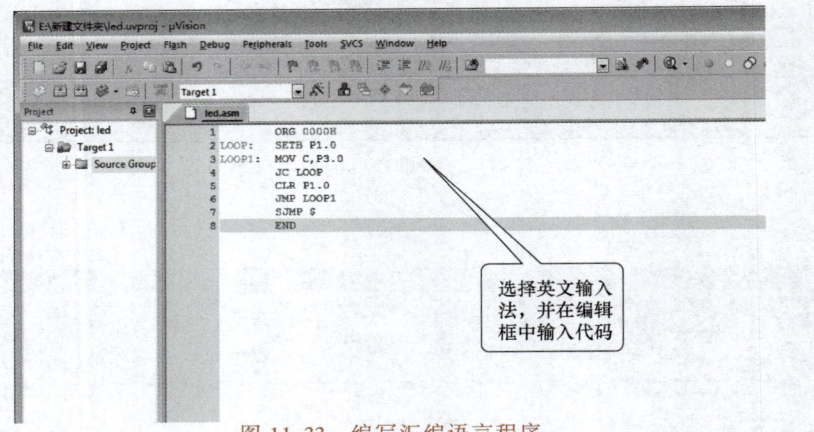

图 11-33 编写汇编语言程序

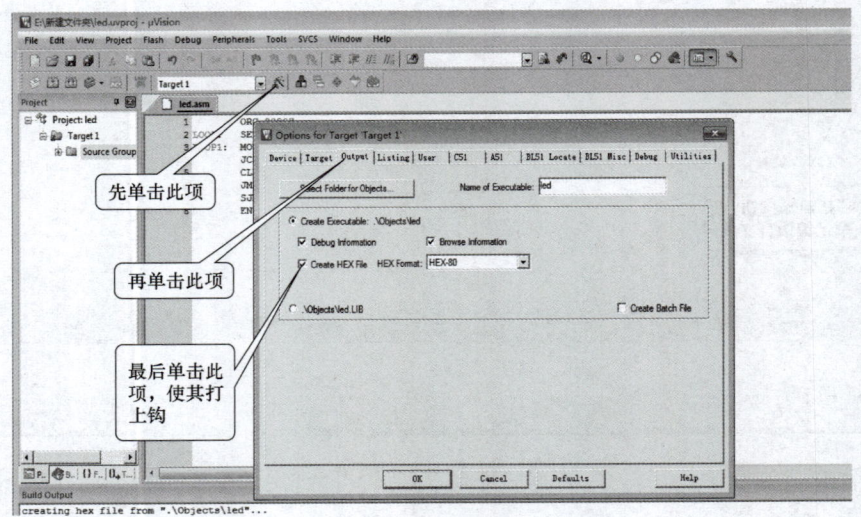

图 11-34 设置参数

第十一章 MCS-51单片机基于Proteus的仿真

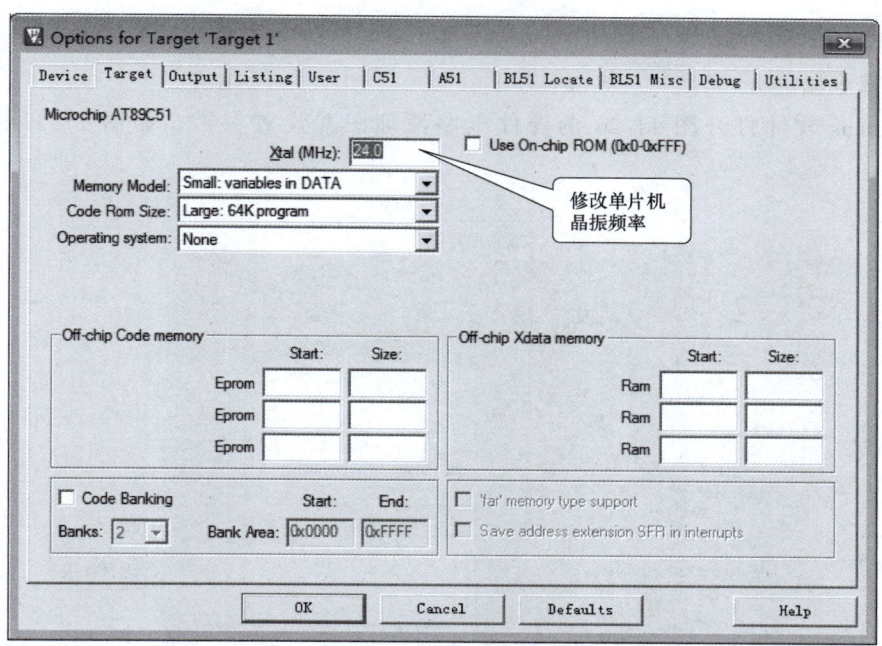

图 11-35 修改单片机晶振频率

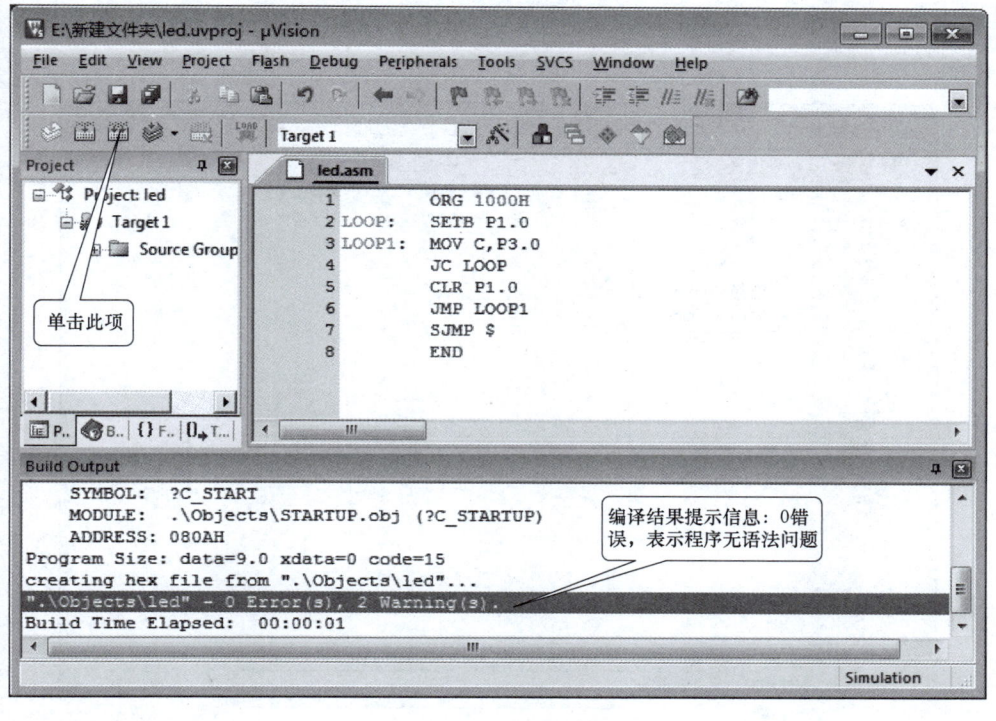

图 11-36 编译程序

三、Proteus 和 Keil 联机调试

1. 设置参数

用 Proteus 软件打开图 11-26 的硬件电路原理图并设置参数,如图 11-37～图 11-39 所示。

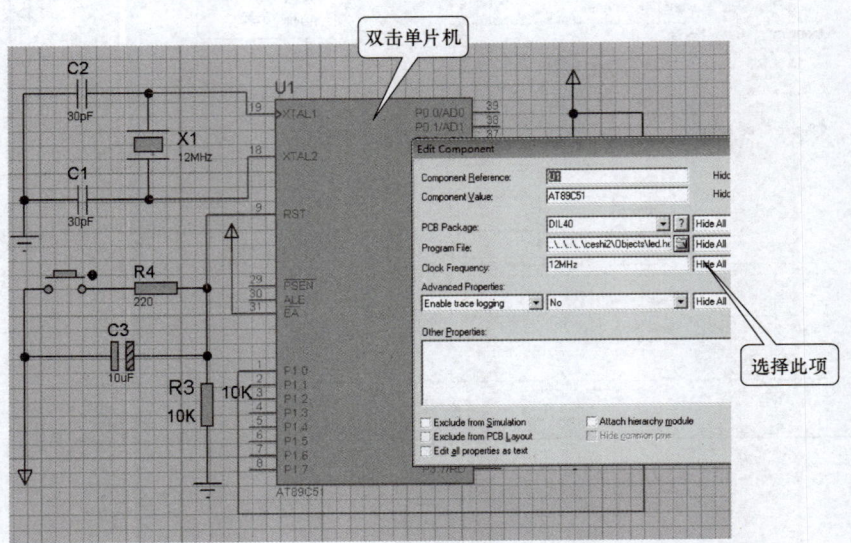

图 11-37 设置参数（a）

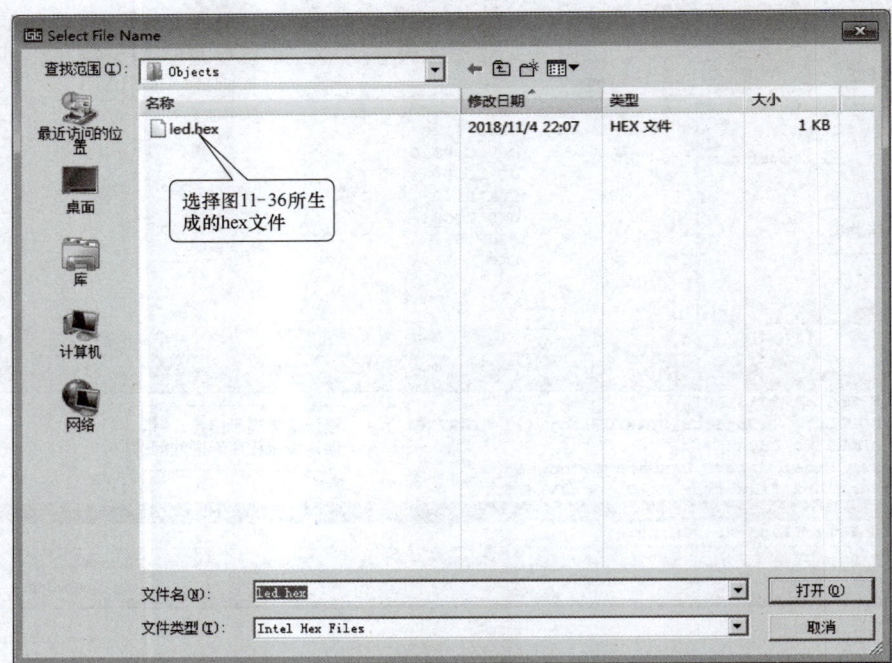

图 11-38 设置参数（b）

第十一章 MCS-51单片机基于Proteus的仿真

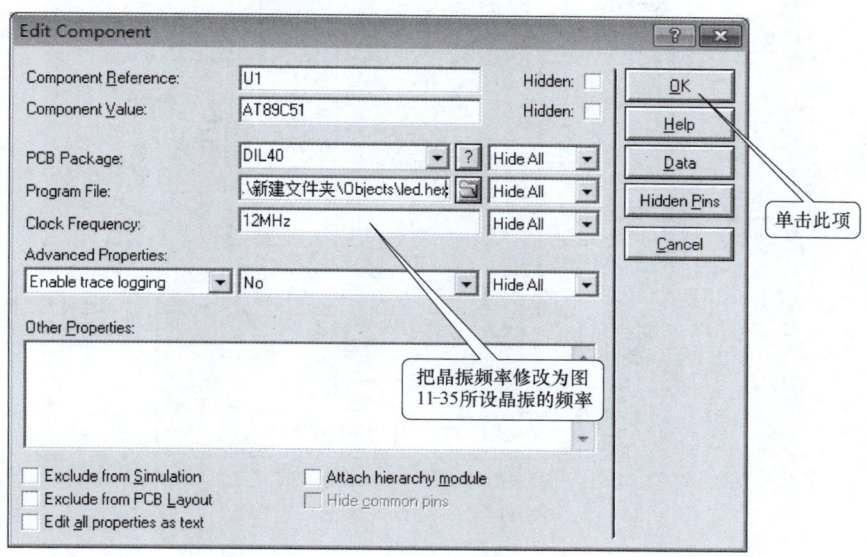

图 11-39 设置参数（c）

2. 运行系统

运行系统如图 11-40 所示，运行效果如图 11-41 所示。

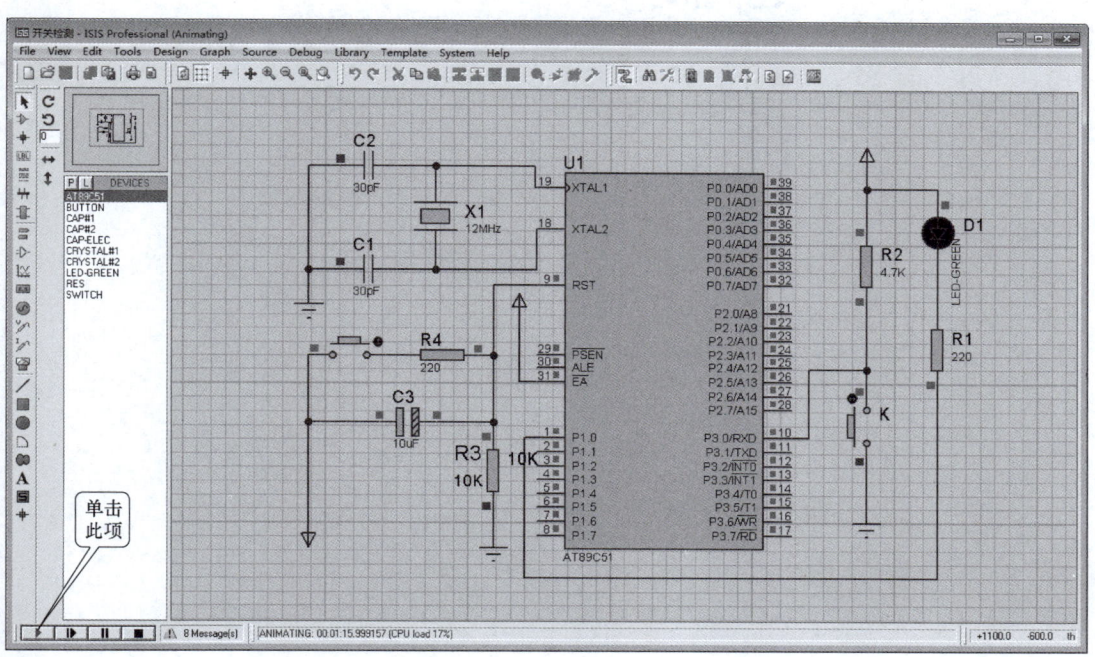

图 11-40 运行系统

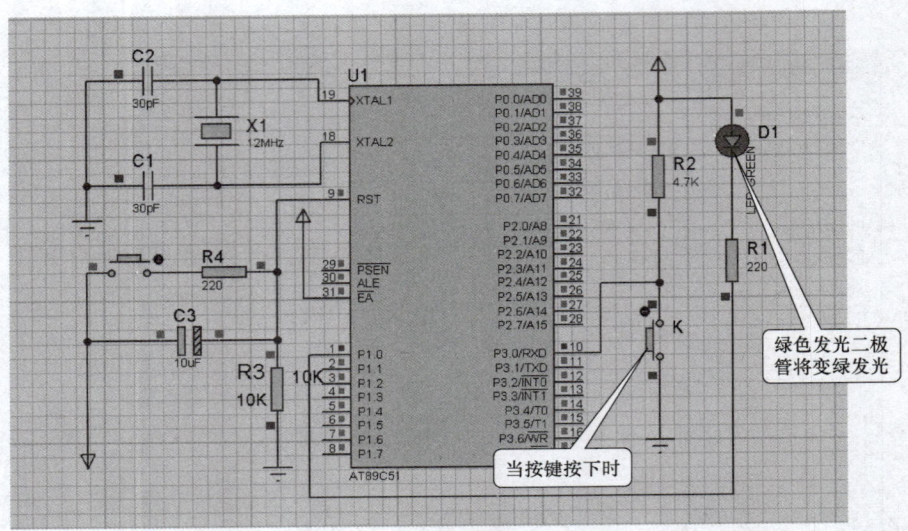

图 11-41 运行效果图

科学家精神

"两弹一星"功勋科学家：
王淦昌

附　　录

附录 A　ASCII（美国标准信息交换码）表

列	0[①]	1[①]	2[①]	3	4	5	6	7[①]
行　　位654→ ↓ 3210	000	001	010	011	100	101	110	111
0　　0000	NUL	DLE	SP	0	@	P	`	p
1　　0001	SOH	DC1	!	1	A	Q	a	q
2　　0010	STX	DC2	"	2	B	R	b	r
3　　0011	ETX	DC3	#	3	C	S	c	s
4　　0100	EOT	DC4	$	4	D	T	d	t
5　　0101	ENQ	NAK	%	5	E	U	e	u
6　　0110	ACK	SYN	&	6	F	V	f	v
7　　0111	BEL	ETB	,	7	G	W	g	w
8　　1000	BS	CAN	(	8	H	X	h	x
9　　1001	HT	EM	)	9	I	Y	i	y
A　　1010	LF	SUB	*	:	J	Z	j	z
B　　1011	VT	ESC	+	;	K	[	k	{
C　　1100	FF	FS	,	<	L	\	l	|
D　　1101	CR	GS	-	=	M	]	m	}
E　　1110	SO	RS	.	>	N	Ω[②]	n	~
F　　1111	SI	US	/	?	O	_[③]	o	DEL

① 是第 0、1、2 和 7 列特殊控制功能的解释。
② 取决于使用这种代码的机器，它的符号可以是弯曲符号、向上箭头或(—)标记。
③ 取决于使用这种代码的机器，它的符号可以是下画线、向下箭头或心形。

NUL	空		ENQ	询问
SOH	标题开始		ACK	承认
STX	正文结束		BEL	报警符(可听见的信号)
ETX	本文结束		BS	退一格
EOT	传输结果		HT	横向列表(穿孔卡片指令)

LF	换行	SYN	空转同步
VT	垂直制表	ETB	信息组传送结束
FF	走纸控制	CAN	作废
CR	回车	EM	纸尽
SO	移位输出	SUB	减
SI	移位输入	ESC	换码
DLE	数据链换码	FS	文字分隔符
DC1	设备控制 1	GS	组分隔符
DC2	设备控制 2	RS	记录分隔符
DC3	设备控制 3	US	单元分隔符
DC4	设备控制 4	SP	空间(空格)
NAK	否定	DEL	作废

附录 B MCS-51 单片机指令系统表

助记符		操作码	说明	字节	振荡周期
ACALL	addr11	X1[①]	绝对子程序调用	2	24
ADD	A,Rn	28~2F	寄存器和 A 相加	1	12
ADD	A,direct	25	直接字节和 A 相加	2	12
ADD	A,@R	26,27	间接 RAM 和 A 相加	1	12
ADD	A,#data	24	立即数和 A 相加	2	12
ADDC	A,Rn	38~3F	寄存器、进位位和 A 相加	1	12
ADDC	A,direct	35	直接字节、进位位和 A 相加	2	12
ADDC	A,@R	36,37	间接 RAM、进位位和 A 相加	1	12
ADDC	A,#data	34	立即数、进位位和 A 相加	2	12
AJMP	addrn	Y1[②]	绝对转移	2	24
ANL	A,Rn	58~5F	寄存器和 A 相"与"	1	12
ANL	A,direct	55	直接字节和 A 相"与"	2	12
ANL	A,@Ri	56,57	间接 RAM 和 A 相"与"	1	12
ANL	A,#data	54	立即数和 A 相"与"	2	12
ANL	direct,A	52	A 和直接字节相"与"	2	12
ANL	direct,#data	53	立即数和直接字节相"与"	3	24
ANL	C,bit	82	直接位和进位相"与"	2	24
ANL	C,/bit	B0	直接位的反和进位相"与"	2	24
CJNE	A,direct,rel	B5	直接字节与 A 比较,不相等则相对转移	3	24
CJNE	A,#data,rel	B4	立即数与 A 比较,不相等则相对转移	3	24
CJNE	Rn,#data,rel	B8~BF	立即数与寄存器比较,不相等则相对转移	3	24
CJNE	@Ri,#data,rel	B6,B7	立即数与间接 RAM 比较,不相等则相对转移	3	24
CLR	A	E4	A 清 0	1	12
CLR	bit	C2	直接位清 0	2	12
CLR	C	C3	进位清 0	1	12
CPL	A	F4	A 取反	1	12
CPL	bit	B2	直接位取反	2	12
CPL	C	B3	进位取反	1	12
DA	A	D4	A 的十进制加法调整	1	12
DEC	A	14	A 减 1	1	12

(续)

助　记　符		操作码	说　　　明	字节	振荡周期
DEC	Rn	18~1F	寄存器减1	1	12
DEC	direct	15	直接字节减1	2	12
DEC	@Ri	16,17	间接RAM减1	1	12
DIV	AB	84	A除以B	1	48
DJNZ	Rn,rel	D8~DF	寄存器减1,不为零则相对转移	2	24
DJNZ	direct,rel	D5	直接字节减1,不为零则相对转移	3	24
INC	A	04	A加1	1	12
INC	Rn	08~0F	寄存器加1	1	12
INC	direct	05	直接字节加1	2	12
INC	@Ri	06,07	间接RAM加1	1	12
INC	DPTR	A3	数据指针加1	1	24
JB	bit,rel	20	直接位为1,则相对转移	3	24
JBC	bit,rel	10	直接位为1,则相对转移,然后该位清0	3	24
JC	rel	40	进位为1,则相对转移	2	24
JMP	@A+DPTR	73	转移到A+DPTR所指的地址	1	24
JNB	bit,rel	30	直接位为0,则相对转移	3	24
JNC	rel	50	进位为0,则相对转移	2	24
JNZ	rel	70	A不为0,则相对转移	2	24
JZ	rel	60	A为0,则相对转移	2	24
LCALL	addr16	12	长子程序调用	3	24
LJMP	addr16	02	长转移	3	24
MOV	A,Rn	E8~EF	寄存器送A	1	12
MOV	A,direct	E5	直接字节送A	2	12
MOV	A,@Ri	E6,E7	间接RAM送A	1	12
MOV	A,#data	74	立即数送A	2	12
MOV	Rn,A	F8~FF	A送寄存器	1	12
MOV	Rn,direct	A8~AF	直接字节送寄存器	2	24
MOV	Rn,#data	78~7F	立即数送寄存器	2	12
MOV	direct,A	F5	A送直接字节	2	12
MOV	direct,Rn	88~8F	寄存器送直接字节	2	24
MOV	direct,direct	85	直接字节送直接字节	3	24
MOV	direct,@Ri	86,87	间接RAM送直接字节	2	24
MOV	direct,#data	75	立即数送直接字节	3	24
MOV	@Ri,A	F6,F7	A送间接RAM	1	12
MOV	@Ri,direct	A6,A7	直接字节送间接RAM	2	24
MOV	@Ri,#data	76,77	立即数送间接RAM	2	12
MOV	C,bit	A2	直接位送进位	2	12
MOV	bit,C	92	进位送直接位	2	24
MOV	DPTR,#data 16	90	16位常数送数据指针	3	24
MOVC	A,@A+DPTR	93	由A+DPTR寻址的程序存储器字节送A	1	24
MOVC	A,@A+PC	83	由A+PC寻址的程序存储器字节送A	1	24
MOVX	A,@Ri	E2,E3	外部数据存储器(8位地址)送A	1	24
MOVX	A,@DPTR	E0	外部数据存储器(16位地址)送A	1	24
MOVX	@Ri,A	F2,F3	A送外部数据存储器(8位地址)	1	24
MOVX	@DPTR,A	F0	A送外部数据存储器(16位地址)	1	24
MUL	AB	A4	A乘以B	1	48
NOP		00	空操作	1	12

（续）

助 记 符		操作码	说　　明	字节	振荡周期
ORL	A,Rn	48~4F	寄存器和 A 相"或"	1	12
ORL	A,direct	45	直接字节和 A 相"或"	2	12
ORL	A,@Ri	46,47	间接 RAM 和 A 相"或"	1	12
ORL	A,#data	44	立即数和 A 相"或"	2	12
ORL	direct,A	42	A 和直接字节相"或"	2	12
ORL	direct,#data	43	立即数和直接字节"或"	3	24
ORL	C,bit	72	直接位和进位相"或"	2	24
ORL	C,/bit	A0	直接位的反和进位相"或"	2	24
POP	direct	D0	直接字节退栈,SP 减 1	2	24
PUSH	direct	C0	SP 加 1,直接字节进栈	2	24
RET		22	子程序调用返回	1	24
RETI		32	中断返回	1	24
RL	A	23	A 左环移	1	12
RLC	A	33	A 带进位左环移	1	12
RR	A	03	A 右环移	1	12
RRC	A	13	A 带进位右环移	1	12
SETB	bit	D2	直接位置位	2	12
SETB	C	D3	进位置位	1	12
SJMP	rel	80	短转移	2	24
SUBB	A,Rn	98~9F	A 减去寄存器及进位位	1	12
SUBB	A,direct	95	A 减去直接字节及进位位	2	12
SUBB	A,@Ri	96,97	A 减去间接 RAM 及进位位	1	12
SUBB	A,#data	94	A 减去立即数及进位位	2	12
SWAP	A	C4	A 的高半字节和低半字节交换	1	12
XCH	A,Rn	C8~CF	A 和寄存器交换	1	12
XCH	A,direct	C5	A 和直接字节交换	2	12
XCH	A,@Ri	C6,C7	A 和间接 RAM 交换	1	12
XCHD	A,@Ri	D6,D7	A 和间接 RAM 的低 4 位交换	1	12
XRL	A,Rn	68~6F	寄存器和 A 相"异或"	1	12
XRL	A,direct	65	直接字节和 A 相"异或"	2	12
XRL	A,@Ri	66,67	间接 RAM 和 A 相"异或"	1	12
XRL	A,#data	64	立即数和 A 相"异或"	2	12
XRL	direct,A	62	A 和直接字节相"异或"	2	12
XRL	direct,#data	63	立即数和直接字节相"异或"	3	24

① X=1,3,5,7,9,B,D,F,即 X1 为 11,31,51,71,91,B1,D1,F1。
② Y=0,2,4,6,8,A,C,E,即 Y1 为 01,21,41,61,81,A1,C1,E1。

附录 C　MCS-51 单片机学习及开发指南

一、MCS-51 单片机初学提高指南

开发单片机系统需要模拟电子技术、数字电子技术、电路制版技术等综合知识,初学完"单片机原理及应用"这门课程后还不完全具备应用开发能力,现介绍利用开发板进行单片机知识学习应用的方法,以更快提升单片机应用开发水平。

一般要开发一套单片机系统,需要具备软、硬件方面的知识。如果在初期学习的时候就

同时开发软件和硬件，难度会很大，在开发中一旦出现问题，也难以弄清是软件原因还是硬件原因。所以应用开发板可以排除硬件方面的原因，使我们集中精力开发单片机软件，等到熟悉软件以后再逐渐开发硬件电路，形成一个完整的单片机软硬件系统，图 C-1 是利用开发板学好单片机的常见步骤。具体方法如下：

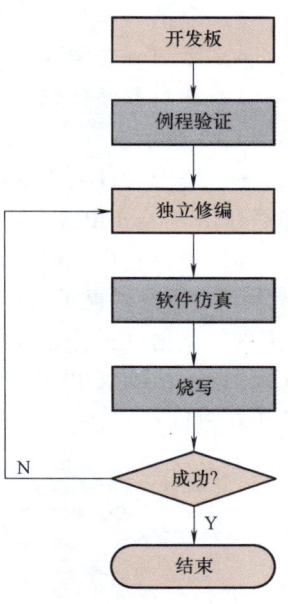

图 C-1 利用开发板学习流程图

1. 采购合适的开发板

开发板功能都很多，一般包括如下部分：

1) 按键键盘：学习独立按键和矩阵键盘功能。

2) 数码管：学习数码管的静态与动态扫描显示技术。

3) LED 灯：可做跑马灯、流水灯等各种花样灯实验，通常作为状态显示。

4) 温度传感器 DS18B20 接口：学习单总线通信，可做温度报警装置实验。

5) 蜂鸣器：可做伴奏音乐实验、报警发声等。

6) 串行口：可做同步、异步串行通信实验，STC 单片机也是通过此串行口烧写程序的。

7) LCD 接口：学习液晶显示实验。

市场上开发板的型号很多，如 ARM 型开发板、AVR 型开发板和 MCS-51 单片机型开发板等，图 C-2 是 MCS-51 单片机型开发板，符合我们对 MCS-51 单片机的学习要求。

图 C-2 MCS-51 单片机型开发板布置图

2. 单片机程序代码的编写

在 PC 上下载 Keil μVision 4 软件，根据提示安装，软件使用简明步骤如下：

1) 单击 "Project→New μVision Project" 命令新建一个工程。

2) 选择单片机型号，由于选项中没有 STC89C51 型号单片机，用 Atmel 公司的 AT89C51 代替。

3）取消启动代码文件，弹出选择增加启动代码文件的对话框时，选择"否"。

4）新建一个编写程序文件，单击"File→New…"命令进行。

5）编写程序代码，并单击"File→Save"命令保存文件，文件采用"asm"为扩展名，如图 C-3 所示。

6）添加文件到工程中，把鼠标放在"Source Group 1"，单击鼠标右键，弹出快捷菜单，然后单击"Add files Group→Source Group 1…"命令把刚建立的文件添加到新建的工程中。

7）编译程序代码，单击"Project→Rebuild all target files"命令对工程文件进行编译，窗体下方状态栏提示编译结果。

8）单击"Project→Options for Target 1 'Target 1'…"命令，在"Output"选项卡中，勾选"Creat HEX File"选项，编译后可以生成单片机烧写文件，烧写文件和程序代码文件默认存放同一路径，扩展名为"hex"。

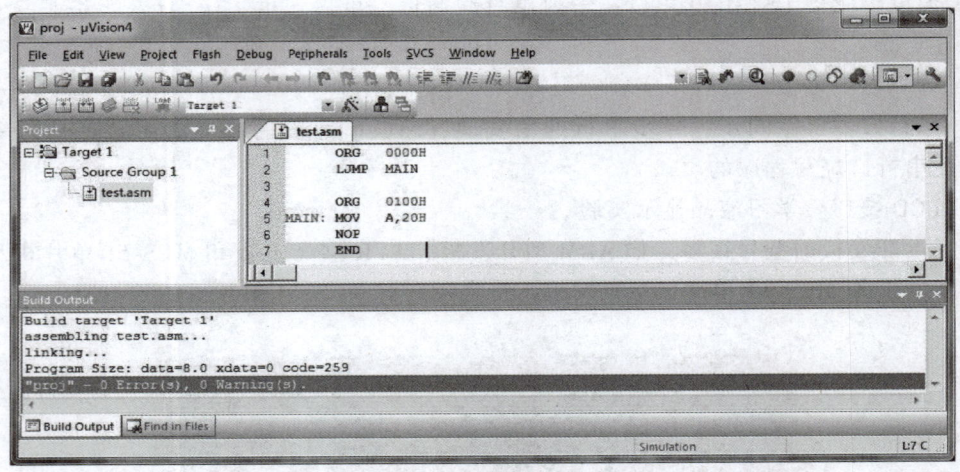

图 C-3　程序编写屏幕截图

3. 单片机的仿真调试

Keil 软件除了用来简单地编译和生成烧写文件外，还可以用来仿真调试。

单击"Debug→Start/Stop Debug Session"命令进入仿真界面，如图 C-4 所示。选择"Debug"菜单或工具栏进行调试工作，其中常用工具栏功能如下：复位功能，单步运行（进入函数内部）功能，单步运行（不进入函数内部）功能。

4. 单片机文件的烧写

开发板上的 STC 系列单片机通过串口线与计算机相连（见图 C-5），通过计算机软件对单片机进行程序代码在线烧写，计算机软件及烧写步骤如下：

1）选择烧写芯片类型。

2）打开烧写文件。

3）选择与单片机串口线相连的计算机串行口。

4）单击"下载"按钮准备烧写。

5）对单片机开发板进行冷启动（即首先关闭电源，然后再次打开电源），开始烧写文件。程序烧写屏幕截图如图 C-6 所示。

附录

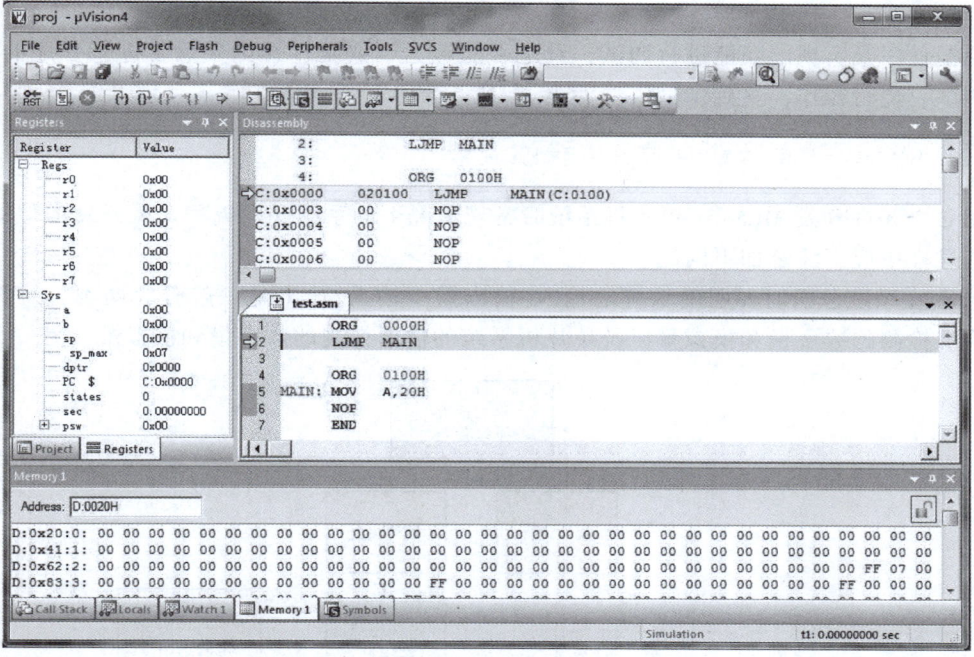

图 C-4　程序仿真屏幕截图

图 C-5　计算机与开发板连接框图

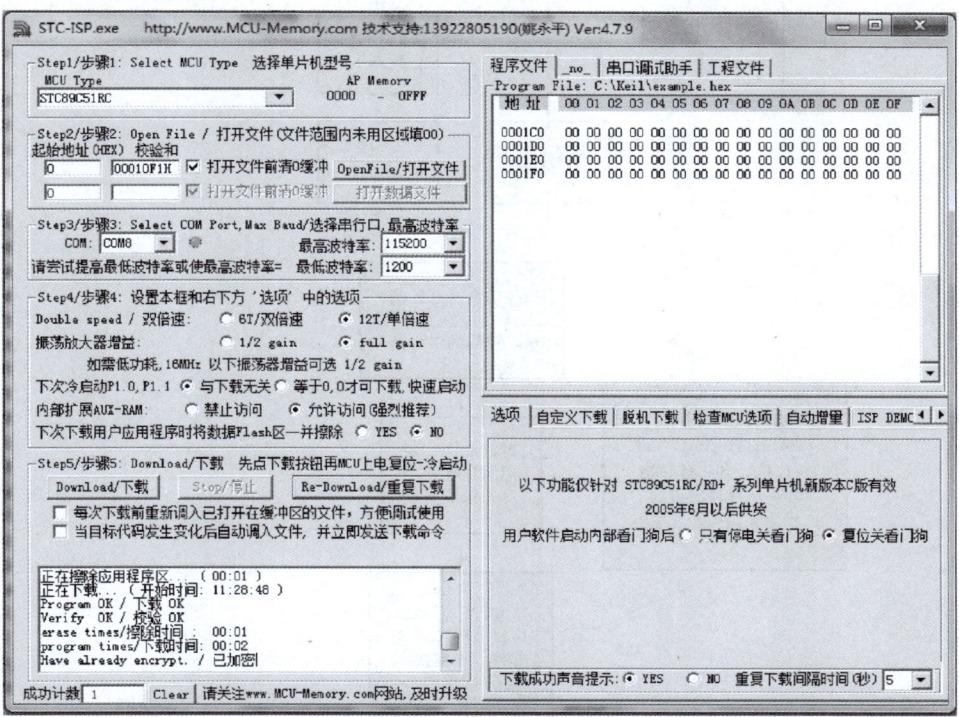

图 C-6　程序烧写屏幕截图

245

5. 在线调试

根据程序要实现的功能进行调试，看是否能够达到要求。否则要反复进行程序的编写、仿真调试、烧写操作，直到调试成功为止。

二、MCS-51 单片机系统开发常规流程

图 C-7 是在开发 MCS-51 单片机系统时常规情况下的系统开发流程。在开发类似的单片机系统过程中应当注意如下问题：

（1）在系统分析时要明确系统的输入/输出量　输入/输出量一般分为两类：一类是单片机系统检测的数字量和模拟量以及单片机系统的输出控制的数字量和模拟量；另一类是单

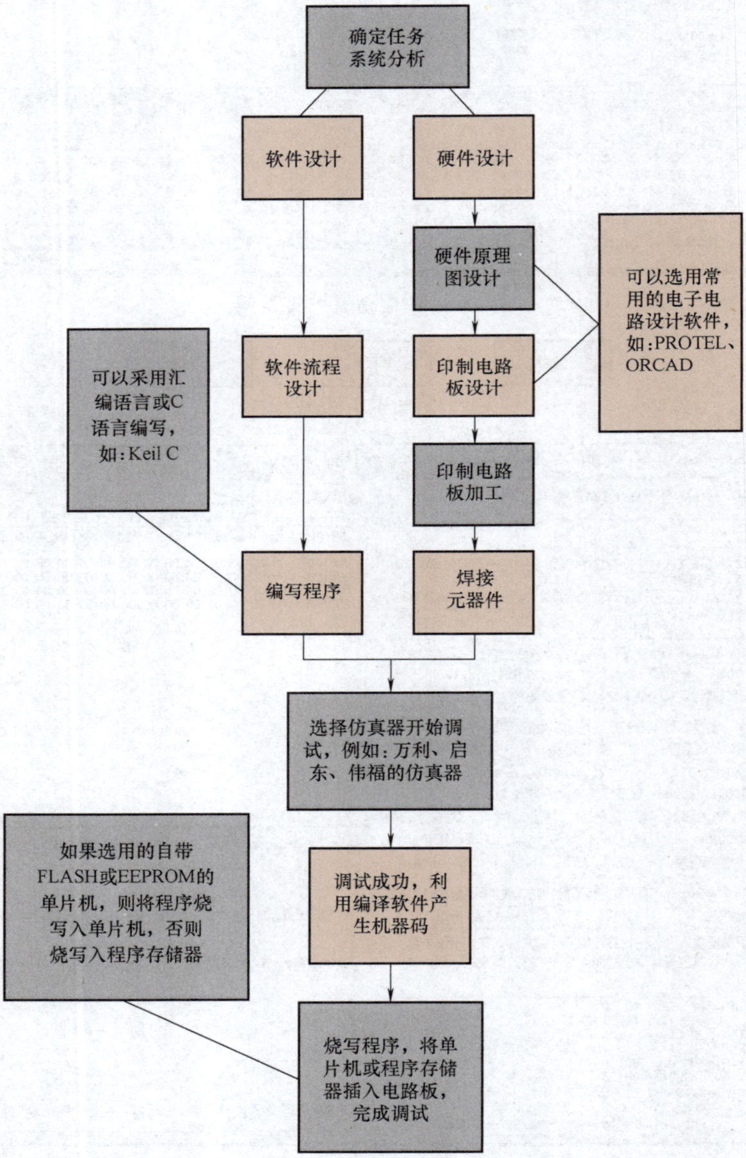

图 C-7　MCS-51 单片机系统开发常规流程图

片机系统在通信过程中输入或输出的数据。在系统分析时对于这两类输入/输出量必须要全部整理清楚。

（2）软件设计时注意软件结构的设计　一般可采用模块化的程序设计方法或自顶向下的程序设计方法。

（3）硬件设计时注意外围电路的合理性　应使外围电路尽可能简单、可靠。

（4）抗干扰措施的采用　一方面要注意软件系统的设计，如可以设计软件陷阱、采用模块化程序设计；另一方面注意系统设计，如设计印制电路板时注意走线、输入/输出信号增加隔离措施等。

（5）调试方法的选择　在调试过程中尽可能要利用调试软件的多种调试手段进行调试，提高调试效率，加快调试速度。

参 考 文 献

[1] 曹巧媛. 单片机原理及应用 [M]. 北京：电子工业出版社，2002.
[2] 徐仁贵，廖哲智. 单片微型计算机应用技术 [M]. 北京：机械工业出版社，2001.
[3] 张伟. 单片机原理及应用 [M]. 北京：机械工业出版社，2002.
[4] 丁元杰. 单片微机原理及应用 [M]. 北京：机械工业出版社，2002.
[5] 徐维祥，刘旭敏. 单片微型机原理及应用 [M]. 大连：大连理工大学出版社，1996.
[6] 李朝青. 单片机原理及接口技术 [M]. 北京：北京航空航天大学出版社，1998.
[7] 穆兰. 单片微型计算机原理及接口技术 [M]. 北京：机械工业出版社，1999.
[8] 李虹，李谦. 单片机原理与应用 [M]. 南京：河海大学出版社，1999.
[9] 万福君. 单片微机系统设计与开发应用 [M]. 合肥：中国科学技术大学出版社，1995.
[10] 王幸之，等. 单片机应用系统抗干扰技术 [M]. 北京：北京航空航天大学出版社，2000.
[11] 窦振中. 单片机外围器件实用手册：存储器分册 [M]. 北京：北京航空航天大学出版社，1998.
[12] 侯朝桢，郑链. 微机与单片机应用基础 [M]. 北京：北京理工大学出版社，1992.
[13] 倪继烈，刘新民. 微机原理与接口技术 [M]. 成都：电子科技大学出版社，2000.
[14] 胡汉才. 单片机原理及其接口技术 [M]. 北京：清华大学出版社，2010.
[15] 马维华. 微型计算机及接口技术 [M]. 北京：科学出版社，2001.
[16] 李勋，刘源. 单片机实用教程 [M]. 北京：北京航空航天大学出版社，2000.
[17] 吴炳胜，王桂梅. 80C51单片机原理与应用 [M]. 北京：冶金工业出版社，2001.
[18] 张友德，赵志英. 单片微型机原理、应用与实验 [M]. 上海：复旦大学出版社，2000.
[19] 张洪润，蓝清华. 单片机应用技术教程 [M]. 北京：清华大学出版社，1997.
[20] 孙育才. 单片微型计算机及其应用 [M]. 南京：东南大学出版社，2004.
[21] 李华，等. MCS-51系列单片机实用接口技术 [M]. 北京：北京航空航天大学出版社，1993.
[22] 王汀. 微处理机原理与接口技术 [M]. 杭州：浙江大学出版社，2008.
[23] 刘瑞新. 单片机原理及应用教程 [M]. 北京：机械工业出版社，2007.